BIM 软件
从入门到精通

U0378197

Autodesk Revit MEP 2020
管线综合设计

从入门到精通

CAD/CAM/CAE技术联盟◎编著

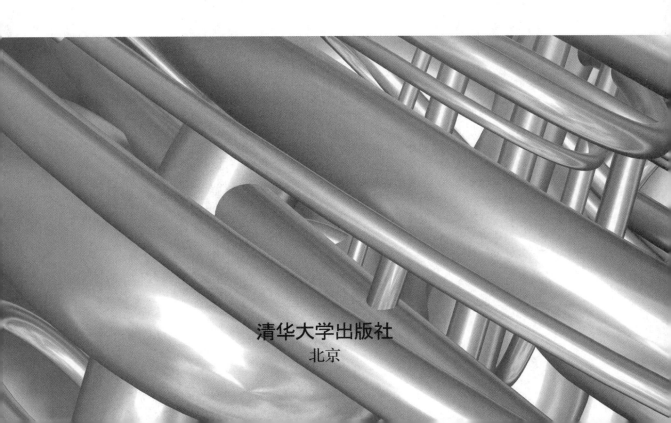

清华大学出版社
北京

内 容 简 介

本书重点介绍 Autodesk Revit 2020 中文版在 MEP 方面的各种基本操作方法和应用技巧。全书共 14 章,内容包括 Autodesk Revit MEP 2020 入门、绘图环境设置、基本操作工具、族、建筑模型、某服务中心模型、管道设计、某服务中心消防给水系统、风管设计、某服务中心通风空调系统、电气设计、某服务中心照明系统、系统检查以及工程量统计等知识。由浅入深、从易到难进行介绍,各章节既相对独立又前后关联。编者根据自己多年经验及学习者的心理,及时给出总结和相关提示,以帮助读者快捷地掌握所学知识。

本书内容翔实、图文并茂、语言简洁、思路清晰、实例丰富,可以作为相关院校的教材,也可作为初学者的自学指导书。

图书在版编目(CIP)数据

Autodesk Revit MEP 2020 管线综合设计从入门到精通/CAD/CAM/CAE 技术联盟编著.—北京:清华大学出版社,2021.4

(BIM 软件从入门到精通)

ISBN 978-7-302-56986-2

Ⅰ. ①A… Ⅱ. ①C… Ⅲ. ①建筑设计—管线设计—计算机辅助设计—应用软件 Ⅳ. ①TU81-39

中国版本图书馆 CIP 数据核字(2020)第 231949 号

责任编辑:秦 娜 赵从棉
封面设计:李召霞
责任校对:赵丽敏
责任印制:杨 艳

出版发行:清华大学出版社
   网 址:http://www.tup.com.cn,http://www.wqbook.com
   地 址:北京清华大学学研大厦 A 座   邮 编:100084
   社 总 机:010-62770175   邮 购:010-62786544
   投稿与读者服务:010-62776969,c-service@tup.tsinghua.edu.cn
   质量反馈:010-62772015,zhiliang@tup.tsinghua.edu.cn
印 装 者:三河市君旺印务有限公司
经 销:全国新华书店
开 本:185mm×260mm 印 张:30.5 字 数:703 千字
版 次:2021 年 4 月第 1 版 印 次:2021 年 4 月第 1 次印刷
定 价:99.80 元

产品编号:085084-01

前言

Preface

　　建筑信息模型(BIM)是一种数字信息的应用,利用 BIM 可以显著提高建筑工程整个进程的效率,并大大降低风险的发生率。在一定范围内,BIM 可以模拟实际的建筑工程建设行为。BIM 还可以四维模拟实际施工,以便于在早期设计阶段就发现后期真正施工阶段会出现的各种问题,进行提前处理,为后期活动打下坚固的基础。在后期施工时它可以作为施工的实际指导,也可作为可行性指导。还可以提供合理的施工方案及合理的人员,材料使用配置,从而最大范围内实现资源合理运用。

　　Revit MEP(MEP 为 Mechanical、Electrical、Plumbing,即机械、电气、管道三个专业的英文缩写)是一种能够按照用户的思维方式工作的智能设计工具。它通过数据驱动的系统建模和设计来优化建筑设备与管道专业工程。Revit MEP 软件是基于 BIM 的、面向设备及管道专业的设计和制图解决方案。

一、本书特点

☑ 作者权威

　　本书由 Autodesk 中国认证考试管理中心首席专家胡仁喜博士领衔的 CAD/CAM/CAE 技术联盟编写,所有编者都是在高校从事计算机辅助设计教学研究多年的一线人员,具有丰富的教学实践经验与教材编写经验。多年的教学工作使他们能够准确地把握学生的心理与实际需求,前期出版的一些相关书籍经过市场检验很受读者欢迎。本书是由编者在总结多年的设计经验以及教学的心得体会基础上,历时多年的精心准备编写而成的,力求全面、细致地展现 Revit 软件在设备及管道专业设计应用领域的各种功能和使用方法。

☑ 实例丰富

　　对于 Revit 这类专业软件在设备及管道专业设计领域应用的工具书,我们力求避免空洞的介绍和描述,而是步步为营,逐个知识点采用综合布线设计实例演绎,这样读者在实例操作过程中就牢固地掌握了软件功能。实例的种类也非常丰富,有知识点讲解的小实例,有几个知识点或全章知识点综合的综合实例,有最后完整实用的工程案例。各种实例交错讲解,以达到巩固读者理解的目标。

☑ 突出提升技能

　　本书从全面提升 Revit MEP 实际应用能力的角度出发,结合大量的案例来讲解如何利用 Revit 软件进行设备及管道专业设计,使读者了解 Revit 并能够独立地完成各种设备及管道专业的设计和制图。

　　本书中有很多实例本身就是机械、电气和管道系统设计项目案例,经过作者精心提炼和改编,不仅可以保证读者能够学好知识点,更重要的是能够帮助读者掌握实际的操作技能,同时培养综合布线设计实践能力。

0-1

二、本书的基本内容

本书重点介绍了 Autodesk Revit 2020 中文版在 MEP 方面的各种基本操作方法和技巧。全书共 14 章,内容包括 Autodesk Revit MEP 2020 入门、绘图环境设置、基本操作工具、族、建筑模型、某服务中心模型、管道设计、某服务中心消防给水系统、风管设计、某服务中心通风空调系统、电气设计、某服务中心照明系统、系统检查以及工程量统计等知识。各章之间紧密联系,前后呼应。

三、本书的配套资源

本书通过二维码扫描下载提供了极为丰富的学习配套资源,期望读者在最短的时间内学会并精通这门技术。

1. 配套教学视频

本书专门制作了 45 个经典中小型案例,4 个大型综合工程应用案例,440 分钟教材实例同步微视频,读者可以先看视频,像看电影一样轻松愉悦地学习本书内容,然后对照课本加以实践和练习,这样可以大大提高学习效率。

2. 全书实例的源文件和素材

本书附带了很多实例,包含实例和练习实例的源文件和素材,读者可以安装 Revit 2020 软件,打开并使用它们。

四、关于本书的服务

1. 关于本书的技术问题或有关本书信息的发布

读者如遇到有关本书的技术问题,可以登录网站 www.sjzswsw.com 或将问题发到邮箱 714491436@qq.com,我们将及时回复。也欢迎加入图书学习交流群(QQ:725195807)交流探讨。

2. 安装软件的获取

按照本书上的实例进行操作练习,以及使用 Revit 进行设备及管道专业的设计和制图时,需要事先在计算机上安装相应的软件。读者可从网络中下载相应软件,或者从当地电脑城、软件经销商处购买。QQ 交流群也会提供下载地址和安装方法教学视频,需要的读者可以关注。

本书主要由 CAD/CAM/CAE 技术联盟编写,具体参与编写工作的有胡仁喜、刘昌丽、康士廷、王敏、闫聪聪、杨雪静、李亚莉、李兵、甘勤涛、王培合、王艳池、王玮、孟培、张亭、王佩楷、孙立明、王玉秋、王义发、解江坤、秦志霞、井晓翠等。本书的编写和出版得到了很多朋友的大力支持,值此图书出版发行之际,向他们表示衷心的感谢。

书中主要内容来自作者几年来使用 Revit 的经验总结,也有部分内容取自国内外有关文献资料。虽然笔者几易其稿,但由于时间仓促,加之水平有限,书中纰漏与失误在所难免,恳请广大读者批评指正。

编　者

2020 年 7 月

目 录

Contents

第 1 章 Autodesk Revit MEP 2020 入门 ……………………………………… 1

1.1 Autodesk Revit MEP 概述 ……………………………………………… 1
  1.1.1 特性 …………………………………………………………………… 1
  1.1.2 功能 …………………………………………………………………… 2
1.2 Autodesk Revit 2020 界面介绍 ………………………………………… 4
  1.2.1 文件程序菜单 ………………………………………………………… 4
  1.2.2 快速访问工具栏 ……………………………………………………… 6
  1.2.3 信息中心 ……………………………………………………………… 7
  1.2.4 功能区 ………………………………………………………………… 7
  1.2.5 "属性"选项板 ………………………………………………………… 9
  1.2.6 项目浏览器 …………………………………………………………… 10
  1.2.7 视图控制栏 …………………………………………………………… 11
  1.2.8 状态栏 ………………………………………………………………… 14
  1.2.9 ViewCube …………………………………………………………… 15
  1.2.10 导航栏 ……………………………………………………………… 16
  1.2.11 绘图区域 …………………………………………………………… 18
1.3 文件管理 …………………………………………………………………… 18
  1.3.1 新建文件 ……………………………………………………………… 18
  1.3.2 打开文件 ……………………………………………………………… 19
  1.3.3 保存文件 ……………………………………………………………… 23
  1.3.4 另存为文件 …………………………………………………………… 25

第 2 章 绘图环境设置 ………………………………………………………… 26

2.1 系统设置 …………………………………………………………………… 26
  2.1.1 "常规"设置 …………………………………………………………… 26
  2.1.2 "用户界面"设置 ……………………………………………………… 28
  2.1.3 "图形"设置 …………………………………………………………… 31
  2.1.4 "硬件"设置 …………………………………………………………… 34
  2.1.5 "文件位置"设置 ……………………………………………………… 35
  2.1.6 "渲染"设置 …………………………………………………………… 36
  2.1.7 "检查拼写"设置 ……………………………………………………… 37
  2.1.8 SteeringWheels 设置 ………………………………………………… 37
  2.1.9 ViewCube 设置 ……………………………………………………… 39

2.1.10 "宏"设置 ·· 40

2.2 项目样板的定制 ·· 41

2.2.1 新建项目样板 ·· 41

2.2.2 添加项目样板 ·· 42

2.2.3 样板文件的设置 ·· 43

2.3 文件的导入与链接 ·· 58

2.3.1 导入 CAD 文件 ·· 58

2.3.2 导入和管理图像 ·· 60

2.3.3 链接 Revit 和管理链接 ·· 62

2.3.4 链接 CAD 文件 ·· 65

2.4 实例——创建机电专业样板 ·· 65

第 3 章 基本操作工具 ·· 72

3.1 工作平面 ·· 72

3.1.1 设置工作平面 ·· 72

3.1.2 显示工作平面 ·· 73

3.1.3 编辑工作平面 ·· 73

3.1.4 工作平面查看器 ·· 74

3.2 尺寸标注 ·· 75

3.2.1 临时尺寸 ·· 75

3.2.2 永久性尺寸 ·· 76

3.3 注释文字 ·· 79

3.3.1 添加文字注释 ·· 79

3.3.2 编辑文字注释 ·· 80

3.4 模型创建 ·· 81

3.4.1 模型线 ·· 81

3.4.2 模型文字 ·· 83

3.5 图元修改 ·· 87

3.5.1 对齐图元 ·· 88

3.5.2 移动图元 ·· 89

3.5.3 旋转图元 ·· 90

3.5.4 偏移图元 ·· 90

3.5.5 镜像图元 ·· 91

3.5.6 阵列图元 ·· 93

3.5.7 缩放图元 ·· 94

3.5.8 拆分图元 ·· 96

3.5.9 修剪/延伸图元 ··· 97

3.6 图元组 ·· 99

3.6.1 创建组 ·· 99

3.6.2 指定组位置 ···················· 100

3.6.3 编辑组 ························· 100

3.6.4 将组转换为链接模型 ········· 101

第 4 章 族 ································ 103

4.1 族概述 ··························· 103

4.2 族的使用 ························ 104

4.2.1 新建族 ····················· 104

4.2.2 打开族和载入族 ··········· 105

4.2.3 编辑族 ····················· 106

4.3 族参数设置 ······················ 107

4.3.1 族类别和族参数 ··········· 107

4.3.2 族类型 ····················· 108

4.4 注释族 ··························· 110

4.4.1 实例——创建照明开关标记 ·· 110

4.4.2 实例——创建应急疏散指示灯注释 ·· 112

4.5 创建图纸模板 ···················· 114

4.5.1 图纸概述 ··················· 114

4.5.2 实例——创建 A3 图纸 ······ 116

4.6 三维模型 ························ 121

4.6.1 拉伸 ························· 121

4.6.2 实例——排水沟 ············ 123

4.6.3 旋转 ························· 128

4.6.4 融合 ························· 128

4.6.5 实例——绘制散热器主体 ···· 130

4.6.6 放样 ························· 134

4.6.7 实例——绘制散热器百叶 ···· 135

4.6.8 放样融合 ··················· 137

4.7 族连接件 ························ 138

4.7.1 放置连接件 ················· 139

4.7.2 实例——对散热器添加连接件 ·· 139

4.7.3 设置连接件 ················· 143

4.8 综合实例——自动喷水灭火系统稳压罐 ·· 147

第 5 章 建筑模型 ······················ 154

5.1 标高 ···························· 154

5.1.1 创建标高 ··················· 154

5.1.2 编辑标高 ··················· 157

5.2 轴网 ···························· 159

5.2.1　创建轴网 ·································· 160

　　　5.2.2　编辑轴网 ·································· 161

　5.3　墙体 ·· 165

　　　5.3.1　一般墙体 ·································· 165

　　　5.3.2　幕墙 ·· 168

　5.4　门 ·· 172

　　　5.4.1　放置门 ······································ 172

　　　5.4.2　修改门 ······································ 174

　5.5　窗 ·· 177

　　　5.5.1　放置窗 ······································ 177

　　　5.5.2　修改窗 ······································ 183

　5.6　楼板 ·· 184

　　　5.6.1　结构楼板 ·································· 184

　　　5.6.2　建筑楼板 ·································· 187

　5.7　天花板 ··· 196

　　　5.7.1　基础天花板 ······························ 196

　　　5.7.2　复合天花板 ······························ 197

第6章　某服务中心模型 ····························· 201

　6.1　创建标高 ·· 201

　6.2　创建轴网 ·· 203

　6.3　创建柱 ··· 205

　6.4　创建墙 ··· 209

　6.5　布置门和窗 ····································· 216

第7章　管道设计 ···································· 226

　7.1　管道参数设置 ··································· 226

　　　7.1.1　角度设置 ·································· 227

　　　7.1.2　转换设置 ·································· 228

　　　7.1.3　管段和尺寸设置 ························ 229

　　　7.1.4　流体设置 ·································· 230

　　　7.1.5　坡度设置 ·································· 231

　　　7.1.6　计算设置 ·································· 232

　7.2　绘制管道 ·· 233

　　　7.2.1　管道布管系统配置 ···················· 233

　　　7.2.2　绘制水平管道 ·························· 234

　　　7.2.3　绘制垂直管道 ·························· 235

　　　7.2.4　绘制倾斜管道 ·························· 235

　　　7.2.5　绘制平行管道 ·························· 236

7.2.6 绘制软管 ···················· 237

7.3 管件 ························· 239

7.3.1 自动添加管件 ·············· 239

7.3.2 手动添加管件 ·············· 241

7.4 管路附件 ······················ 242

7.5 添加隔热层 ···················· 243

7.6 管道标注 ······················ 245

7.6.1 管径标注 ················· 245

7.6.2 高程标注 ················· 247

7.6.3 坡度标注 ················· 249

7.7 实例——创建给排水系统 ·········· 250

7.7.1 创建卫生系统 ············· 250

7.7.2 创建家用冷水系统 ·········· 253

7.7.3 创建家用热水系统 ·········· 255

7.7.4 将构件连接到管道系统 ······· 257

7.7.5 为添加的构件创建管道 ······· 258

第8章 某服务中心消防给水系统 ·········· 261

8.1 绘图准备 ······················ 261

8.1.1 链接模型 ················· 262

8.1.2 管道属性配置 ············· 264

8.2 喷淋系统 ······················ 267

8.2.1 导入 CAD 图纸 ············ 267

8.2.2 布置管道 ················· 270

8.2.3 布置设备及附件 ··········· 275

8.3 消火栓系统 ···················· 283

8.3.1 导入 CAD 图纸 ············ 283

8.3.2 布置管道 ················· 285

8.3.3 布置设备及附件 ··········· 287

第9章 风管设计 ························ 293

9.1 负荷计算 ······················ 293

9.1.1 地理位置 ················· 293

9.1.2 建筑/空间类型设置 ········· 295

9.1.3 空间 ···················· 297

9.1.4 分区 ···················· 301

9.1.5 热负荷与冷负荷 ··········· 302

9.2 风管设置 ······················ 305

9.3 绘制风管 ······················ 306

Note

9.3.1 风管布管系统设置 306
9.3.2 绘制水平风管 307
9.3.3 绘制垂直风管 309
9.3.4 绘制软风管 310
9.4 风管构件 311
9.4.1 插入风管管件 311
9.4.2 插入风管附件 314
9.4.3 插入风道末端 315
9.4.4 将风管转换为软风管 316
9.4.5 添加管帽 317
9.5 风管隔热层和内衬 317
9.5.1 添加隔热层 317
9.5.2 新建隔热层类型 317
9.5.3 编辑隔热层 319
9.6 添加风管颜色 320
9.7 实例——创建机械送风系统 322
9.7.1 创建系统类型 322
9.7.2 创建送风系统 322
9.7.3 生成布局设置 325
9.7.4 将构件连接到风管系统 328

第 10 章 某服务中心通风空调系统 332
10.1 绘图准备 332
10.1.1 导入 CAD 图纸 332
10.1.2 风管属性配置 333
10.2 创建送风系统 338
10.3 创建空调系统 347
10.4 创建排风系统 355
10.5 创建防排烟系统 357

第 11 章 电气设计 365
11.1 电气设置 365
11.1.1 隐藏线 365
11.1.2 常规 366
11.1.3 配线 367
11.1.4 电压定义 368
11.1.5 配电系统 369
11.1.6 电缆桥架和线管设置 369
11.1.7 负荷计算 370

11.1.8　配电盘明细表 ………………………………………………… 372

　　11.2　布置电气构件 ……………………………………………………… 372

　　　11.2.1　放置电气设备 …………………………………………………… 372

　　　11.2.2　放置装置 ………………………………………………………… 374

　　　11.2.3　放置照明设备 …………………………………………………… 376

　　11.3　电缆桥架 ……………………………………………………………… 378

　　　11.3.1　绘制电缆桥架 …………………………………………………… 378

　　　11.3.2　添加电缆桥架配件 ……………………………………………… 378

　　　11.3.3　绘制带配件的电缆桥架 ………………………………………… 380

　　11.4　线管 …………………………………………………………………… 382

　　　11.4.1　绘制线管 ………………………………………………………… 382

　　　11.4.2　添加线管配件 …………………………………………………… 382

　　　11.4.3　绘制带配件的线管 ……………………………………………… 384

　　　11.4.4　绘制平行线管 …………………………………………………… 385

　　11.5　导线 …………………………………………………………………… 386

　　　11.5.1　绘制弧形导线 …………………………………………………… 386

　　　11.5.2　绘制样条曲线导线 ……………………………………………… 387

　　　11.5.3　绘制带倒角导线 ………………………………………………… 388

　　11.6　实例——创建电气系统 …………………………………………… 388

　　　11.6.1　布置电气构件 …………………………………………………… 388

　　　11.6.2　创建电力和照明线路 …………………………………………… 392

　　　11.6.3　调整导线回路 …………………………………………………… 394

　　　11.6.4　创建开关系统 …………………………………………………… 396

第 12 章　某服务中心照明系统 …………………………………………… 398

　　12.1　绘制照明系统 ………………………………………………………… 398

　　　12.1.1　绘图前准备 ……………………………………………………… 398

　　　12.1.2　布置照明设备 …………………………………………………… 399

　　　12.1.3　布置电气设备 …………………………………………………… 404

　　　12.1.4　布置线路 ………………………………………………………… 407

　　12.2　绘制应急照明系统 …………………………………………………… 411

　　　12.2.1　绘图前准备 ……………………………………………………… 411

　　　12.2.2　布置照明设备 …………………………………………………… 412

　　　12.2.3　绘制线路 ………………………………………………………… 415

第 13 章　系统检查 ………………………………………………………… 418

　　13.1　检查管道、风管和电力系统 ……………………………………… 418

　　　13.1.1　检查管道系统 …………………………………………………… 418

　　　13.1.2　检查风管系统 …………………………………………………… 421

13.1.3　检查线路 ……………………………… 423

13.2　碰撞检查 …………………………………… 424

13.2.1　运行碰撞检查 …………………………… 424

13.2.2　冲突报告 ………………………………… 427

13.3　管线优化原则 ……………………………… 428

13.4　系统分析 …………………………………… 430

13.4.1　系统检查器 ……………………………… 430

13.4.2　调整风管/管道大小 ……………………… 431

13.5　实例——对通风空调系统进行检查 ……… 432

第14章　工程量统计 …………………………… 437

14.1　报告 ………………………………………… 437

14.1.1　风管压力报告 …………………………… 437

14.1.2　管道压力报告 …………………………… 438

14.2　明细表 ……………………………………… 441

14.2.1　创建明细表 ……………………………… 441

14.2.2　修改明细表 ……………………………… 445

14.2.3　将明细表导出到 CAD …………………… 452

14.3　实例——创建消防水系统管道明细表 …… 454

附录 A　快捷命令 ……………………………… 462

附录 B　Revit 中的常见问题 ………………… 468

二维码索引 ……………………………………… 474

第1章

Autodesk Revit MEP 2020入门

知识导引

　　Autodesk Revit MEP 是一种能够按照用户的思维方式工作的智能设计工具。它通过数据驱动的系统建模和设计来优化建筑设备与管道专业工程。在基于 Revit reg 的工作流中，它可以最大限度地减少设备专业设计团队之间，以及建筑师和结构工程师之间的协调错误。本章主要介绍 Autodesk Revit MEP 的特性和功能、Autodesk Revit MEP 2020 界面和文件管理。

1.1　Autodesk Revit MEP 概述

　　Autodesk Revit MEP 软件是机械工业中机电（MEP）工程师适用的建筑信息模型（BIM）解决方案，提供建筑系统设计和分析用的专门工具。有了 Autodesk Revit MEP，工程师可及早在设计过程制定更明智的决策，并可以先将建筑系统以准确的方式可视化后再建置。软件内建有分析功能，可以协助用户建立可持续、并可与其他应用程序共享的设计，进而获得最佳的建筑效能与效率。使用建筑信息模型，有助于设计数据保持一致、尽量减少错误，并强化工程与建筑团队之间的协同合作。

1.1.1　特性

　　Revit MEP 具有以下特性。

1. 建筑信息模型建立与配置

Revit MEP 软件的模型建立与配置工具，能让工程师以更精确的方式轻松建立机电工程系统。自动化的布线解决方案，可让用户建立管道工程、卫生工程与配管系统，或是以手动方式配置照明与电力系统。Revit MEP 软件的参数式变更技术，意味着凡是 MEP 的模型有变更，都会随即在整个模型中自动调整。维持单一且一致的建筑模型，有助于保持图面协调一致，并减少错误。

2. 具备建筑效能分析的永续设计

Revit MEP 可产生丰富的建筑信息模型，呈现出拟真的实时设计情境，协助使用者及早在设计过程制定更明智的决策。项目团队成员能以原生的整合式分析工具，进一步达成目标及永续性方案、执行能源分析、评估系统负荷，并产生加热与冷却荷载报告。Revit MEP 还能将绿色建筑可扩展标记语言（gbXML）以档案汇出，以搭配 Autodesk Ecotect 分析软件及 Autodesk Green Building Studio 网页式服务，以及第三方应用程序，进行永续设计与分析。

3. 更优异的工程设计

现今的复杂建筑需要更尖端的系统工程工具，将效率与使用效能优化。项目日益复杂，机械工业中的机电工程师及其庞大的团队之间，需要清楚沟通设计与设计变更。Revit MEP 软件具有专门的系统分析与优化工具，能让团队成员实时获得 MEP 设计方面的回馈，因此能及早于程序中缔造效能更高的设计。

1.1.2　功能

Revit MEP 软件是一款智能的设计和制图软件，能按工程师的思维方式工作。使用 Revit 技术和建筑信息模型（BIM），可以最大限度地减少建筑设备专业设计团队之间，以及建筑师和结构工程师之间的协调错误。此外，它还能为工程师提供更佳的决策参考和建筑性能分析，促进可持续性设计。

它具有以下功能。

1. 暖通设计准则

使用设计参数和显示图例来创建着色平面图，直观地沟通设计意图，无须解读复杂的电子表格及明细表。使用着色平面图可以加速设计评审，并将用户的设计准则呈现给客户审核和确认。色彩填充与模型中的参数值相关联，因此当设计变更时，平面图可自动更新。可创建任意数量的示意图，并在项目周期内轻松维护这些示意图。

2. 暖通风道及管道系统建模

暖通功能提供了针对管网及布管的三维建模功能，用于创建供暖通风系统。即使初次使用的用户，也能借助直观的布局设计工具轻松、高效地创建三维模型。可以使用内置的计算器一次性确定总管、支管甚至整个系统的尺寸。几乎可以在所有视图中，通过在屏幕上拖放设计元素来移动或修改设计，从而轻松修改模型。在任何一处视图中做出修改时，所有的模型视图及图纸都能自动协调变更，因此始终能够提供准确一致的设计及文档。

3. 电力照明和电路

通过使用电路追踪负载、连接设备的数量及电路长度，最大限度地减少电气设计错误。定义导线类型、电压范围、配电系统及需求系统，有助于确保设计中电路连接的正确性，防止过载及错配电压问题。在设计时，软件可以识别电压下降，应用减额系数甚至可以计算馈进器及配电盘的预计需求负载，进而调整设备。此外，还可以充分利用电路分析工具，快速计算总负载并生成报告，获得精确的文档。

4. 电力照明计算

Revit MEP 利用配电盘方法，可根据房间内的照明装置自动估算照明级别。设置室内平面的反射值，将行业标准的 IES（美国照明工程学会）数据附加至照明，并定义计算工作平面的高度。然后，让 Revit MEP 自动估算房间的平均照明值。

5. 给排水系统建模

借助 Revit MEP，可以为管道系统布局创建全面的三维参数化模型。借助智能的布局工具，可轻松、快捷地创建三维模型。只需在屏幕上拖动设计元素，就可同时在几乎所有视图中移动或更改设计。可以根据行业规范设计倾斜管道。在设计时，只需定义坡度并进行管道布局，该软件即会自动布置所有的升高和降低，并计算管底高程。在任何一处视图中做出修改时，所有的模型视图及图纸都能自动协调变更，因此始终能够提供准确一致的设计及文档。

6. Revit 参数化构件

参数化构件是 Revit MEP 中所有建筑元素的基础。它们为设计思考和创意构建提供了一个开放的图形式系统，同时让用户能以逐步细化的方式来表达设计意图。参数化构件可用最错综复杂的建筑设备及管道系统进行装配。最重要的是，无须任何编程语言或代码。

7. 双向关联性

任何一处变更，所有相关内容随之自动变更。所有 Revit MEP 模型信息都存储在一个位置。因此，任一信息变更都可以同时有效地更新到整个模型。参数化技术能够自动管理所有的变更。

8. Revit Architecture 支持

由于 Revit MEP 基于 Revit 技术，因此在复杂的建筑设计流程中可以非常轻松地实现设备专业团队成员之间以及使用 Revit Architecture 软件的建筑师之间的协作。

9. 建筑性能分析

借助建筑性能分析工具，可以充分发挥建筑信息模型的效能，为决策制定提供更好的支持。它能够为可持续性设计提供显著助益，为改善建筑性能提供支持。通过 Revit MEP 和 IES Virtual Environment 集成，还可执行冷热负载分析、LEED 日光分析和热能分析等多种分析。

10. 导入/导出数据到第三方分析软件

Revit MEP 支持将建筑模型导入到 gbXML，用于进行能源与负载分析。分析结束后,可重新导回数据,并将结果存入模型。如果要进行其他分析和计算,可将相同信息导出到电子表格,以便与不使用 Revit MEP 软件的团队成员进行共享。

1.2 Autodesk Revit 2020 界面介绍

在学习 Revit 软件之前,首先要了解 2020 版 Revit 的操作界面。新版软件更加人性化,不仅提供了便捷的操作工具,便于初级用户快速熟悉操作环境,而且对熟悉该软件的用户而言,操作将更加方便。

单击桌面上的 Revit 2020 图标,进入如图 1-1 所示的 Autodesk Revit 2020 主页,单击"模型"→"新建"按钮,新建一项目文件,进入 Autodesk Revit 2020 绘图界面,如图 1-2 所示。

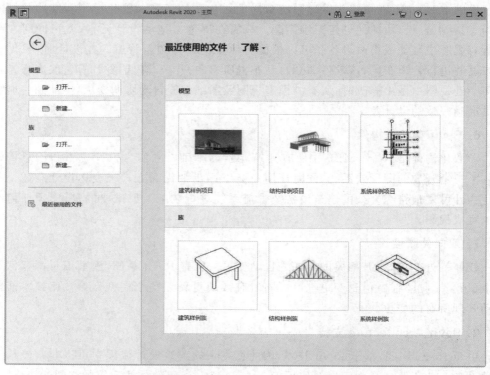

图 1-1 Autodesk Revit 2020 主页

1.2.1 文件程序菜单

文件程序菜单中提供了常用文件操作,如"新建""打开""保存"等。还允许使用更高级的工具(如"导出"和"发布")来管理文件。单击"文件"打开程序菜单,如图 1-3 所示。"文件"程序菜单无法在功能区中移动。

要查看每个菜单的选择项,应单击其右侧的箭头,打开下一级菜单,单击所需的项进行操作。

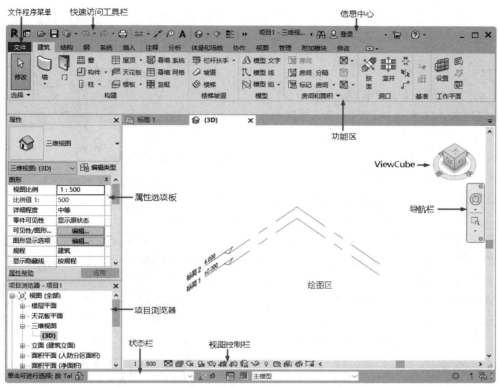

图 1-2　Autodesk Revit 2020 绘图界面

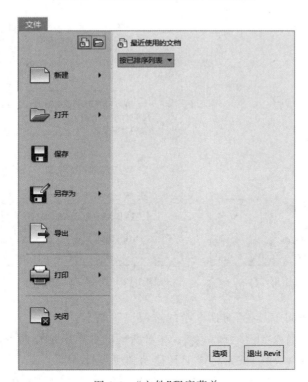

图 1-3　"文件"程序菜单

可以直接单击应用程序菜单中左侧的主要按钮来执行默认的操作。

1.2.2　快速访问工具栏

在主界面左上角图标的右侧，系统列出了一排相应的工具图标，即快速访问工具栏，用户可以直接单击相应的按钮进行命令操作。

单击快速访问工具栏上的"自定义访问工具栏"按钮 ▼，打开如图 1-4 所示的下拉菜单，可以对该工具栏进行自定义，选中命令在快速访问工具栏上显示，取消选中命令则隐藏。

在快速访问工具栏的某个工具按钮上右击，打开如图 1-5 所示的快捷菜单，选择"从快速访问工具栏中删除"命令，将删除选中的工具按钮。选择"添加分隔符"命令，在工具的右侧添加分隔符线。选择"在功能区下方显示快速访问工具栏"命令，快速访问工具栏可以显示在功能区的上方或下方。选择"自定义快速访问工具栏"命令，打开如图 1-6 所示的"自定义快速访问工具栏"对话框，可以对快速访问工具栏中的工具按钮进行排序、添加或删除分割线。

图 1-4　下拉菜单

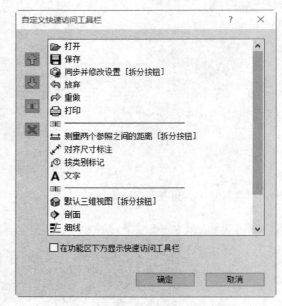

图 1-5　快捷菜单　　　　　图 1-6　"自定义快速访问工具栏"对话框

"自定义快速访问工具栏"对话框中的选项说明如下。

➢ "上移"按钮 ⬆ 或"下移"按钮 ⬇：在对话框的列表中选择命令，然后单击 ⬆（上移）按钮或 ⬇（下移）按钮将该工具移动到所需位置。

➢ "添加分隔符"按钮 ▭▯：选择要显示在分隔线上方的工具，然后单击"添加分隔符"按钮,添加分隔线。

➢ "删除"按钮 ❌ ：从工具栏中删除工具或分隔线。

在功能区的任意工具按钮上右击,打开快捷菜单,然后选择"添加到快速访问工具栏"命令,该工具按钮即可添加到快速访问工具栏中默认命令的右侧。

☎ **注意**：上下文选项卡中的某些工具无法添加到快速访问工具栏中。

1.2.3　信息中心

该工具栏包括一些常用的数据交互访问工具,如图 1-7 所示,利用它可以访问许多与产品相关的信息源。

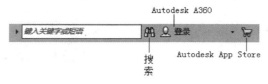

图 1-7　信息中心

（1）搜索：在搜索框中输入要搜索信息的关键字,然后单击"搜索"按钮 🔍 ,可以在联机帮助中快速查找信息。

（2）Autodesk A360：使用该工具可以访问与 Autodesk Account 相同的服务,但增加了 Autodesk A360 的移动性和协作优势。个人用户通过申请的 Autodesk 账户登录到自己的云平台。

（3）Autodesk App Store：单击此按钮,可以登录到 Autodesk 官方的 App 网站下载不同系列软件的插件。

1.2.4　功能区

功能区位于快速访问工具栏的下方,是创建建筑设计项目所有工具的集合。Revit 2020 将这些命令工具按类别放在不同的选项卡面板中,如图 1-8 所示。

图 1-8　功能区

功能区包含功能区选项卡、功能区子选项卡和面板等部分。其中,每个选项卡都将其命令工具细分为几个面板进行集中管理。而当选择某图元或者激活某命令时,系统将在功能区主选项卡后添加相应的子选项卡,且该子选项卡中列出了和该图元或命令相关的所有子命令工具,用户不必再在下拉菜单中逐级查找子命令。

创建或打开文件时,功能区会显示系统提供的创建项目或族所需的全部工具。调整窗口的大小时,功能区中的工具会根据可用的空间自动调整大小。每个选项卡集成了相关的操作工具,方便用户使用。用户可以单击功能区选项后面的 🔽 按钮控制功能的展开与收缩。

（1）修改功能区：单击功能区选项卡右侧的向右箭头，系统提供了三种功能区的显示方式，分别为"最小化为选项卡""最小化为面板标题""最小化为面板按钮"，如图1-9所示。

（2）移动面板：面板可以在绘图区"浮动"，在面板上按住鼠标左键并拖动（图1-10），将其放置到绘图区域或桌面上即可。将鼠标指针放在浮动面板的右上角，显示"将面板返回到功能区"，如图1-11所示。单击此处，使它变为"固定"面板。将鼠标指针移动到面板上以显示一个夹子，拖动该夹子到所需位置，即可移动面板。

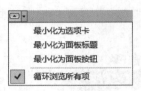

图1-9　下拉菜单

图1-10　拖动面板

图1-11　固定面板

（3）展开面板：面板标题旁的箭头 ▼ 表示该面板可以展开，单击箭头显示相关的工具和控件，如图1-12所示。默认情况下单击面板以外的区域时，展开的面板会自动关闭。单击图钉按钮 ，面板在其功能区选项卡显示期间始终保持展开状态。

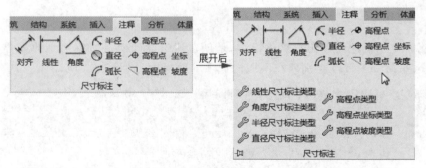

图1-12　展开面板

（4）上下文功能区选项卡：使用某些工具或者选择图元时，上下文功能区选项卡中会显示与该工具或图元的上下文相关的工具，如图1-13所示。退出该工具或清除选择时，该选项卡将关闭。

图1-13　上下文功能区选项卡

1.2.5　"属性"选项板

　　"属性"选项板是一个无模式对话框,通过该对话框,可以查看和修改用来定义图元属性的参数。

　　项目浏览器下方的浮动面板即为"属性"选项板。当选择某图元时,"属性"选项板会显示该图元的图元类型和属性参数等,如图1-14所示。

1. 类型选择器

　　选项板上面一行的预览框和类型名称即为图元类型选择器。用户可以单击右侧的下拉箭头,从列表中选择已有的合适的构件类型来直接替换现有类型,而不需要反复修改图元参数,如图1-15所示。

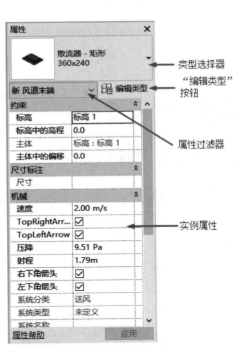

图1-14　"属性"选项板

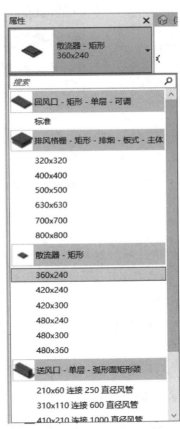

图1-15　类型选择器下拉列表框

2. "属性"过滤器

　　该过滤器用来标识将由工具放置的图元类别,或者标识绘图区域中所选图元的类别和数量。如果选择了多个类别或类型,则选项板上仅显示所有类别或类型所共有的实例属性。当选择了多个类别时,使用过滤器的下拉列表框可以仅查看特定类别或视图本身的属性。

3 ."编辑类型"按钮

单击此按钮,打开相关的"类型属性"对话框,用户可以复制、重命名对象类型,并可以通过编辑其中的类型参数值来改变与当前选择图元同类型的所有图元的外观尺寸等,如图 1-16 所示。

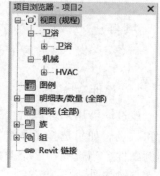

图 1-16 "类型属性"对话框

4 . 实例属性

在大多数情况下,"属性"选项板中既显示可由用户编辑的实例属性,又显示只读实例属性。当某属性的值由软件自动计算或赋值,或者取决于其他属性的设置时,该属性可能是只读属性,不可编辑。

1.2.6 项目浏览器

Revit 2020 将所有可访问的视图和图纸等都放置在项目浏览器中进行管理,使用项目浏览器可以方便地在各视图间进行切换操作。

项目浏览器用于组织和管理当前项目中包含的所有信息,包括项目中的所有视图、明细表、图纸、族、组和链接的 Revit 模型等项目资源。Revit 2020 按逻辑层次关系组织这些项目资源,且展开和折叠各分支时,系统将显示下一层集的内容,如图 1-17 所示。

图 1-17 项目浏览器

（1）打开视图：双击视图名称打开视图，也可以在视图名称上右击，打开如图1-18所示的快捷菜单，选择"打开"命令，打开视图。

（2）打开放置了视图的图纸：在视图名称上右击，打开如图1-18所示的快捷菜单，选择"打开图纸"命令，打开放置了视图的图纸。如果快捷菜单中的"打开图纸"选项不可用，则要么视图未放置在图纸上，要么视图是明细表或可放置在多个图纸上的图例视图。

（3）将视图添加到图纸中：将视图名称拖曳到图纸名称上或拖曳到绘图区域中的图纸上。

（4）从图纸中删除视图：在图纸名称下的视图名称上右击，在打开的快捷菜单中单击"从图纸中删除"命令，删除视图。

（5）单击"视图"选项卡"窗口"面板中的"用户界面"按钮 ，打开如图1-19所示的下拉列表框，选中"项目浏览器"复选框。如果取消选中"项目浏览器"复选框或单击项目浏览器顶部的"关闭"按钮 ✖，则隐藏项目浏览器。

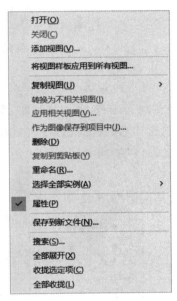

图1-18　快捷菜单

图1-19　下拉列表框

（6）拖曳项目浏览器的边框调整项目浏览器的大小。

（7）在Revit窗口中拖曳浏览器移动时会显示一个轮廓，在该轮廓指示浏览器将移动到的位置时松开鼠标，将浏览器放置到所需位置，还可以将项目浏览器从Revit窗口拖曳到桌面。

1.2.7　视图控制栏

视图控制栏位于视图窗口的底部，状态栏的上方，它可以控制当前视图中模型的显示状态，如图1-20所示。

（1）比例：是指在图纸中用于表示对象的比例。可以为项目中的每个视图指定不同比例，也可以创建自定义视图比例。在"比例"图标上单击打开如图 1-21 所示的比例列表，选择需要的比例，也可以单击"自定义比例"选项，打开"自定义比例"对话框，输入比率，如图 1-22 所示。

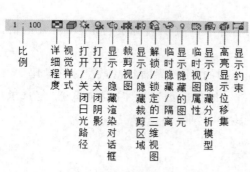

图 1-20　视图控制栏

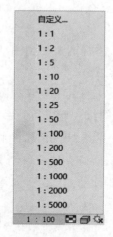

图 1-21　比例列表

注意：不能将自定义视图比例应用于该项目中的其他视图。

（2）详细程度：可根据视图比例设置新建视图的详细程度，包括粗略、中等和精细三种程度。当在项目中创建新视图并设置其视图比例后，视图的详细程度将会自动根据表格中的排列进行设置。通过预定义详细程度，可以影响不同视图比例下同一几何图形的显示。

（3）视觉样式：可以为项目视图指定许多不同的图形样式，如图 1-23 所示。

图 1-22　"自定义比例"对话框

图 1-23　视觉样式

> 线框：显示绘制了所有边和线而未绘制表面的模型图像。视图显示线框视觉样式时，可以将材质应用于选定的图元类型。这些材质不会显示在线框视图中；但是表面填充图案仍会显示，如图 1-24 所示。
> 隐藏线：显示模型除被表面遮挡部分以外的所有边和线，如图 1-25 所示。
> 着色：显示处于着色模式下的图像，而且具有显示间接光及其阴影的选项，如图 1-26 所示。

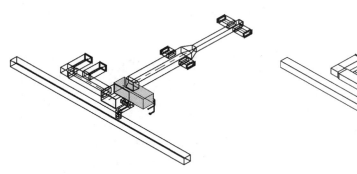

图1-24　线框　　　　　　　　　　　　　　图1-25　隐藏线

➤ 一致的颜色：显示所有表面都按照表面材质颜色设置进行着色的图像。该样式
会保持一致的着色颜色，使材质始终以相同的颜色显示，而无论以何种方式将
其定向到光源，如图1-27所示。

图1-26　着色　　　　　　　　　　　　　　图1-27　一致的颜色

➤ 真实：可在模型视图中即时显示真实材质外观。旋转模型时，表面会显示在各
种照明条件下呈现的外观，如图1-28所示。

☎ **注意**：“真实”视觉视图中不会显示人造灯光。

➤ 光线追踪：该视觉样式是一种照片级真实感渲染模式，该模式允许用户平移和
缩放模型，如图1-29所示。

图1-28　真实　　　　　　　　　　　　　　图1-29　光线追踪

Note

（4）打开/关闭日光路径：控制日光路径可见性。在一个视图中打开或关闭日光路径时，其他任何视图都不受影响。

（5）打开/关闭阴影：控制阴影的可见性。在一个视图中打开或关闭阴影时，其他任何视图都不受影响。

（6）显示/隐藏渲染对话框：单击此按钮，打开"渲染"对话框，可进行照明、分辨率、背景和图像质量的设置，如图1-30所示。

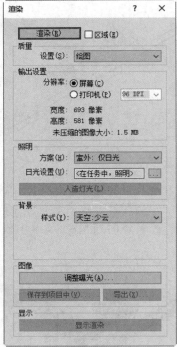

图1-30　"渲染"对话框

（7）裁剪视图：定义了项目视图的边界。在所有图形项目视图中显示模型裁剪区域和注释裁剪区域。

（8）显示/隐藏裁剪区域：可以根据需要显示或隐藏裁剪区域。在绘图区域中，选择裁剪区域，则会显示注释和模型裁剪。内部裁剪是模型裁剪，外部裁剪是注释裁剪。

（9）解锁/锁定的三维视图：锁定三维视图的方向，以在视图中标记图元并添加注释记号。包括保存方向并锁定视图、恢复方向并锁定视图和解锁视图三个选项。

➢ 保存方向并锁定视图：将视图锁定在当前方向。在该模式中无法动态观察模型。

➢ 恢复方向并锁定视图：将解锁的、旋转方向的视图恢复到其原来锁定的方向。

➢ 解锁视图：解锁当前方向，从而允许定位和动态观察三维视图。

（10）临时隐藏/隔离：使用"隐藏"工具可在视图中隐藏所选图元，使用"隔离"工具可在视图中显示所选图元并隐藏所有其他图元。

（11）显示隐藏的图元：临时查看隐藏图元或将其取消隐藏。

（12）临时视图属性：包括启用临时视图属性、临时应用样板属性、最近使用的模板和恢复视图属性四种视图选项。

（13）显示/隐藏分析模型：可以在任何视图中显示分析模型。

（14）高亮显示位移集：单击此按钮，启用高亮显示模型中所有位移集的视图。

（15）显示约束：在视图中临时查看尺寸标注和对齐约束，以解决或修改模型中的图元。"显示约束"绘图区域将显示一个彩色边框，以指示处于"显示约束"模式。所有约束都以彩色显示，而模型图元以半色调（灰色）显示。

1.2.8　状态栏

状态栏在屏幕的底部，如图1-31所示。状态栏会提供有关要执行的操作的提示。高亮显示图元或构件时，状态栏会显示族和类型的名称。

（1）工作集：显示处于活动状态的工作集。

（2）编辑请求：对于工作共享项目，表示未决的编辑请求数。

（3）设计选项：显示处于活动状态的设计选项。

图 1-31　状态栏

（4）仅活动项：用于过滤所选内容，以便仅选择活动的设计选项构件。

（5）选择链接：可在已链接的文件中选择链接和单个图元。

（6）选择底图图元：可在底图中选择图元。

（7）选择锁定图元：可选择锁定的图元。

（8）通过面选择图元：可通过单击某个面，来选中某个图元。

（9）选择时拖曳图元：不用先选择图元就可以通过拖曳操作移动图元。

（10）后台进程：显示在后台运行的进程列表。

（11）过滤：用于优化在视图中选定的图元类别。

1.2.9　ViewCube

ViewCube 默认在绘图区的右上方。通过 ViewCube 可以在标准视图和等轴测视图之间切换。

（1）单击 ViewCube 上的某个角，可以根据由模型的三个侧面定义的视口将模型的当前视图重定向到四分之三视图；单击其中一条边缘，可以根据模型的两个侧面将模型的视图重定向到二分之一视图；单击相应面，将视图切换到相应的主视图。

（2）如果从某个面视图中查看模型时 ViewCube 处于活动状态，则四个正交三角形会显示在 ViewCube 附近。使用这些三角形可以切换到某个相邻的面视图。

（3）单击或拖动 ViewCube 中指南针的东、南、西、北字样，切换到西南、东南、西北、东北等方向视图，或者绕上视图旋转到任意方向视图。

（4）单击"主视图"图标 🏠 ，不管视图目前是何种视图都会恢复到主视图方向。

（5）从某个面视图查看模型时，两个滚动箭头按钮 🔄 会显示在 ViewCube 附近。单击 🔄 图标，视图以 90° 逆时针或顺时针进行旋转。

（6）单击"关联菜单"按钮 ▼ ，打开如图 1-32 所示的关联菜单。

➤ 转至主视图：恢复随模型一同保存的主视图。

➤ 保存视图：使用唯一的名称保存当前的视图方向。此选项只允许在查看默认三维视图时使用唯一的名称保存三维视图。如果查看的是以前保存的正交三维视图或透视（相机）三维视图，则视图仅以新方向保存，而且系统不会提示用户提供唯一名称。

➤ 锁定到选择项：当视图方向随 ViewCube 发

图 1-32　关联菜单

生更改时,使用选定对象可以定义视图的中心。

➢ 透视/正交:在三维视图的平行和透视模式之间切换。

➢ 将当前视图设置为主视图:根据当前视图定义模型的主视图。

➢ 将视图设定为前视图:在下拉菜单中定义前视图的方向,并将三维视图定向到该方向。

➢ 重置为前视图:将模型的前视图重置为其默认方向。

➢ 显示指南针:显示或隐藏围绕 ViewCube 的指南针。

➢ 定向到视图:将三维视图设置为项目中的任何平面、立面、剖面或三维视图的方向。

➢ 确定方向:将相机定向到北、南、东、西、东北、西北、东南、西南或顶部。

➢ 定向到一个平面:将视图定向到指定的平面。

1.2.10 导航栏

Revit 提供了多种视图导航工具,可以对视图进行平移和缩放等操作,它们一般位于绘图区右侧。用于视图控制的导航栏是一种常用的工具集。视图导航栏在默认情况下为 50% 透明显示,不会遮挡视图。它包括"控制盘"和"缩放控制"两大工具,即 SteeringWheels 和"缩放工具",如图 1-33 所示。

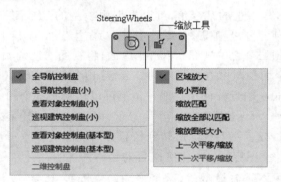

图 1-33 导航栏

1. SteeringWheels

它是控制盘的集合,通过这些控制盘,可以在专门的导航工具之间快速切换。每个控制盘都被分成不同的按钮。每个按钮都包含一个导航工具,用于重新定位模型的当前视图。控制盘有以下几种形式,如图 1-34 所示

单击控制盘右下角的"显示控制盘菜单"按钮 ⊙ ,打开如图 1-35 所示的控制盘菜单,菜单中包含了所有全导航控制盘的视图工具,单击"关闭控制盘"选项关闭控制盘,也可以单击控制盘上的"关闭"按钮 ✕ 关闭控制盘。

全导航控制盘中的各个工具按钮的含义如下。

(1) 平移:单击此按钮并按住鼠标左键拖动即可平移视图。

(2) 缩放:单击此按钮并按住鼠标左键不放,系统将在光标位置放置一个绿色的

全导航控制盘

查看对象控制盘(基本型)

巡视建筑控制盘(基本型)

二维控制盘

查看对象控制盘(小)

巡视建筑控制盘(小)

全导航控制盘(小)

图 1-34　SteeringWheels

图 1-35　控制盘菜单

球体,把当前光标位置作为缩放轴心。此时,拖动鼠标即可缩放视图,且轴心随着光标位置变化。

(3) 动态观察:单击此按钮并按住鼠标左键不放,同时在模型的中心位置将显示绿色轴心球体。此时,拖动鼠标即可围绕轴心点旋转模型。

(4) 回放:利用该工具可以从导航历史记录中检索以前的视图,并可以快速恢复到以前的视图,还可以滚动浏览所有保存的视图。单击"回放"按钮并按住鼠标左键不放,此时向左侧移动鼠标即可滚动浏览以前的导航历史记录。若要恢复到以前的视图,只要在该视图记录上松开鼠标左键即可。

(5) 中心:单击此按钮并按住鼠标左键不放,光标将变为一个球体,此时拖动鼠标到某构件模型上松开,放置球体,即可将该球体作为模型的中心位置。

(6) 环视:利用该工具可以沿垂直和水平方向旋转当前视图,且旋转视图时,人的视线将围绕当前视点旋转。单击此按钮并按住鼠标左键拖动,模型将围绕当前视图的位置旋转。

（7）向上/向下：利用该工具可以沿模型的 Z 轴调整当前视点的高度。

2．缩放工具

缩放工具包括区域放大、缩小一半、缩放匹配、缩放全部以匹配和缩放图纸大小等。

（1）区域放大：放大所选区域内的对象。

（2）缩小一半：将视图窗口显示的内容缩小到原来的 1/2。

（3）缩放匹配：在当前视图窗口中自动缩放以显示所有对象。

（4）缩放全部以匹配：缩放以显示所有对象的最大范围。

（5）缩放图纸大小：将视图自动缩放为实际打印大小。

（6）上一次平移/缩放：显示上一次平移或缩放结果。

（7）下一次平移/缩放：显示下一次平移或缩放结果。

1.2.11　绘图区域

Revit 窗口中的绘图区域显示当前项目的视图以及图纸和明细表，每次打开项目中的某一视图时，默认情况下此视图会显示在绘图区域中其他打开的视图的上面。其他视图仍处于打开的状态，但是这些视图在当前视图下面。

绘图区域的背景颜色默认为白色。

1.3　文　件　管　理

1.3.1　新建文件

单击"文件"→"新建"下拉按钮，打开"新建"菜单，如图 1-36 所示，用于创建项目文件、族文件、概念体量等。

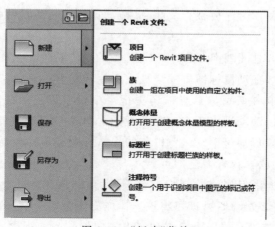

图 1-36　"新建"菜单

下面以新建项目文件为例介绍新建文件的步骤。

（1）单击"文件"→"新建"→"项目"命令，打开"新建项目"对话框，如图1-37所示。

图1-37　"新建项目"对话框

（2）在"样板文件"下拉列表框中选择样板，也可以单击"浏览"按钮，打开如图1-38所示的"选择样板"对话框，选择需要的样板，单击"打开"按钮，打开样板文件。

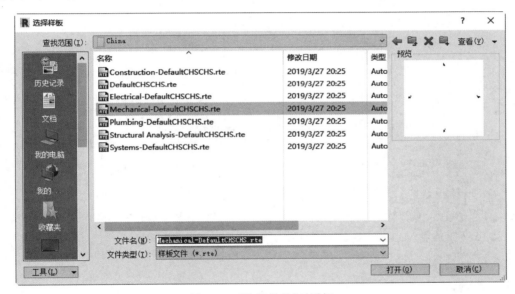

图1-38　"选择样板"对话框

（3）在"新建项目"对话框中选择"项目"选项，单击"确定"按钮，创建一个新项目文件。

☎注意：在Revit中，项目是整个建筑物设计的联合文件。建筑的所有标准视图、建筑设计图以及明细表都包含在项目文件中，只要修改模型，所有相关的视图、施工图和明细表都会随之自动更新。

1.3.2　打开文件

单击"文件"→"打开"下拉按钮，打开"打开"菜单，如图1-39所示，用于打开项目文件、族文件、IFC文件、样例文件等。

（1）项目：单击此命令，打开"打开"对话框，在对话框中可以选择要打开的Revit项目文件和族文件，如图1-40所示。

Note

图 1-39 "打开"文件

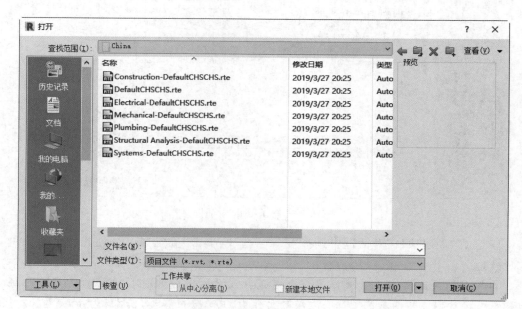

图 1-40 "打开"对话框（一）

➢ 核查：扫描、检测并修复模型中损坏的图元，此选项可能会大大增加打开模型所需的时间。

➢ 从中心分离：独立于中心模型而打开工作共享的本地模型。

➢ 新建本地文件：打开中心模型的本地副本。

（2）族：单击此命令，打开"打开"对话框，可以打开软件自带族库中的族文件，或用户自己创建的族文件，如图 1-41 所示。

Note

图 1-41　"打开"对话框(二)

（3）Revit 文件：单击此命令，可以打开 Revit 所支持的文件，例如，＊.rvt、＊.rfa、＊.adsk 和 ＊.rte 文件，如图 1-42 所示。

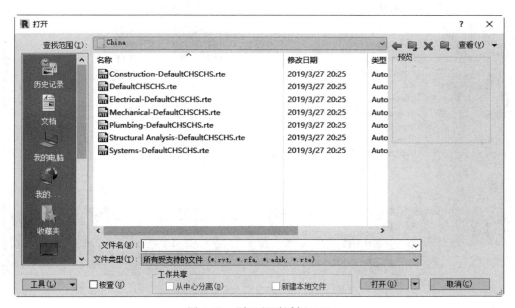

图 1-42　"打开"对话框(三)

（4）建筑构件：单击此命令，在对话框中选择要打开的 Autodesk 交换文件，如图 1-43 所示。

（5）IFC：单击此命令，在对话框中可以打开 IFC 类型文件，如图 1-44 所示。IFC 文件格式含有模型的建筑物或设施，也包括空间的元素、材料和形状。IFC 文件通常用于 BIM 工业程序之间的交互。

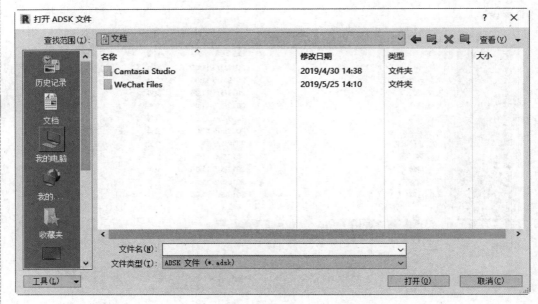

图 1-43 "打开 ADSK 文件"对话框

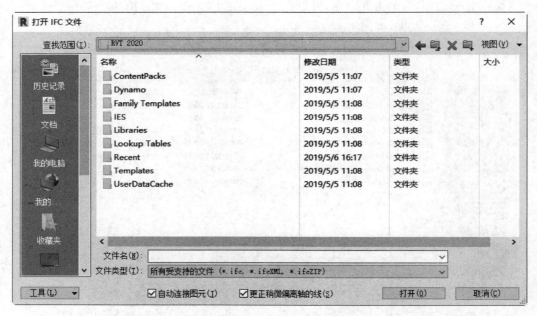

图 1-44 "打开 IFC 文件"对话框

（6）IFC 选项：单击此命令，打开"导入 IFC 选项"对话框，在对话框中可以设置 IFC 类型名称对应的 Revit 类别，如图 1-45 所示。此命令只有在打开 Revit 文件的状态下才可以使用。

（7）样例文件：单击此命令，打开"打开"对话框，可以打开软件自带的样例项目文件和族文件，如图 1-46 所示。

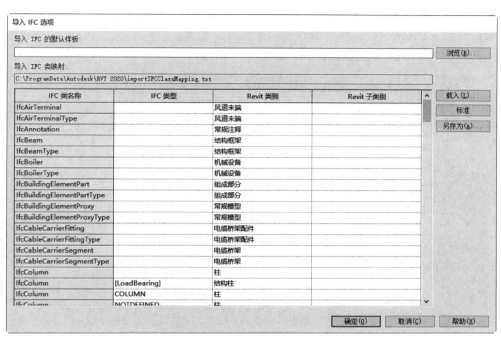

图 1-45　"导入 IFC 选项"对话框

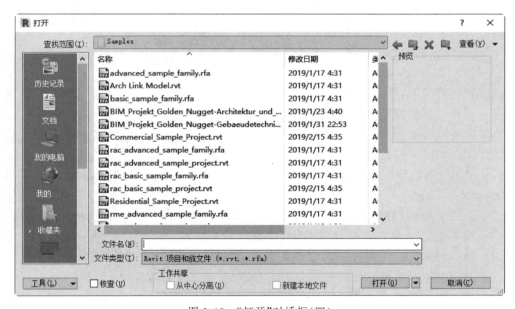

图 1-46　"打开"对话框（四）

1.3.3　保存文件

单击"文件"→"保存"命令，可以保存当前项目、族文件、样板文件等。若文件已命名，则 Revit 自动保存。若文件未命名，则系统打开"另存为"对话框（图 1-47），用户可以命名保存。在"保存于"下拉列表框中可以指定保存文件的路径；在"文件类型"下拉列表框中可以指定保存文件的类型。为了防止因意外操作或计算机系统故障导致正在绘制的图形文件丢失,可以对当前图形文件设置自动保存。

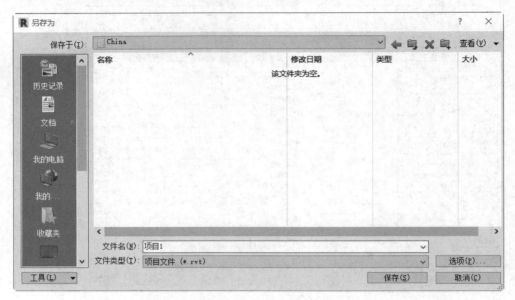

图 1-47 "另存为"对话框

单击"选项"按钮,打开如图 1-48 所示的"文件保存选项"对话框,可以指定备份文件的最大数量以及与文件保存相关的其他设置。

"文件保存选项"对话框中的选项说明如下。

➤ 最大备份数:指定最多备份文件的数量。默认情况下,非工作共享项目有 3 个备份,工作共享项目最多有 20 个备份。

➤ 保存后将此作为中心模型:将当前已启用工作集的文件设置为中心模型。

➤ 压缩文件:保存已启用工作集的文件时减小文件的大小。在正常保存时,Revit 仅将新图元和经过修改的图元写入现有文件。这可能会导致文件变得非常大,但会加快保存的速度。压缩过程会将整个文件进行重写并删除旧的部分以节省空间。

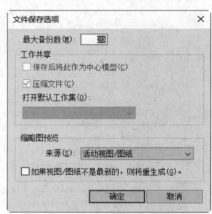

图 1-48 "文件保存选项"对话框

➤ 打开默认工作集:设置中心模型在本地打开时所对应的工作集默认设置。从该列表中,可以将一个工作共享文件保存为始终以下列选项之一为默认设置:"全部""可编辑""上次查看的"或者"指定"。用户修改该选项的唯一方式是选择"文件保存选项"对话框中的"保存后将此作为中心模型",来重新保存新的中心模型。

➤ 缩略图预览:指定打开或保存项目时显示的预览图像。此选项的默认值为"活动视图/图纸"。Revit 只能从打开的视图创建预览图像。

> 如果视图/图纸不是最新的,则将重生成;如果选中此复选框,则无论用户何时
> 打开或保存项目,Revit都会更新预览图像。

1.3.4 另存为文件

单击"文件"→"另存为"下拉按钮,打开"另存为"菜单,如图1-49所示,可以将文件
保存为项目、族、样板和库四种类型文件。

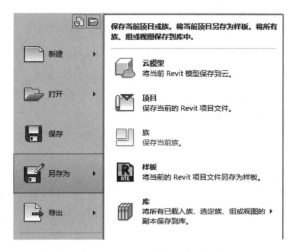

图1-49 "另存为"菜单

执行其中一种命令后打开"另存为"对话框,如图1-50所示,Revit用另存名保存,
并把当前图形更名。

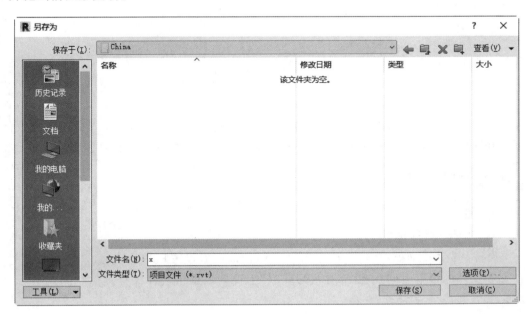

图1-50 "另存为"对话框

第 2 章

绘图环境设置

知识导引

　　用户可以根据自己的需要设置所需的绘图环境,可以分别对系统、项目和图形进行设置,通过定义设置,使用样板来执行办公标准并提高效率。本章主要介绍系统设置、项目样板的定制和文件的导入与链接。

2.1　系　统　设　置

"选项"对话框控制软件及其用户界面的各个方面。

单击"文件"程序菜单中的"选项"按钮 选项 ,打开"选项"对话框,如图 2-1 所示。

2.1.1　"常规"设置

在"常规"选项卡中可以设置通知、用户名和日志文件清理等参数。

1. "通知"选项组

Revit 不能自动保存文件,可以通过"通知"选项组设置用户建立项目文件或族文件保存文档的提醒时间。在"保存提醒间隔"下拉列表框中选择保存提醒时间,设置保存提醒时间最少为 15 分钟。

2. "用户名"选项组

Revit 首次在工作站中运行时,使用 Windows 登录名作为默认用户名。在以后的

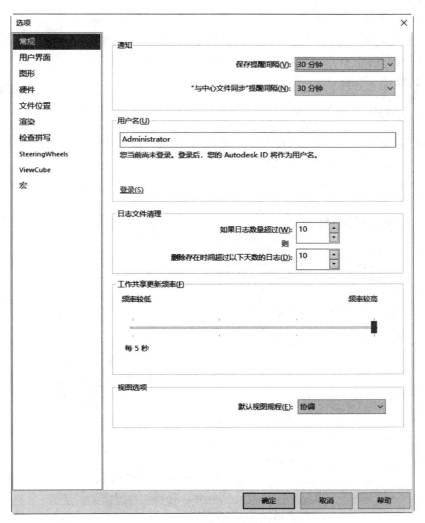

图 2-1　"选项"对话框

设计中可以修改和保存用户名。如果需要使用其他用户名,以便在某个用户不可用时放弃该用户的图元,可先注销 Autodesk 账户,然后在"用户名"字段中输入另一个用户的 Autodesk 用户名。

3. "日志文件清理"选项组

日志文件是记录 Revit 任务中每个步骤的文本文档。这些文件主要用于软件支持进程。当要检测问题或重新创建丢失的步骤或文件时,可运行日志。设置要保留的日志文件数量以及要保留的天数后,系统会自动进行清理,并始终保留设定数量的日志文件,后面产生的新日志会自动覆盖前面的日志文件。

4. "工作共享更新频率"选项组

工作共享是一种设计方法,此方法允许多名团队成员同时处理同一项目模型,拖动对话框中的滑块用来设置工作共享的更新频率。

5. "视图选项"选项组

对于不存在默认视图样板，或存在视图样板但未指定视图规程的视图，指定其默认规程。系统提供了6种视图规程，如图2-2所示。

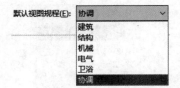

图2-2　视图规程

2.1.2　"用户界面"设置

"用户界面"选项卡用来设置用户界面，包括功能区的设置、活动主题、快捷键的设置和选项卡的切换等，如图2-3所示。

图2-3　"用户界面"选项卡

1. "配置"选项组

（1）工具和分析：可以通过选中或清除"工具和分析"列表框中的复选框，控制用户界面功能区中选项卡的显示和关闭。例如：取消选中"'建筑'选项卡和工具"复选框，单击"确定"按钮后，功能区中"建筑"选项卡不再显示，如图2-4所示。

（2）快捷键：用于设置命令的快捷键。单击"自定义"按钮，打开"快捷键"对话框，如图2-5所示。也可以在"视图"选项卡"用户界面"下拉列表框（图2-6）中单击"快捷

(a) 原始

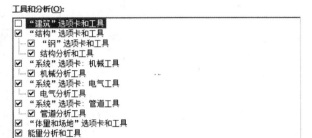

(b) 取消选中 "'建筑'选项卡和工具" 复选框

(c) 不显示 "建筑" 选项卡

图 2-4　选项卡的关闭

键"按钮 📇，打开"快捷键"对话框。

设置快捷键的方法：搜索要设置快捷键的命令或者在列表中选择要设置快捷键的命令，然后在"按新键"文本框中输入快捷键，单击"指定"按钮 ![指定(A)]，添加快捷键。

图 2-5　"快捷键"对话框

图 2-6　"用户界面"
下拉列表框

提示：Revit 与 AutoCAD 的快捷键不同。AutoCAD 的快捷键是单个字母，一般是命令的英文首字母，但是 Revit 的快捷键只能是两个字母。Revit 与 AutoCAD 另外一个不同是，在 AutoCAD 中按 Enter 键或者空格键都能重复上个命令，但 Revit 中重复上个命令只能用 Enter 键，按空格键不能重复上个命令。

（3）双击选项：指定用于进入族、绘制的图元、部件、组等类型的编辑模式的双击动作。单击"自定义"按钮，打开如图 2-7 所示的"自定义双击设置"对话框，选择图元类型，然后在对应的"双击操作"栏中单击，右侧会出现下拉箭头，单击下拉箭头，在打开的下拉列表框中选择对应的双击操作，单击"确定"按钮，完成双击设置。

（4）工具提示助理：工具提示提供有关用户界面中某个工具或绘图区域中某个项目的信息，或者在工具使用过程中提供下一步操作的说明。将光标停留在功能区的某个工具之上时，默认情况下，Revit 会显示工具提示。工具提示提供该工具的简要说明。如果光标在该功能区工具上再停留片刻，则会显示附加的信息（如果有），如图 2-8 所示。系统提供了"无""最小""标准""高"四种类型。

图 2-7 "自定义双击设置"对话框

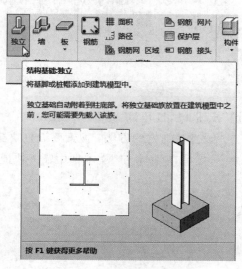

图 2-8 工具提示

> 无：关闭功能区工具提示和画布中工具提示，使它们不再显示。

> 最小：只显示简要的说明，而隐藏其他信息。

> 标准：为默认选项。当光标移动到工具上时，显示简要的说明，如果光标再停留片刻，则接着显示更多信息。

> 高：同时显示有关工具的简要说明和更多信息（如果有），没有时间延迟。

（5）在家时启用"最近使用的文件"列表：在启动 Revit 时显示"最近使用的文件"页面。该页面列出用户最近处理过的项目和族的列表，还提供对联机帮助和视频的访问。

2．"功能区选项卡切换行为"选项组

该选项组用来设置上下文选项卡在功能区中的行为。

（1）清除选择或退出后：在项目环境或族编辑器中指定所需的行为。列表中包括"返回到上一个选项卡"和"停留在'修改'选项卡"选项。

> ➢ 返回到上一个选项卡：在取消选择图元或者退出工具之后，Revit 显示上一次出现的功能区选项卡。
> ➢ 停留在"修改"选项卡：在取消选择图元或者退出工具之后，仍保留在"修改"选项卡上。

（2）选择时显示上下文选项卡：选中此复选框，当激活某些工具或者编辑图元时会自动增加并切换到"修改|××"选项卡，如图 2-9 所示。其中包含一组只与该工具或图元的上下文相关的工具。

图 2-9　"修改|××"选项卡

3．"视觉体验"选项组

（1）活动主题：用于设置 Revit 用户界面的视觉效果，包括"亮"和"暗"两种，如图 2-10 所示。

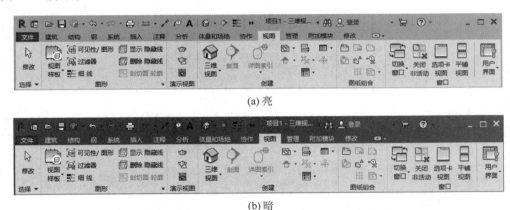

(a) 亮

(b) 暗

图 2-10　活动主题

（2）使用硬件图形加速（若有）：通过使用可用的硬件，提高了渲染 Revit 用户界面时的性能。

2.1.3　"图形"设置

"图形"选项卡主要控制图形和文字在绘图区域中的显示，如图 2-11 所示。

1．"视图导航性能"选项组

（1）重绘期间允许导航：可以在二维或三维视图中导航模型（平移、缩放和动态观察视图），而无须在每一步等待软件完成图元绘制。软件会中断视图中模型图元的绘制，从而可以更快和更平滑地导航。在大型模型中导航视图时使用该选项可以改进性能。

（2）在视图导航期间简化显示：通过减少显示的细节量并暂停某些图形效果，提

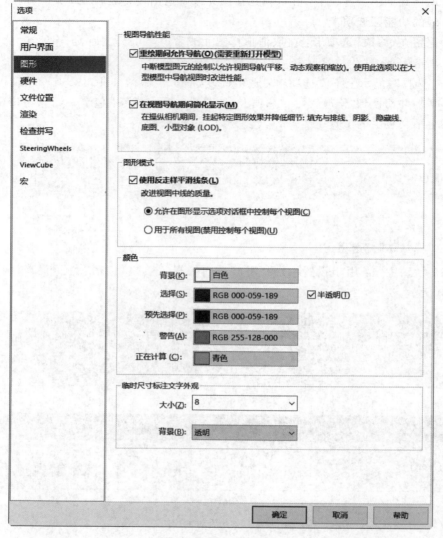

图 2-11　"图形"选项卡

供了导航视图(平移、动态观察和缩放)时的性能。

2."图形模式"选项组

选中"使用反走样平滑线条"复选框,可以提高视图中的线条质量,使边显示得更平滑。如果要在使用反走样时体验最佳性能,则在"硬件"选项卡中选中"使用硬件加速"复选框,启用硬件加速。如果没有启用硬件加速,并使用反走样,则在缩放、平移和操纵视图时性能会降低。

3."颜色"选项组

(1)背景:更改绘图区域中背景和图元的颜色。单击颜色按钮,打开如图 2-12 所示的"颜色"对话框,指定新的背景颜色。系统会自动根据背景色调整图元颜色,比如较暗的颜色将导致图元显示为白色,如图 2-13 所示。

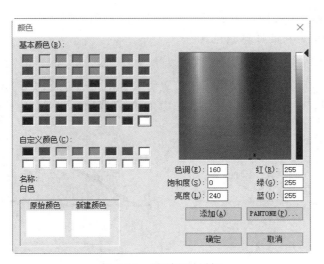

图 2-12　"颜色"对话框

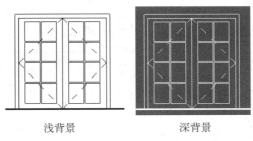

浅背景　　　　　　深背景

图 2-13　背景色和图元颜色

（2）选择：用于显示绘图区域中选定图元的颜色，如图 2-14 所示。单击颜色按钮可在"颜色"对话框中指定新的选择颜色。选中"半透明"复选框，可以查看选定图元下面的图元。

（3）预先选择：设置在将光标移动到绘图区域中的图元时，用于显示高亮显示的图元的颜色，如图 2-15 所示。单击颜色按钮可在"颜色"对话框中指定高亮显示颜色。

（4）警告：设置在出现警告或错误时选择的用于显示图元的颜色，如图 2-16 所示。单击颜色按钮可在"颜色"对话框中指定新的警告颜色。

图 2-14　选择图元　　　　图 2-15　高亮显示　　　　图 2-16　警告颜色

（5）正在计算：定义用于显示后台计算中所涉及图元的颜色。单击颜色按钮可在"颜色"对话框中指定新的计算颜色。

4．"临时尺寸标注文字外观"选项组

（1）大小：用于设置临时尺寸标注中文字的字体大小，如图 2-17 所示。

（2）背景：用于指定临时尺寸标注中的文字背景为透明或不透明，如图 2-18 所示。

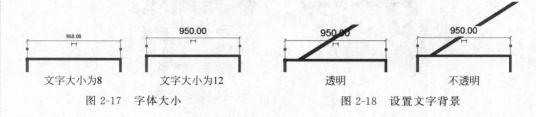

文字大小为8	文字大小为12

图 2-17　字体大小

透明　　　　不透明

图 2-18　设置文字背景

2.1.4　"硬件"设置

"硬件"选项卡用来设置硬件加速，如图 2-19 所示。

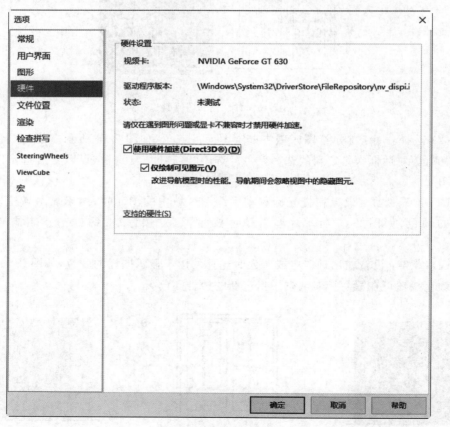

图 2-19　"硬件"选项卡

（1）使用硬件加速：选中此复选框，Revit 会使用系统的图形卡来渲染模型的视图。

（2）仅绘制可见图元：仅生成和绘制每个视图中可见的图元（也称为阻挡消隐）。Revit 不会尝试渲染在导航时视图中隐藏的任何图元，例如墙后的楼梯，从而提高性能。

2.1.5 "文件位置"设置

"文件位置"选项卡用来设置 Revit 文件和目录的路径，如图 2-20 所示。

（1）项目样板：指定在创建新模型时要在"最近使用的文件"窗口和"新建项目"对话框中列出的样板文件。

（2）用户文件默认路径：指定 Revit 保存当前文件的默认路径。

（3）族样板文件默认路径：指定样板和库的路径。

（4）点云根路径：指定点云文件的根路径。

（5）放置：添加公司专用的第二个库。单击此按钮，打开如图 2-21 所示的"放置"对话框，添加或删除库路径。

图 2-20 "文件位置"选项卡

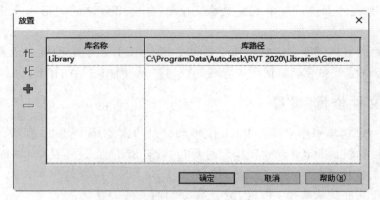

图 2-21 "放置"对话框

2.1.6 "渲染"设置

"渲染"选项卡提供有关在渲染三维模型时如何访问要使用的图像的信息,如图 2-22 所示。在此选项卡中可以指定用于渲染外观的文件路径以及贴花的文件路径。

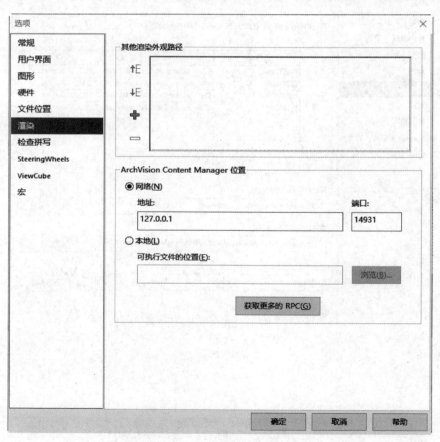

图 2-22 "渲染"选项卡

单击"添加值"按钮 ✚，输入路径，或单击 □ 按钮，打开"浏览器文件夹"对话框设置路径。选择列表中的路径，单击"删除值"按钮 ━，删除路径。

2.1.7 "检查拼写"设置

"检查拼写"选项卡用于文字输入时的语法设置，如图 2-23 所示。

（1）设置：选中或取消选中相应的复选框，以指示检查拼写工具是否应忽略特定单词或查找重复单词。

（2）恢复默认值：单击此按钮，恢复到安装软件时的默认设置。

（3）主字典：在列表中选择所需的字典。

（4）其他词典：指定要用于定义检查拼写工具可能会忽略的自定义单词和建筑行业术语的词典文件的位置。

图 2-23 "检查拼写"选项卡

2.1.8 SteeringWheels 设置

SteeringWheels 选项卡用来设置 SteeringWheels 视图导航工具的选项，如图 2-24 所示。

图 2-24　SteeringWheels 选项卡

1. "文字可见性"选项组

（1）显示工具消息：显示或隐藏工具消息，如图 2-25 所示。不管该设置如何，对于基本控制盘工具消息始终显示。

（2）显示工具提示：显示或隐藏工具提示，如图 2-26 所示。

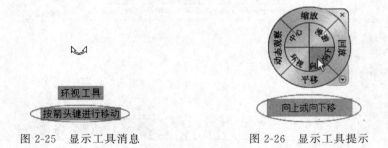

图 2-25　显示工具消息　　　　　　图 2-26　显示工具提示

（3）显示工具光标文字：工具处于活动状态时显示或隐藏光标文字。

2. "大控制盘外观"/"小控制盘外观"选项组

（1）尺寸：用来设置大/小控制盘的大小，包括大、中、小三种尺寸。

（2）不透明度：用来设置大/小控制盘的不透明度，可以在其下拉列表框中选择不透明度值。

3．"环视工具行为"选项组

反转垂直轴：反转环视工具的向上、向下查找操作。

4．"漫游工具"选项组

（1）将平行移动到地平面：使用"漫游"工具漫游模型时，选中此复选框可将移动角度约束到地平面。取消选中此复选框，漫游角度将不受约束，将沿查看的方向"飞行"，可沿任何方向或角度在模型中漫游。

（2）速度系数：使用"漫游"工具漫游模型或在模型中"飞行"时，可以控制移动速度。移动速度由光标从"中心圆"图标移动的距离控制。拖动滑块调整速度系数，也可以直接在文本框中输入。

5．"缩放工具"选项组

单击一次鼠标放大一个增量：允许通过单次单击缩放视图。

6．"动态观察工具"选项组

保持场景正立：使视图的边垂直于地平面。取消选中此复选框，可以 360°旋转动态观察模型，此功能在编辑一个族时很有用。

2.1.9 ViewCube 设置

ViewCube 选项卡用于设置 ViewCube 导航工具的选项，如图 2-27 所示。

图 2-27 ViewCube 选项卡

1．"ViewCube 外观"选项组

（1）显示 ViewCube：在三维视图中显示或隐藏 ViewCube。

（2）显示位置：指定在全部三维视图或仅活动视图中显示 ViewCube。

（3）屏幕位置：指定 ViewCube 在绘图区域中的位置，如右上、右下、左下和左上。

（4）ViewCube 大小：指定 ViewCube 的大小，包括自动、微型、小、中、大。

（5）不活动时的不透明度：指定未使用 ViewCube 时它的不透明度。如果选择了0%，需要将光标移动至 ViewCube 位置上方，否则 ViewCube 不会显示在绘图区域中。

2．"拖曳 ViewCube 时"选项组

捕捉到最近的视图：选中此复选框，将捕捉到最近的 ViewCube 的视图方向。

3．"在 ViewCube 上单击时"选项组

（1）视图更改时布满视图：选中此复选框后，在绘图区中选择图元或构件，并在 ViewCube 上单击，则视图将相应地进行旋转，并进行缩放以匹配绘图区域中的该图元。

（2）切换视图时使用动画转场：选中此复选框，切换视图方向时显示动画操作。

（3）保持场景正立：使 ViewCube 和视图的边垂直于地平面。取消选中此复选框，可以 360°动态观察模型。

4．"指南针"选项组

同时显示指南针和 ViewCube（仅当前项目）：选中此复选框，在显示 ViewCube 的同时显示指南针。

2.1.10 "宏"设置

"宏"选项卡定义用于创建自动化重复任务的宏的安全性设置，如图 2-28 所示。

图 2-28 "宏"选项卡

1."应用程序宏安全性设置"选项组

（1）启用应用程序宏：选择此选项，打开应用程序宏。

（2）禁用应用程序宏：选择此选项，关闭应用程序宏，但是仍然可以查看、编辑和构建代码，修改后不会改变当前模块状态。

2."文档宏安全性设置"选项组

（1）启用文档宏前询问：系统默认选择此选项。如果在打开 Revit 项目时存在宏，系统会提示启用宏，用户可以选择在检测到宏时启用宏。

（2）禁用文档宏：在打开项目时关闭文档级宏，但是仍然可以查看、编辑和构建代码，修改后不会改变当前模块状态。

（3）启用文档宏：打开文档宏。

2.2 项目样板的定制

项目样板的设置是一个项目开始的先决条件，只有依托于完善的样板文件，各专业工程师相关模型的搭建才能有序进行，在繁杂的设计流程环节无损传递。创建样板文件能避免每个工程师花费不必要的时间来设置软件，将时间真正地用于设计本身。通过统一不同工程师的建模设置和制图标准，规范本单位不同项目的模型标准，来设计出具有本单位统一风格的模型。

2.2.1 新建项目样板

可以使用多种方法创建自定义项目样板。

（1）单击"文件"→"新建"→"项目"命令，或在主页面中单击"模型"→"新建"按钮，打开"新建项目"对话框。

（2）在"样板文件"下拉列表框中选择样板（包括构造样板、建筑样板、结构样板和机械样板），也可以单击"浏览"按钮，打开"选择样板"对话框，选择需要的样板，单击"打开"按钮，打开样板文件。

（3）选择"项目样板"选项，单击"确定"按钮，创建一个新项目样板文件。

（4）根据需要对项目样板进行设置。

（5）创建任意几何图形，可作为将来项目的基础使用。

（6）单击"文件"→"另存为"→"样板"命令，打开"另存为"对话框，输入名称并选择模板位置。

（7）单击"保存"按钮，将项目模板添加到"新建项目"对话框的模板列表中。

还可以采用以下方法创建新样本文件。

（1）打开现有的样板文件，根据需要修改设置并将其保存为新样板文件。

（2）从空白模型开始，创建并指定视图、标高、明细表和图纸的名称。通过创建图纸并在图纸上添加空视图创建施工图文档集，将模型另存为模板文件。在使用模板创建模型并开始在视图中绘制几何图形时，图纸中的视图也将随之更新。

（3）使用包含几何图形的模型，可以在该几何图形的基础上创建新模型。

2.2.2 添加项目样板

项目样板文件的默认位置为：x（软件的安装位置）\Autodesk\RVT 2020\ Templates\。可以将项目样板存储在任何能访问的位置，然后指定项目样板的位置。

（1）创建项目样板文件。

（2）单击"文件"→"选项"命令，打开"选项"对话框，在"文件位置"选项卡中单击 "添加值"按钮 ✚，打开"浏览样板文件"对话框，定位到所需的项目样板文件，这里选取 上一节创建的项目样板，如图 2-29 所示。

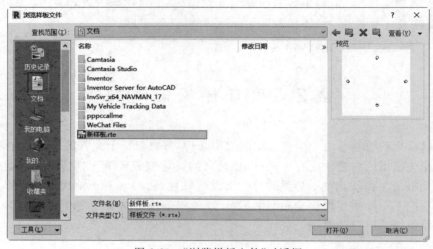

图 2-29 "浏览样板文件"对话框

（3）单击"打开"按钮，样板就会添加到列表中，如图 2-30 所示。可以在"名称"栏 中更改项目样板名称。

图 2-30 添加项目样板

（4）单击"确定"按钮，完成项目样板的添加。在创建模型时，可以在"新建项目"对话框中找到新添加的项目样板。

2.2.3 样板文件的设置

项目样板的定制，包括各种样式的设置以及各种基本的系统族设置。用户还可以根据自己的设计特点，将常用的族文件添加到项目样板中，以避免在每个项目文件中重复这些工作。

1. 设置对象样式

可为项目中不同类别和子类别的模型图元、注释图元和导入对象指定线宽、线颜色、线型图案和材质。

（1）单击"管理"选项卡"设置"面板中的"对象样式"按钮，打开"对象样式"对话框，如图 2-31 所示。

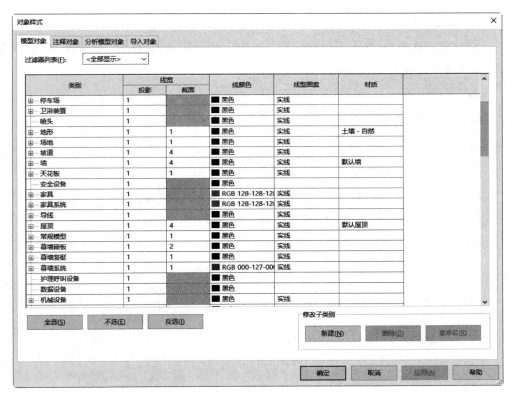

图 2-31 "对象样式"对话框

（2）在各类别对应的"线宽"栏中指定投影和截面的线宽度，例如在"投影"栏中单击，打开如图 2-32 所示的线宽列表，选择所需的线宽即可。

（3）在"线颜色"列表对应的栏中单击颜色块，打开"颜色"对话框，选择所需的颜色。

（4）单击对应的"线型图案"栏，打开如图 2-33 所示的线型列表，选择所需的线型。

（5）单击对应的材质栏中的按钮，打开"材质浏览器"对话框，在对话框中选择族类别的材质,还可以通过修改族的材质类型属性来替换族的材质。

图 2-32　线宽列表　　　　　　　　　图 2-33　线型列表

2.设置项目单位

可以指定项目中各种数据的显示格式。指定的格式将影响数据在屏幕上和打印输出的外观。可以对用于报告或演示目的的数据进行格式设置。

（1）单击"管理"选项卡"设置"面板中的"项目单位"按钮 ![]，打开"项目单位"对话框,如图 2-34 所示。

（2）在对话框中选择规程。

（3）单击"格式"列表中的值按钮,打开如图 2-35 所示的"格式"对话框,在该对话框中可以设置各种类型的单位格式。

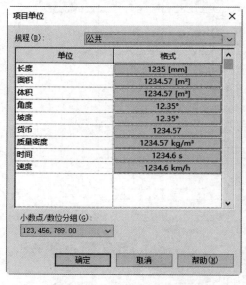

图 2-34　"项目单位"对话框

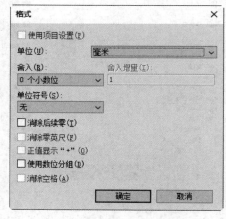

图 2-35　"格式"对话框

"格式"对话框中的选项说明如下。

➢ 使用项目设置:选中此复选框,使用项目中已设置好的数据。

➢ 单位:在此下拉列表框中选择对应的单位。

➢ 舍入:在此下拉列表框中选择一个合适的值,如果选择"自定义"选项,则在"舍入增量"文本框中输入值。

➢ 单位符号:在此下拉列表框中选择适合的选项作为单位的符号。

➢ 消除后续零:选中此复选框,将不显示后续零,例如,123.400 将显示为 123.4。

> 消除零英尺：选中此复选框，将不显示零英尺，例如 0'-4" 将显示为 4"。
> 正值显示"＋"：选中此复选框，将在正数前面添加"＋"号。
> 使用数位分组：选中此复选框，"项目单位"对话框中的"小数点/数位分组"选项将应用于单位值。
> 消除空格：选中此复选框，将消除英尺和分式英寸两侧的空格。

（4）单击"确定"按钮，完成项目单位的设置。

3. 视图样板

单击"视图"选项卡"图形"面板"视图样板" 下拉列表框中的"管理视图样板"按钮 ，打开如图 2-36 所示的"视图样板"对话框。

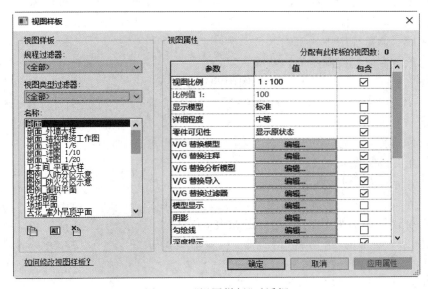

图 2-36 "视图样板"对话框

"视图样板"对话框中的选项说明如下。

> 视图比例：在对应的值文本框中单击，打开下拉列表框选择视图比例，也可以直接输入比例值。
> 比例值 1：指定来自视图比例的比率，例如，如果视图比例设置为 1：100，则比例值为长宽比 100/1 或 100。
> 显示模型：在详图中隐藏模型，包括标准、不显示和半色调三种。
> • 标准：设置显示所有图元。该值适用于所有非详图视图。
> • 不显示：设置只显示详图视图专有图元，这些图元包括线、区域、尺寸标注、文字和符号。
> • 半色调：设置显示详图视图特定的所有图元，可以使用半色调模型图元作为线、尺寸标注和对齐的追踪参照。
> 详细程度：设置视图显示的详细程度，包括粗略、中等和精细三种。也可以直接在视图控制栏中更改详细程度。
> 零件可见性：指定是否在特定视图中显示零件以及用来创建它们的图元，包括

Note

显示零件、显示原状态和显示两者三种。

- 显示零件：各个零件在视图中可见，当光标移动到这些零件上时，它们将高亮显示。从中创建零件的原始图元不可见且无法高亮显示或选择。
- 显示原状态：各个零件不可见，但用来创建零件的图元是可见的并且可以选择。
- 显示两者：零件和原始图元均可见，并能够单独高亮显示和选择。

➢ V/G 替换模型/注释/分析模型/导入/过滤器/工作集/设计选项：分别定义模型/注释/分析模型/导入/过滤器/工作集/设计选项的可见性/图形替换，单击"编辑"按钮，打开"可见性/图形替换"对话框进行设置。

➢ 模型显示：定义表面(视觉样式，如线框、隐藏线等)、透明度和轮廓的模型显示选项。单击"编辑"按钮，打开"图形显示选项"对话框来进行设置。

➢ 阴影：设置视图中的阴影。

➢ 勾绘线：设置视图中的勾绘线。

➢ 深度提示：定义立面和剖面视图中的深度提示。

➢ 照明：定义照明设置，包括照明方法、日光设置、人造灯光和日光梁、环境光和阴影。

➢ 摄影曝光：设置曝光参数来渲染图像，在三维视图中适用。

➢ 背景：指定图形的背景，包括天空、渐变色和图像，在三维视图中适用。

➢ 远剪裁：对于立面和剖面图形，指定远剪裁平面设置。单击对应的"不剪裁"按钮，打开如图 2-37 所示的"远剪裁"对话框，设置剪裁的方式。

图 2-37 "远剪裁"对话框

➢ 阶段过滤器：将阶段属性应用于视图中。

➢ 规程：确定非承重墙的可见性和规程特定的注释符号。

➢ 显示隐藏线：设置隐藏线是按照规程、全部显示还是不显示。

➢ 颜色方案位置：指定是否将颜色方案应用于背景或前景。

➢ 颜色方案：指定应用到视图中的房间、面积、空间或分区的颜色方案。

4. 可见性/图形

可以控制项目中各个视图的模型图元、基准图元和视图专有图元的可见性和图形显示。

单击"视图"选项卡"图形"面板中的"可见性/图形"按钮，打开"可见性/图形替换"对话框，如图 2-38 所示。

对话框中的选项卡可将类别分为："模型类别""注释类别""分析模型类别""导入的类别""过滤器"。每个选项卡下的类别表可按规程进一步过滤为："建筑""结构""机械""电气""管道"。在相应选项卡的"可见性"列表框中取消选中对应的复选框，使其在

图 2-38 "可见性/图形替换"对话框

视图中不显示。

5．设置材质

材质控制模型图元在视图和渲染图像中的显示方式。

单击"管理"选项卡"设置"面板中的"材质"按钮 ，打开"材质浏览器"对话框，如图 2-39 所示。

"材质浏览器"对话框中的选项说明如下。

1）"标识"选项卡

此选项卡提供有关材质的常规信息，如说明、制造商和成本数据。

（1）在"材质浏览器"对话框中选择要更改的材质，然后单击"标识"选项卡，如图 2-40 所示。

（2）更改材质的说明信息、产品信息以及 Revit 注释信息。

（3）单击"应用"按钮，保存材质常规信息的更改。

2）"图形"选项卡

（1）在"材质浏览器"对话框中选择要更改的材质，然后单击"图形"选项卡，如图 2-39 所示。

（2）选中"使用渲染外观"复选框，将使用渲染外观表示着色视图中的材质，单击颜

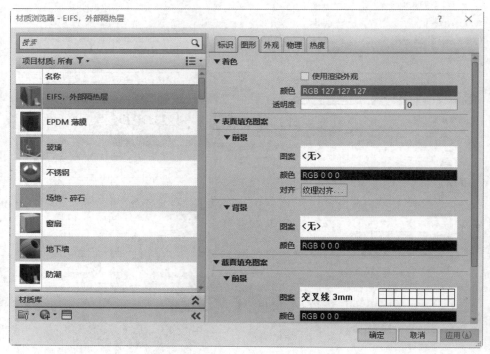

图 2-39　"材质浏览器"对话框

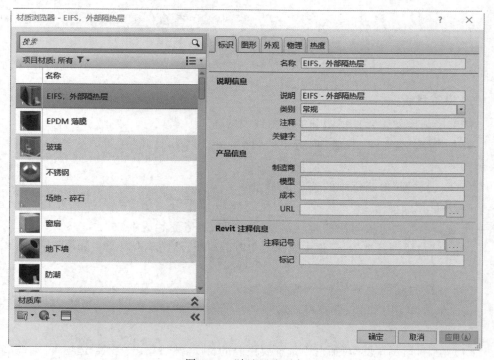

图 2-40　"标识"选项卡

色色块,打开"颜色"对话框,选择着色的颜色,可以直接输入透明度的值,也可以拖动滑块到所需的位置。

（3）单击"表面填充图案"下的"图案"右侧区域,打开如图 2-41 所示的"填充样式"对话框,在列表中选择一种填充图案。单击"颜色"色块,打开"颜色"对话框,选择用于绘制表面填充图案的颜色。单击"纹理对齐"按钮 纹理对齐... ,打开"将渲染外观与表面填充图案对齐"对话框,将外观纹理与材质的表面填充图案对齐。

（4）单击"截面填充图案"下的"图案"右侧区域,打开如图 2-41 所示的"填充样式"对话框,在列表中选择一种填充图案作为截面的填充图案。单击"颜色"色块,打开"颜色"对话框,选择用于绘制截面填充图案的颜色。

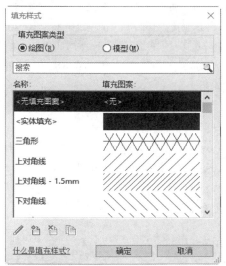

图 2-41　"填充样式"对话框

（5）单击"应用"按钮,保存材质图形属性的更改。

3）"外观"选项卡

（1）在"材质浏览器"对话框中选择要更改的材质,然后单击"外观"选项卡,如图 2-42 所示。

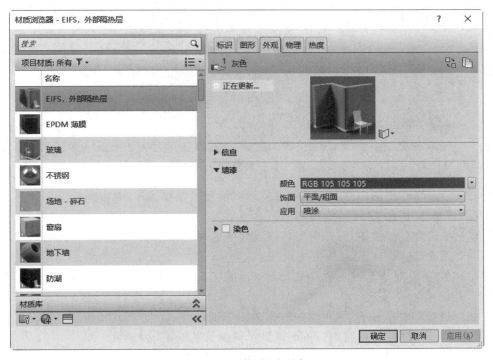

图 2-42　"外观"选项卡

（2）单击样例图像旁边的下拉箭头，单击"场景"选项，然后从列表中选择所需设置，如图2-43所示。该预览是材质的渲染图像。Revit渲染预览场景时，更新预览需要花费一段时间。

（3）分别设置墙漆的颜色、表面处理来更改外观属性。

（4）单击"应用"按钮，保存材质外观的更改。

4）"物理"选项卡

（1）在"材质浏览器"对话框中选择要更改的材质，然后单击"物理"选项卡，如图2-44所示。如果选择的材质没有"物理"选项卡，表示物理资源尚未添加到此材质。

图2-43　设置样例图样

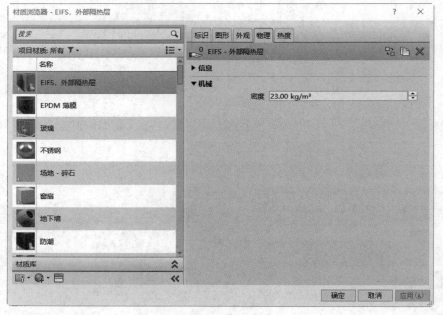

图2-44　"物理"选项卡

（2）单击属性类别左侧的三角形以显示属性及其设置。

（3）更改其信息、密度等为所需的值。

（4）单击"应用"按钮，保存材质物理属性的更改。

5）"热度"选项卡

（1）在"材质浏览器"对话框中选择要更改的材质，然后单击"热度"选项卡，如图2-45所示。

如果选择的材质没有"热度"选项卡，表示热资源尚未添加到此材质。

（2）单击属性类别左侧的三角形以显示属性及其设置。

（3）更改材质的比热、密度、发射率、渗透性等热度特性。

（4）单击"应用"按钮，保存材质热属性的更改。

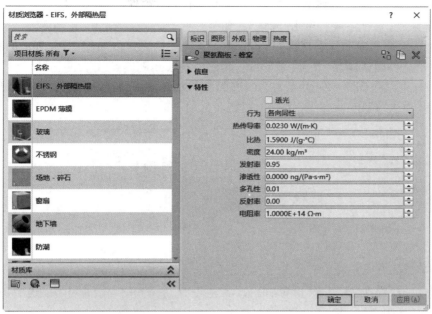

图 2-45 "热度"选项卡

6. 设置线型图案

（1）单击"管理"选项卡"设置"面板"其他设置" 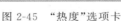 下拉列表框中的"线型图案"按钮 ，打开如图 2-46 所示的"线型图案"对话框。

（2）单击"新建"按钮，打开如图 2-47 所示的"线型图案属性"对话框，输入线型名称，在"类型"下拉列表框中选择划线和圆点，在"值"栏中输入划线的长度值，在下一行中选择空间类型，在"值"栏中输入空间值。Revit 要求在虚线或圆点之间添加空间，由于点全部都是以 1.5 在点的间距绘制的，所以点不需要相应值。单击"确定"按钮，新线型图案显示在"线型图案"对话框的列表中。

图 2-46 "线型图案"对话框

图 2-47 "线型图案属性"对话框

（3）在"线型图案"对话框中单击"编辑"按钮，打开"线型图案属性"对话框，对线型属性进行修改，修改完成后单击"确定"按钮。

（4）选取要删除的线型图案，单击"删除"按钮，系统弹出如图 2-48 所示的提示对话框，提示是否确认删除，单击"是"按钮，删除所选线型图案。

（5）选取线型图案，单击"重命名"按钮，打开如图 2-49 所示的"重命名"对话框，输入新名称，单击"确定"按钮，完成线型图案名称的更改。

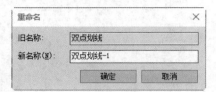

图 2-48　提示对话框　　　　　　　　　　　　图 2-49　"重命名"对话框

7. 设置线宽

（1）单击"管理"选项卡"设置"面板"其他设置" 下拉列表框中的"线型图案"按钮 ，打开如图 2-50 所示的"线宽"对话框。

图 2-50　"线宽"对话框

（2）单击表中的单元格并输入值，更改线宽。

（3）单击"添加"按钮，打开如图 2-51 所示的"添加比例"对话框，在下拉列表框中选择比例,单击"确定"按钮,在"线宽"对话框中添加比例。

（4）选择视图比例的标头,单击"删除"按钮,删除所选比例。

图 2-51 "添加比例"对话框

（5）模型线宽与比例相关联。特定线宽会随比例的更改而更改。通常,线宽将随比例的增加而变大。模型线宽表具有与线宽相关联的比例。用于特定线宽的宽度将应用于相关比例和更大比例,直到到达下一范围为止。

例如,1∶100 比例中的线宽 5 会指定为 0.5mm 的宽度,而在 1∶50 比例上则指定为 0.7mm。使用线宽 5 的任何现在从 1∶100 到 1∶51 的所有比例上打印为 0.5mm。当视图比例为 1∶50 时,使用线宽 5 的线将打印为 0.7mm。其他比例可以被添加到表,以进行额外的线宽控制。

8. 设置线样式

（1）单击"管理"选项卡"设置"面板"其他设置" 下拉列表框中的"线型图案"按钮 ,打开如图 2-52 所示的"线样式"对话框。在对话框中修改线宽、线颜色和线型图案。

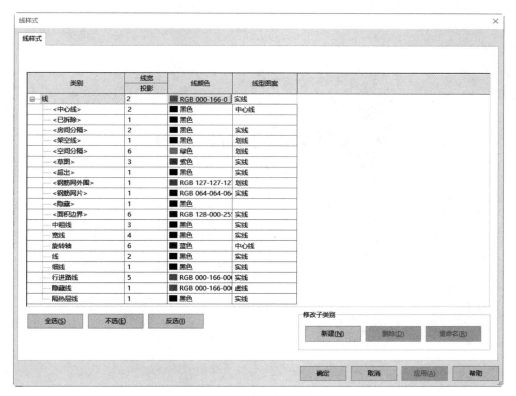

图 2-52 "线样式"对话框

（2）单击"新建"按钮,打开如图 2-53 所示的"新建子类别"对话框,输入名称,然后在"子类别属于"下拉列表框中选择类别,单击"确定"按钮,新建需要的新样式,并设置其线宽、颜色和线型图案。

9. 设置尺寸标注样式

（1）单击"注释"选项卡"尺寸标注"面板中的下拉按钮 ▼，展开如图 2-54 所示的"尺寸标注"面板，指定线性、角度和径向尺寸标注的样式，以及高程点、高程点坐标和高程点坡度。

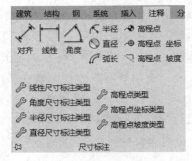

图 2-53 "新建子类别"对话框　　　　　图 2-54 "尺寸标注"面板

（2）在"尺寸标注"面板中单击任意标注类型，打开对应的"类型属性"对话框，如图 2-55 所示。其参数对应标注样式的示意图如图 2-56 所示。

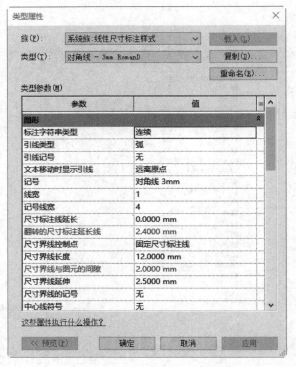

图 2-55 "类型属性"对话框

"类型属性"对话框中的选项说明如下。

➢ 标注字符串类型：指定尺寸标注字符串的格式化方法。包括连续、基线和纵坐标三种类型，示意图如图 2-57 所示。

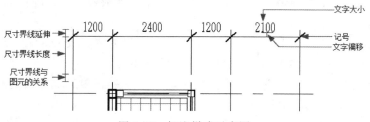

图 2-56 标注样式示意图

- 连续：放置多个彼此端点相连的尺寸标注。
- 基线：放置从相同的基线开始测量的叠层尺寸标注。
- 纵坐标：放置尺寸标注字符串，其值从尺寸标注原点开始测量。

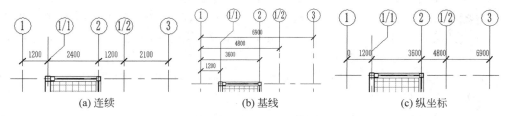

　　　(a) 连续　　　　　　　　(b) 基线　　　　　　　(c) 纵坐标

图 2-57 字符串类型示意图

- 引线类型：指定要绘制的引线的类型，包括直线和弧两种类型，如图 2-58 所示。
- 直线：绘制从尺寸标注文字到尺寸标注线的由两个部分组成的直线引线。
- 弧：绘制从标注文字到尺寸标注线的圆弧线引线。

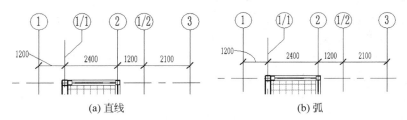

　　　　　(a) 直线　　　　　　　　　　　(b) 弧

图 2-58 引线类型

- 引线记号：指定应用到尺寸标注线处的引线顶端的标记。
- 文本移动时显示引线：指定当文字离开其原始位置时引线的显示方式，包括远离原点和超出尺寸界线。
  - 远离原点：当标注文字离开其原始位置时显示引线。当文字移回原始位置时，它将捕捉到位并且引线将会隐藏。
  - 超出尺寸界线：当标注文字移动超出尺寸界线时显示引线。
- 记号：用于标注尺寸界线的记号标记样式的名称，包括"实心箭头 2-度""实心三角形""空心点 3mm""对角线 3mm"等。在建筑标注中一般采用对角线记号。
- 线宽：设置指定尺寸标注线和尺寸引线宽度的线宽值。可以从 Revit 定义的值列表中进行选择。还可以单击"管理"选项卡"设置"面板"其他设置"下拉列表框中的"线宽"按钮 ▤ 来修改线宽的定义。

➢ 记号线宽：设置指定记号厚度的线宽。可以从 Revit 定义的值列表中进行选择，或定义自己的值。

➢ 尺寸标注线延长：指定尺寸标注线延伸超出尺寸界线交点的值。设置此值时，如果 100% 打印，该值即为尺寸标注线的打印尺寸。

➢ 翻转的尺寸标注延长线：如果箭头在尺寸标注链的端点上翻转，控制翻转箭头外的尺寸标注线的延长线。

➢ 尺寸界线控制点：在图元固定间隙和固定尺寸标注线之间进行切换。

➢ 尺寸界线长度：指定尺寸标注中所有尺寸界线的长度。

➢ 尺寸界线与图元的间隙：设置尺寸界线与已标注尺寸的图元之间的距离。

➢ 尺寸界线延伸：设置超过记号标记的尺寸界线的延长线。

➢ 尺寸界线的记号：指定尺寸界线末尾的记号显示方式。

➢ 中心线符号：可以选择任何载入项目中的注释符号。在参照族实例和墙的中心线的尺寸界线上方显示中心线符号。如果尺寸界线不参照中心平面，则不能在其上放置中心线符号。

➢ 中心线样式：如果尺寸标注参照是族实例和墙的中心线，则将改变尺寸标注的尺寸界线的线型图案。

➢ 中心线记号：修改尺寸标注中心线末端记号。

➢ 内部记号标记：当尺寸标注线的邻近线段太短而无法容纳箭头时，指定内部尺寸界线的记号标记显示的方式。发生这种情况时，短线段链的端点会翻转，内部尺寸界线会显示指定的内部记号。

➢ 同基准尺寸设置：指定相同基准尺寸的设置。

➢ 颜色：设置尺寸标注线和引线的颜色。可以从 Revit 定义的颜色列表中进行选择，也可以自定义颜色。默认值为黑色。

➢ 尺寸标注线捕捉距离：该值应大于文字到尺寸标注线的间距与文字高度之和。

➢ 宽度系数：指定用于定义文字字符串的延长的比率。

➢ 下划线：使永久性尺寸标注值和文字带下划线。

➢ 斜体：对永久性尺寸标注值和文字应用斜体格式。

➢ 粗体：对永久性尺寸标注值和文字应用粗体格式。

➢ 文字大小：指定尺寸标注的字样大小。

➢ 文字偏移：指定文字距尺寸标注线的偏移。

➢ 读取规则：指定尺寸标注文字的起始位置和方向。

➢ 文字字体：指定尺寸标注文字的字体。

➢ 文字背景：如果设置此值为不透明，则尺寸标注文字为方框围绕，且在视图中该方框与其后的任何几何图形或文字重叠。如果设置此值为透明，则该框不可见且不与尺寸标注文字重叠的所有对象都显示。

➢ 单位格式：单击此按钮，打开"格式"对话框，设置有尺寸标注的单位格式。

➢ 备用单位：指定是否显示除尺寸标注主单位之外的备用单位，以及备用单位的位置，包括无、右侧和下方三种。

➢ 备用单位格式：单击此按钮，打开"格式"对话框，设置有尺寸标注类型的备用单位格式。

➤ 备用单位前缀/后缀：指定备用单位显示的前缀/后缀。

➤ 显示洞口高度：在平面视图中放置一个尺寸标注，该尺寸标注的尺寸界线参照相同附属件(窗或门)。

➤ 文字位置：指定标注文字相对于引线的位置(仅适用于直线引线类型)，包括共线和高于两种类型。

• 共线：将文字和引线放置在同一行。

• 高于：将文字放置在高于引线的位置。

➤ 中心标记：显示或隐藏半径/直径尺寸标注中心标记。

➤ 中心标记尺寸：设置半径/直径尺寸标注中心标记的尺寸。

➤ 直径/半径符号位置：指定直径/半径尺寸标注的前缀文字的位置。

➤ 直径/半径符号文字：指定直径/半径尺寸标注值的前缀文字(默认值为 φ 和 R)。

➤ 等分文字：指定当向尺寸标注字符串添加相等限制条件时，所有 EQ 文字要使用的文字字符串。默认值为 EQ。

➤ 等分公式：单击该按钮，打开"尺寸标注等分公式"对话框，指定用于显示相等尺寸标注标签的尺寸标注等分公式。

➤ 等分尺寸界线：指定等分尺寸标注中内部尺寸界线的显示，包括"记号和线""只用记号""隐藏"三种类型。

• 记号和线：根据指定的类型属性显示内部尺寸界线。

• 只用记号：不显示内部尺寸界线，但是在尺寸线的上方和下方使用"尺寸界线延伸"类型值。

• 隐藏：不显示内部尺寸界线和内部分段的记号。

10．过滤器

若要基于参数值控制视图中图元的可见性或图形显示，则创建可基于类别参数定义规则的过滤器。

(1) 单击"视图"选项卡"图形"面板中的"过滤器"按钮 ，打开"过滤器"对话框，如图 2-59 所示。该对话框中按字母顺序列出过滤器并按基于规则和基于选择的树状结构给过滤器排序。

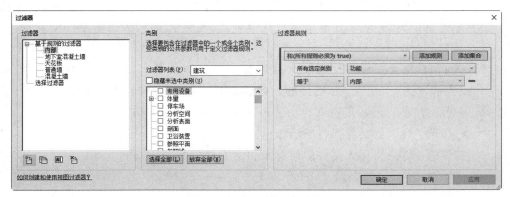

图 2-59　"过滤器"对话框

（2）单击"新建"按钮 ，打开如图 2-60 所示的"过滤器名称"对话框，输入过滤器名称，单击"确定"按钮。

（3）选取过滤器，单击"复制"按钮 📄，复制的新过滤器将显示在"过滤器"列表中，然后单击"重命名"按钮 🖼，打开"重命名"对话框，输入新名称，如图 2-61 所示，单击"确定"按钮。

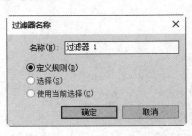

图 2-60 "过滤器名称"对话框

图 2-61 "重命名"对话框

（4）在"类别"选项组中选择将包含在过滤器中的一个或多个类别。选定类别将确定可用于过滤器规则中的参数。

（5）在"过滤器规则"选项组中设置过滤器条件，最多可以添加三个条件。

（6）在"操作符"下拉列表框中选择过滤器的运算符，包括等于、不等于、大于、大于或等于、小于、小于或等于、包含、不包含、开始部分是、开始部分不是、末尾是、末尾不是、有一个值和没有值。

（7）完成过滤器条件的创建后单击"确定"按钮。

2.3 文件的导入与链接

2.3.1 导入 CAD 文件

（1）新建一项目文件。单击"插入"选项卡"导入"面板中的"导入 CAD"按钮 📇，打开"导入 CAD 格式"对话框。

（2）选择"一层平面图"，设置定位为"自动-原点到原点"，选中"仅当前视图"复选框，设置导入单位为"毫米"，其他采用默认设置，如图 2-62 所示。单击"打开"按钮，导入 CAD 图纸，如图 2-63 所示。

"导入 CAD 格式"对话框中的选项说明如下。

➢ 仅当前视图：仅将 CAD 图纸导入到活动视图中，图元行为类似注释。

➢ 颜色：提供了保留、反选和黑白三种选项。系统默认为保留。

• 保留：导入的文件保持原始颜色。

• 反选：将来自导入文件的所有线和文字对象的颜色反转为 Revit 专用颜色。深色变浅，浅色变深。

• 黑白：以黑白方式导入文件。

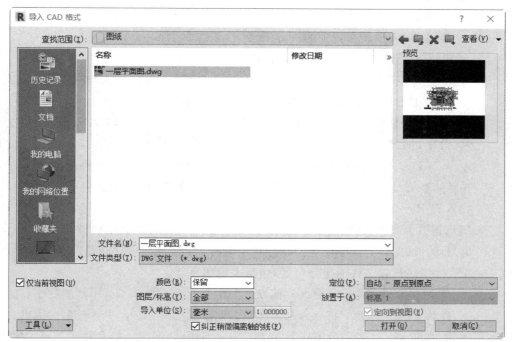

图 2-62 "导入 CAD 格式"对话框

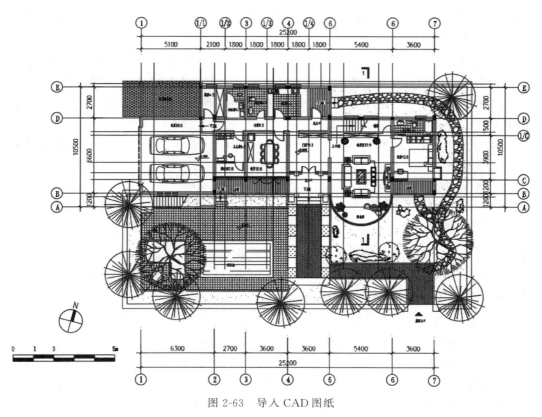

图 2-63 导入 CAD 图纸

> 图层/标高：提供了全部、可见和指定三种选项。系统默认为全部。
  - 全部：导入原始文件中的所有图层。
  - 可见：导入原始文件中的可见图层。
  - 指定：选择此选项，导入 CAD 文件时会打开"选择要导入/连接的图层/标高"对话框，在该对话框中可以选择要导入的图层。
> 导入单位：为导入的几何图形明确设置测量单位，包括自动检测、英尺、英寸、米、分米、厘米、毫米和自定义系数。选择"自动检测"选项，如果要导入的 AutoCAD 文件是以英制创建的，则该文件将以英尺和英寸为单位导入 Revit 中；如果要导入的 AutoCAD 文件是以公制创建的，则该文件将以毫米为单位导入到 Revit 中。
> 纠正稍微偏离轴的线：系统默认选中此复选框，可以自动更正稍微偏离轴（小于 0.1°）的线，并且有助于避免由这些线生成的 Revit 图元出现问题。
> 定位：指定链接文件的坐标位置，包括手动和自动。
  - 自动-中心到中心：将导入几何图形的中心放置到主体 Revit 模型的中心。
  - 自动-原点到原点：将导入几何图形的原点放置到 Revit 主体模型的原点。
  - 手动-原点：在当前视图中显示导入的几何图形，同时光标会放置在导入项或链接项的世界坐标原点上。
  - 手动-中心：在当前视图中显示导入的几何图形，同时光标会放置在导入项或链接项的几何中心上。
> 放置于：指定放置文件的位置。在下拉列表框中选择某一标高后，导入的文件将放置于当前标高位置。如果选中"定向到视图"复选框，则此选项不可用。

导入的图纸是锁定的，将无法移动或删除该对象，需要解锁后才能进行移动或删除。

> 定向到视图：如果"正北"和"项目北"没有在主体 Revit 模型中对齐，则使用该选项可在视图中对 CAD 文件进行定向。

2.3.2　导入和管理图像

1. 导入图像

可以将图像放置在二维视图中作为背景或参考。

（1）新建一项目文件。单击"插入"选项卡"导入"面板中的"导入图像"按钮 ，打开"导入图像"对话框，选取要导入的图像文件，如图 2-64 所示。

（2）单击"打开"按钮，导入的图像将显示在绘图区域中，并随光标移动。此图像以符号形式显示，并带有两条交叉线指明图像的范围，如图 2-65 所示。

（3）移动光标到适当位置，单击放置图像，在"属性"选项板中显示图像的相关信息，如图 2-66 所示。

（4）在视图中拖动图像的控制点调整图像大小，或在"属性"选项板中输入高度/宽度或者比例调整图像大小。

图 2-64 "导入图像"对话框

图 2-65 图像范围

图 2-66 放置图像

2. 管理图像

单击"插入"选项卡"导入"面板中的"管理图像"按钮,打开如图 2-67 所示的"管理图像"对话框,该对话框中列出模型中的所有光栅图像和 PDF 文件,包括已保存到模型的任何渲染图像。还可以使用此对话框将图像添加到要与图元关联并建立明细表的模型中。

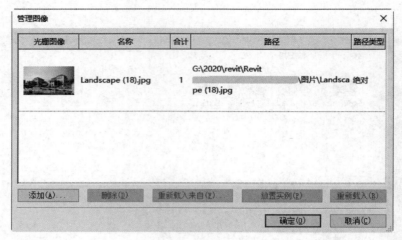

图 2-67 "管理图像"对话框

"管理图像"对话框中的选项说明如下。

➢ 光栅图像：显示图像的缩略图。

➢ 名称：显示图像文件的名称，包括.jpg、.png、.bmp 等类型。

➢ 合计：指示图像放置在模型中或与图元关联的次数。

➢ 路径：显示图像文件在计算机中的位置。

➢ 路径类型：选择"相对"类型，显示工作目录中链接图像的相对位置；选择"绝对"类型，显示图像文件的绝对路径。

➢ 添加：单击此按钮，打开"导入图像"对话框，将图像添加到模型或族文件，以在项目视图或明细表中使用。

➢ 删除：单击此按钮，删除选中的图形。

➢ 重新载入来自：选中对话框中图像，单击此按钮，打开"导入图像"对话框，选取要导入的图像，将新导入的图像替换原图像。

➢ 放置实例：选中对话框中图像，单击此按钮，在当前视图中放置图像。

➢ 重新载入：选中对话框中图像，单击此按钮从原始位置重新载入图像。

2.3.3 链接 Revit 和管理链接

（1）新建一项目文件。单击"插入"选项卡"导入"面板中的"链接 Revit"按钮 ，打开"导入/链接 RVT"对话框。

（2）选择要链接的模型，设置定位为"自动-原点到原点"，其他采用默认设置，如图 2-68 所示。单击"打开"按钮，导入 Revit 模型，如图 2-69 所示。

（3）选取链接模型，单击"修改|RVT 链接"选项卡"链接"面板中的"管理链接"按钮 ，打开如图 2-70 所示的"管理链接"对话框，显示有关链接的信息。

"管理链接"对话框中的选项说明如下。

➢ 链接名称：指示链接模型或文件的名称。

➢ 状态：指示在主体模型中是否载入链接，包括已载入、未载入和未找到。

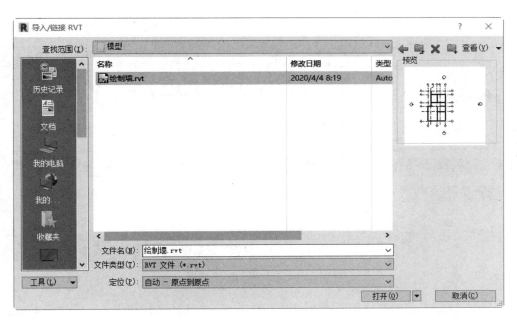

图 2-68 "导入/链接 RVT"对话框

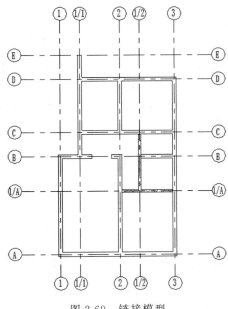

图 2-69 链接模型

➤ 参照类型：包括附着和覆盖两种类型。

• 附着：当链接模型的主体链接到另一个模型时，将显示该链接模型。

• 覆盖：该选项为默认设置。如果导入包含嵌套链接的模型，将显示一条消息，说明导入的模型包含嵌套链接，并且这些模型在主体模型中将不可见。

➤ 位置未保存：指定链接的位置是否保存在共享坐标系中。

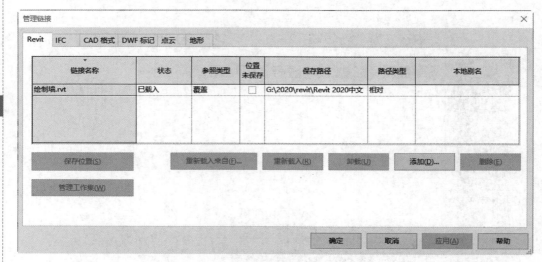

图 2-70 "管理链接"对话框

> 本地别名：如果使用基于文件的工作共享，并且已链接到 Revit 模型的本地副本，而不是链接到中心模型，其位置会显示到此处。
> 保存位置：保存链接实例的位置。
> 卸载：选取链接模型，单击此按钮，打开如图 2-71 所示的"卸载链接"提示对话框，单击"确定"按钮，将链接模型暂时从项目中删除。
> 管理工作集：单击此按钮，打开"管理链接的工作集"对话框，用以打开和关闭链接模型中的工作集。

（4）链接的模型是不可编辑的，如果需要编辑链接，需要将模型绑定到当前项目中。选取链接模型，单击"修改|RVT 链接"选项卡"链接"面板中的"绑定链接"按钮，打开如图 2-72 所示的"绑定链接选项"对话框，选取要绑定的项目，单击"确定"按钮。

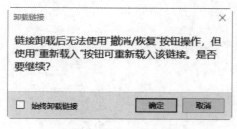

图 2-71 "卸载链接"提示对话框

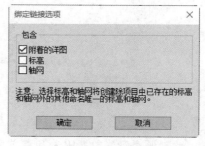

图 2-72 "绑定链接选项"对话框

（5）此时系统打开如图 2-73 所示的警告对话框，单击"删除链接"按钮，链接模型为一个模型组。选取模型组，单击"修改|模型组"选项卡"成组"面板中的"解组"按钮，将模型组分解成单个图元，即可对其进行编辑。

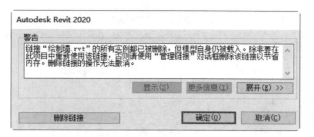

图 2-73 警告对话框

2.3.4 链接 CAD 文件

新建一项目文件。单击"插入"选项卡"导入"面板中的"链接 CAD"按钮 ，打开"链接 CAD 格式"对话框，如图 2-74 所示。其操作方法和对话框中的选项说明同 2.3.1 节，这里不再一一介绍。

图 2-74 "链接 CAD 格式"对话框

链接的 CAD 文件是引用的，当源文件更新后，链接到项目中的 CAD 文件也会随之更新；而导入的 CAD 文件会成为项目文件的一部分，可以对其进行操作，源文件更新后，导入的 CAD 文件不会随之更改。

2.4 实例——创建机电专业样板

在 Revit 中，建筑样板对应建筑专业，结构样板对应结构专业，机械样板对应机电专业，如果一个项目中有多个专业就要使用构造样板。但是软件自带的机械样板不适合我国的相关制图与设计规范,因此需要设计师自己定义机电专业的样板文件。

(1)单击主页面中的"模型"→"新建"按钮或单击"文件"→"新建"→"项目"命令,打开"新建项目"对话框,如图 2-75 所示。

图 2-75 "新建项目"对话框

(2)单击"浏览"按钮,打开如图 2-76 所示的"选择样板"对话框,选择"Systems-DefaultCHSCHS.rte"样板,单击"打开"按钮。

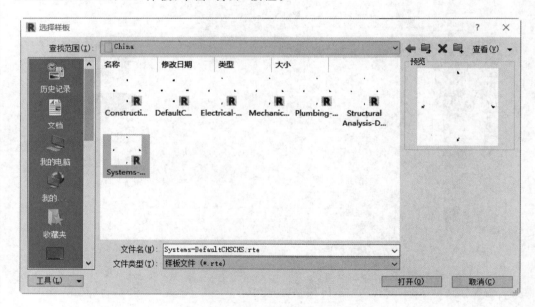

图 2-76 "选择样板"对话框

(3)此时系统返回到"新建项目"对话框,选择"项目样板"选项,单击"确定"按钮,创建一个新项目样板文件。项目浏览器如图 2-77 所示,从图中可以看出视图是按规程分类,并且类别有点少。

(4)单击"管理"选项卡"设置"面板中的"项目参数"按钮 ,打开如图 2-78 所示的"项目参数"对话框,单击"添加"按钮,打开"参数属性"对话框。输入名称为"二级子规程",设置规程为"公共",参数类型为"文字",参数分组方式为"图形",在"类别"列表框中选中"视图"复选框,然后选中"隐藏未选中类别"复选框,如图 2-79 所示。连续单击"确定"按钮,完成二级子规程项目参数的创建。

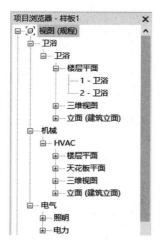

图 2-77 项目浏览器

图 2-78 "项目参数"对话框

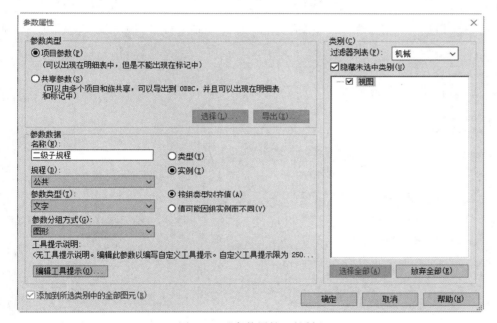

图 2-79 "参数属性"对话框

（5）在项目浏览器的视图（规程）上右击，打开如图 2-80 所示的快捷菜单，单击"浏览器组织"选项，打开如图 2-81 所示的"浏览器组织"对话框。单击"新建"按钮，打开"创建新的浏览器组织"对话框，输入名称为"专业"，如图 2-82 所示。

（6）单击"确定"按钮，返回到"浏览器组织"对话框，单击"编辑"按钮，打开"浏览器组织属性"对话框，在"成组和排序"选项卡中设置成组条件为"子规程"，一"否则按"为"二级子规程"，二"否则按"为"族与类型"，其他采用默认设置，如图 2-83 所示。单击"确定"按钮，

图 2-80 快捷菜单

项目浏览器按专业分类排序，如图 2-84 所示。

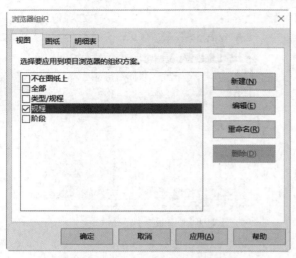

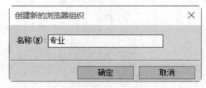

图 2-81 "浏览器组织"对话框　　　　图 2-82 "创建新的浏览器组织"对话框

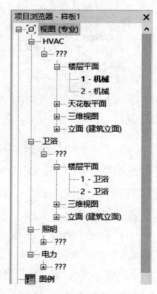

图 2-83 "浏览器组织属性"对话框　　　图 2-84 按专业分类排序

（7）单击"视图"选项卡"图形"面板"视图样板"下拉列表框中的"从当前视图创建样板"按钮 ，打开"新视图样板"对话框，输入名称为"暖通平面"，如图 2-85 所示。单击"确定"按钮，打开"视图样板"对话框，对新建的暖通平面属性进行设置，分别取消选中"V/G 替换模型""V/G 替换

图 2-85　"新视图样板"对话框

注释""V/G 替换分析模型""V/G 替换导入""V/G 替换过滤器""颜色方案""系统颜色方案"对应的"包含"复选框，输入子规程为"暖通"，其他采用默认设置，如图 2-86 所示。单击"确定"按钮，完成暖通平面视图样板的创建。

图 2-86　"视图样板"对话框

（8）在"视图"→HVAC→"楼层平面"→"1-机械"节点上右击，打开如图 2-87 所示的快捷菜单，单击"复制视图"→"复制"选项，创建"1-机械副本 1"视图，如图 2-88 所示。

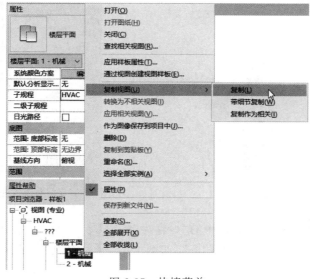

图 2-87　快捷菜单

Note

（9）选取"1-机械副本 1"视图后右击，在打开的快捷菜单中单击"重命名"选项，更改名称为"1-暖通"。

（10）选取"1-暖通"视图，在"属性"选项板的"子规程"栏中选择"暖通"，项目浏览器中自动增加暖通专业并将"1-暖通"视图放置在"暖通"专业节点下，如图 2-89 所示。

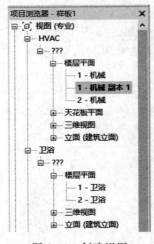

图 2-88　创建视图

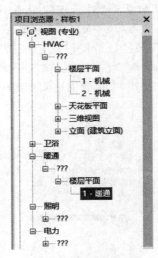

图 2-89　新增暖通专业

（11）采用相同的方法，在项目浏览器的"暖通"专业下添加三维视图和立面视图，结果如图 2-90 所示。

（12）采用相同的方法，创建给排水专业以及对应的视图，如图 2-91 所示。

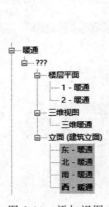

图 2-90　添加视图

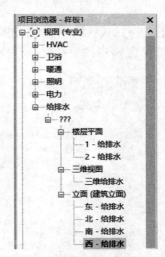

图 2-91　创建给排水专业

（13）单击"快速访问"工具栏中的"另存为"按钮 ，打开"另存为"对话框，设置保存位置，输入文件名为"机电专业样板"，如图 2-92 所示。单击"保存"按钮，保存样板文件。

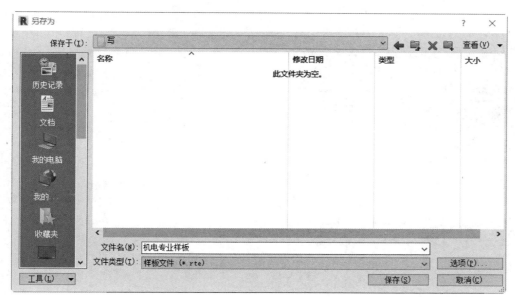

图 2-92 "另存为"对话框

第3章

基本操作工具

知识导引

　　Revit 提供了丰富的实体操作工具,如工作平面、模型修改以及几何图形的编辑工具等,借助这些工具,用户可轻松、方便、快捷地绘制图形。本章主要介绍工作平面、模型创建和图元修改。

3.1　工 作 平 面

　　工作平面是一个用作视图或绘制图元起始位置的虚拟二维表面。工作平面可以作为视图的原点,可以用来绘制图元,还可以用于放置基于工作平面的构件。

3.1.1　设置工作平面

　　每个视图都与工作平面相关联。在视图中设置工作平面时,工作平面与该视图一起保存。

　　在某些视图(如平面视图、三维视图和绘图视图)以及族编辑器的视图中,工作平面是自动设置的。在其他视图(如立面视图和剖面视图)中,则必须设置工作平面。

　　单击"建筑"选项卡"工作平面"面板中的"设置"按钮 ▦,打开如图 3-1 所示的"工作平面"对话框,使用该对话框可以显示或更改视图的工作平面,也可以显示、设置、更改或取消关联基于工作平面图元的工作平面。

　　"工作平面"对话框中的选项说明如下。

　　(1) 名称:从列表中选择一个可用的工作平面。此列表中包括标高、网格和已命名的参照平面。

（2）拾取一个平面：选择此选项，可以选择任何可以进行尺寸标注的平面（包括墙面、链接模型中的面、拉伸面、标高、网格和参照平面）为所需平面，Revit 会创建与所选平面重合的平面。

（3）拾取线并使用绘制该线的工作平面：Revit 会创建与选定线的工作平面共面的工作平面。

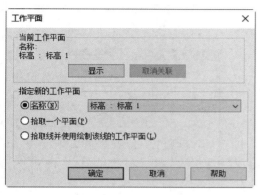

图 3-1　"工作平面"对话框

图 3-2　显示工作平面

3.1.2　显示工作平面

可以在视图中显示或隐藏活动的工作平面，工作平面在视图中以网格显示。

单击"建筑"选项卡"工作平面"面板中的"显示工作平面"按钮 🔛，显示工作平面，如图 3-2 所示。再次单击"显示工作平面"按钮 🔛，可以隐藏工作平面。

3.1.3　编辑工作平面

可以修改工作平面的边界大小和网格大小。

（1）选取视图中的工作平面，拖动平面的边界控制点，改变其大小，如图 3-3 所示。

（2）在"属性"选项板的"工作平面网格间距"中输入新的间距值，或者在选项栏中输入新的间距值，然后按 Enter 键或单击"应用"按钮，更改网格间距大小，如图 3-4 所示。

图 3-3　拖动边界控制点更改大小

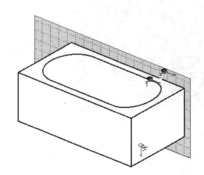

图 3-4　更改网格间距

3.1.4 工作平面查看器

使用工作平面查看器可以修改模型中基于工作平面的图元。工作平面查看器提供一个临时性的视图，不会保留在项目浏览器中。它对于编辑形状、放样和放样融合中的轮廓非常有用。

（1）单击快速访问工具栏中的"打开"按钮 ，打开图库中空调机组，如图3-5所示。

（2）单击"创建"选项卡"工作平面"面板中的"工作平面查看器"按钮，打开"工作平面查看器"窗口，如图3-6所示。

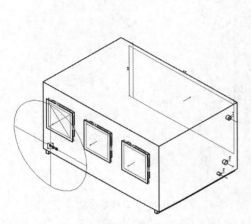

图3-5 打开空调机组图

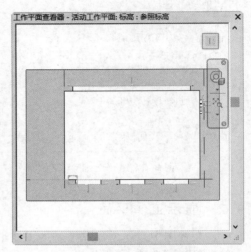

图3-6 "工作平面查看器"窗口

（3）根据需要编辑模型，如图3-7所示。

（4）当在项目视图或工作平面查看器中进行更改时，其他视图会实时更新，结果如图3-8所示。

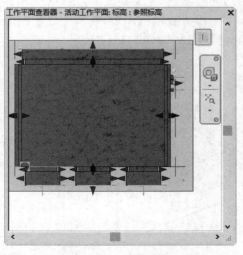

图3-7 更改图形

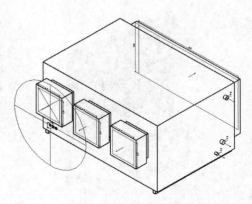

图3-8 更改后的图形

3.2 尺寸标注

尺寸标注是项目中显示距离和尺寸的专有图元,包括临时尺寸标注和永久性尺寸标注。可以将临时尺寸更改为永久性尺寸。

3.2.1 临时尺寸

临时尺寸是放置图元或绘制线或选择图元时在图形中显示的测量值。在完成操作或取消选择图元后,这些尺寸标注会消失。

临时尺寸标注设置方法如下。

单击"管理"选项卡"设置"面板"其他设置"下拉列表框中的"临时尺寸标注"按钮,打开"临时尺寸标注属性"对话框,如图 3-9 所示。

图 3-9 "临时尺寸标注属性"对话框

通过此对话框可以将临时尺寸标注设置为从墙中心线、墙面、核心层中心或核心层表面开始测量,还可以将门窗临时设置为从中心线或洞口开始测量。

在绘制图元时,Revit 会显示图元的相关形状临时尺寸,如图 3-10 所示。放置图元后,Revit 会显示图元的形状和位置临时尺寸标注,如图 3-11 所示。当放置另一个图元时,前一个图元的临时尺寸标注将不再显示,但当再次选取图元时,Revit 会显示图元的形状和位置临时尺寸标注。

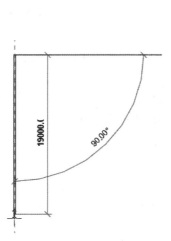

图 3-10 形状临时尺寸

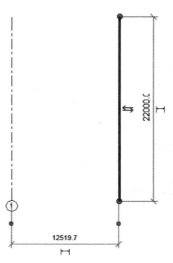

图 3-11 形状和位置临时尺寸

可以通过移动尺寸界线来修改临时尺寸标注,以更改参照图元,如图 3-12 所示。

双击临时尺寸上的值,打开尺寸值输入框,输入新的尺寸值,按 Enter 键确认,图元根据尺寸值调整大小或位置,如图 3-13 所示。

Note

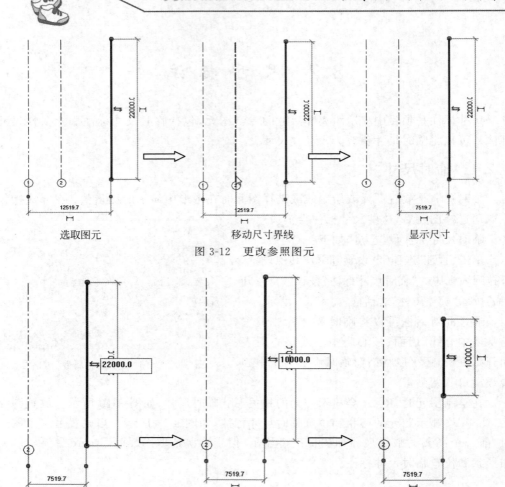

图 3-12 更改参照图元

图 3-13 修改临时尺寸

单击临时尺寸附近出现的尺寸标注符号 ⊢⊣，将临时尺寸标注转换为永久性尺寸标注，以便其始终显示在图形中，如图 3-14 所示。

如果在 Revit 中选择了多个图元，则不会显示临时尺寸标注和限制条件。若想要显示临时尺寸，需要在选择多个图元后，单击选项栏中的"激活尺寸标注"按钮 激活尺寸标注 。

3.2.2 永久性尺寸

永久性尺寸是添加到图形以记录设计的测量值。它们属于视图专有，并可在图纸上打印。

使用"尺寸标注"工具在项目构件或族构件上放置永久性尺寸标注。可以从对齐、线性（构件的水平或垂直投影）、角度、半径、直径或弧长度永久性尺寸标注中进行选择。

（1）单击"注释"选项卡"尺寸标注"面板中的"对齐"按钮 ，在选项栏中可以设置参照为"参照墙中心线""参照

图 3-14 更改为永久性尺寸

墙面""参照核心层中心""参照核心层表面"。例如,如果选择墙中心线,则将光标放置于某面墙上时,光标将首先捕捉该墙的中心线。

（2）在选项栏中设置拾取为"单个参照点",将光标放置在某个图元的参照点上,此参照点会高亮显示,单击指定参照。

（3）将光标放置在下一个参照点的目标位置上并单击,当移动光标时,会显示一条尺寸标注线。如果需要,可以连续选择多个参照。

（4）当选择完参照点之后,从最后一个构件上移开光标,移动光标到适当位置单击放置尺寸。标注过程如图 3-15 所示。

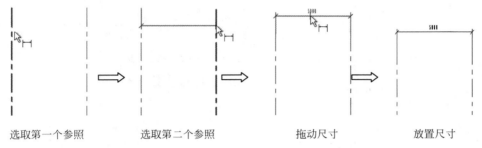

选取第一个参照　　　　选取第二个参照　　　　拖动尺寸　　　　放置尺寸

图 3-15　标注对齐尺寸

（5）在"属性"选项板中选择尺寸标注样式,如图 3-16 所示,单击"编辑类型"按钮，打开"类型属性"对话框。单击"复制"按钮,打开"名称"对话框,输入新名称为"对角线-5mm RomanD",如图 3-17 所示。单击"确定"按钮,返回到"类型属性"对话框,更改文字大小为 5,其他采用默认设置,如图 3-18 所示,单击"确定"按钮。

图 3-16　选择标注样式

图 3-17　"名称"对话框

Note

图 3-18　"类型属性"对话框

（6）选取要修改尺寸的图元，永久性尺寸呈编辑状态，单击尺寸上的值，打开尺寸值输入框，输入新的尺寸值，按 Enter 键确认，则图元根据尺寸值调整大小或位置，如图 3-19所示。

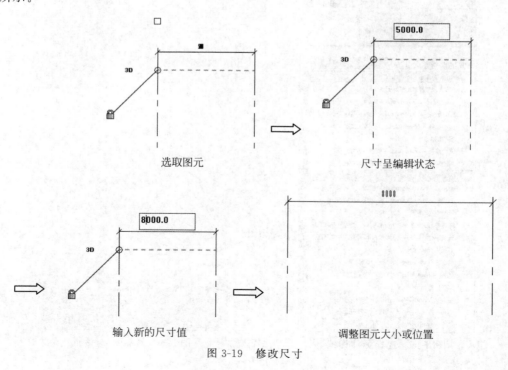

图 3-19　修改尺寸

线性尺寸、角度尺寸、半径尺寸、直径尺寸和弧长尺寸的标注方法与上文相同,这里不再一一进行介绍。

3.3 注释文字

可以通过"文字"命令将说明性、技术或其他文字注释添加到工程图。

3.3.1 添加文字注释

(1)单击"注释"选项卡"文字"面板中的"文字"按钮 **A**,打开如图 3-6 所示的"修改|放置 文字"选项卡,如图 3-20 所示。

图 3-20 "修改|放置 文字"选项卡

"修改|放置 文字"选项卡中的按钮说明如下。

➤ "无引线"按钮 A:用于创建没有引线的文字注释。

➤ "一段"按钮 ←A:将一条直引线从文字注释添加到指定的位置。

➤ "两段"按钮 A:由两条直线构成一条引线将文字注释添加到指定的位置。

➤ "曲线形"按钮 A:将一条弯曲线从文字注释添加到指定的位置。

➤ "左/右上引线"按钮 / :将引线附着到文字顶行的左/右侧。

➤ "左/右中引线"按钮 / :将引线附着到文本框边框的左/右侧中间位置。

➤ "左/右下引线"按钮 / :将引线附着到文字底行的左/右侧。

➤ "顶部对齐"按钮 :将文字沿顶部页边距对齐。

➤ "居中对齐(上下)"按钮 :在顶部页边距与底部页边距之间以均匀的间隔对齐文字。

➤ "底部对齐"按钮 :将文字沿底部页边距对齐。

➤ "左对齐"按钮 :将文字与左侧页边距对齐。

➤ "居中对齐(左右)"按钮 :在左侧页边距与右侧页边距之间以均匀的间隔对齐文字。

➤ "右对齐"按钮 :将文字与右侧页边距对齐。

➤ "拼写检查"按钮 :用于对选择集、当前视图或图纸中的文字注释进行拼写检查。

➤ "查找/替换"按钮 :在打开的项目文件中查找并替换文字。

(2)单击"两段"按钮 A 和"左中引线"按钮 ,在视图中适当位置单击确定引线的起点,拖动鼠标到适当位置单击确定引线的转折点,然后移动鼠标到适当位置单击确定引线的终点,并显示文本输入框和"放置 编辑文字"选项卡,如图 3-21 所示。

(3)在文本框中输入文字,在"放置 编辑文字"选项卡中单击"关闭"按钮 ,完成

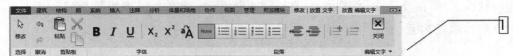

图 3-21 文本输入框和"放置 编辑文字"选项卡

文字输入，如图 3-22 所示。

3.3.2 编辑文字注释

（1）在图 3-22 中拖动引线上的控制点，可以调整引线的位置；拖动文本框上的控制点可以调整文本框的大小。

（2）用鼠标拖动文字上方的"拖曳"图标 ⊹，可以调整文字的位置；用鼠标拖动文字上方的"旋转文字注释"图标 ↻，可以旋转文字的角度，如图 3-23 所示。

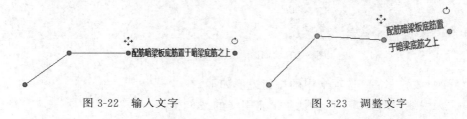

图 3-22 输入文字　　　　　　　　　　　图 3-23 调整文字

（3）在"属性"选项板的"类型"下拉列表框中选取需要的文字类型，如图 3-24 所示。

（4）在"属性"选项板中单击"编辑类型"按钮 ，打开如图 3-25 所示的"类型属性"对话框，通过该对话框可以修改文字的颜色、背景、大小以及字体等属性，更改后单击"确定"按钮。

图 3-24 更改文字类型

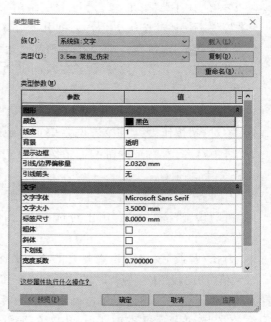

图 3-25 "类型属性"对话框

图 3-25 所示"类型属性"对话框中的选项说明如下。

- 颜色：单击颜色按钮，打开"颜色"对话框，设置文字和引线的颜色。
- 线宽：设置边框和引线的宽度。
- 背景：设置文字注释的背景。如果选择不透明背景的注释会遮挡其后的材质，如果选择透明背景的注释可看到其后的材质。
- 显示边框：选中此复选框，在文字周围显示边框。
- 引线/边界偏移量：设置引线/边界和文字之间的距离。
- 引线箭头：设置引线是否带箭头以及箭头的样式。
- 文字字体：在下拉列表框中选择注释文字的字体。
- 文字大小：设置文字的大小。
- 标签尺寸：设置文字注释的选项卡间距。创建文字注释时，可以在文字注释内的任何位置按 Tab 键，将出现一个指定大小的制表符。该选项也用于确定文字列表的缩进。
- 粗体：选中此复选框，将文字字体设置为粗体。
- 斜体：选中此复选框，将文字字体设置为斜体。
- 下划线：选中此复选框，在文字下方添加下划线。
- 宽度系数：字体宽度随"宽度系数"成比例缩放。高度则不受影响。常规文字宽度的默认值是 1.0。

3.4 模型创建

3.4.1 模型线

模型线是基于工作平面的图元，存在于三维空间且在所有视图中都可见。模型线可以绘制成直线或曲线，可以单独绘制、链状绘制或者以矩形、圆形、椭圆形或其他多边形的形状进行绘制。

单击"建筑"选项卡"模型"面板中的"模型线"按钮 几，打开"修改|放置 线"选项卡，其中"绘制"面板和"线样式"面板中包含了所有用于绘制模型线的绘图工具与线样式设置，如图 3-26 所示。

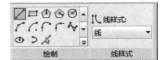

图 3-26 "绘制"面板和"线样式"面板

1. 直线

(1) 单击"修改|放置 线"选项卡"绘制"面板中的"直线"按钮，鼠标指针变成 ┼ ，并在功能区的下方显示选项栏，如图 3-27 所示。

图 3-27 选项栏

(2) 在视图区中指定直线的起点，按住鼠标左键开始拖动，直到直线终点放开。视图中绘制显示直线的参数，如图 3-28 所示。

（3）可以直接输入直线的参数，按 Enter 键确认，如图 3-29 所示。

图 3-28　直线参数　　　　　　　　图 3-29　输入直线参数

选项栏中的选项说明如下。

➢ 放置平面：显示当前的工作平面，可以从列表中选择标高或拾取新工作平面为工作平面。

➢ 链：选中此复选框，绘制连续线段。

➢ 偏移：在文本框中输入偏移值，绘制的直线根据输入的偏移值自动偏移轨迹线。

➢ 半径：选中此复选框，并输入半径值。绘制的直线之间会根据半径值自动生成圆角。要使用此选项，必须先选中"链"复选框绘制连续曲线才能绘制圆角。

2．矩形

可以根据起点和角点绘制矩形。

（1）单击"修改|放置 线"选项卡"绘制"面板中的"矩形"按钮 □ ，在图中适当位置单击确定矩形的起点。

（2）拖动鼠标，动态显示矩形的大小，单击确定矩形的角点，也可以直接输入矩形的尺寸值。

（3）在选项栏中选中半径，输入半径值，绘制带圆角的矩形，如图 3-30 所示。

图 3-30　带圆角矩形

3．多边形

1）内接多边形

对于内接多边形，圆的半径是圆心到多边形边之间顶点的距离。

（1）单击"修改|放置 线"选项卡"绘制"面板中的"内接多边形"按钮 ⬡ ，打开选项栏，如图 3-31 所示。

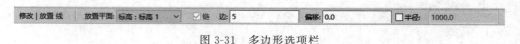

图 3-31　多边形选项栏

（2）在选项栏中输入边数、偏移值以及半径等参数。

（3）在绘图区域内单击以指定多边形的圆心。

（4）移动光标并单击确定圆心到多边形边之间顶点的距离，完成内接多边形的绘制。

2）外接多边形

指绘制一个各边与中心相距某个特定距离的多边形。

（1）单击"修改|放置 线"选项卡"绘制"面板中的"外接多边形"按钮 ，打开选项栏，如图 3-31 所示。

（2）在选项栏中输入边数、偏移值以及半径等参数。

（3）在绘图区域内单击以指定多边形的圆心。

（4）移动光标并单击确定圆心到多边形边的垂直距离，完成外接多边形的绘制。

4．圆

通过指定圆形的中心点和半径来绘制圆形。

（1）单击"修改|放置 线"选项卡"绘制"面板中的"圆"按钮 ⊚，打开选项栏，如图 3-32 所示。

图 3-32 圆选项栏

（2）在绘图区域中单击确定圆的圆心。

（3）在选项栏中输入半径，仅需要单击一次就可将圆形放置在绘图区域。

（4）如果在选项栏中没有确定半径，可以拖动鼠标调整圆的半径，再次单击确认半径，完成圆的绘制。

5．圆弧

Revit 提供了四种用于绘制弧的选项。

（1）起点-终点-半径弧 ⌒：通过绘制连接弧的两个端点的弦指定起点-终点-半径弧，然后使用第三个点指定角度或半径。

（2）圆心-端点弧 ⌒：通过指定圆心、起点和端点绘制圆弧。使用此方法不能绘制角度大于 180°的圆弧。

（3）相切-端点弧 ⌒：从现有墙或线的端点创建相切弧。

（4）圆角弧 ⌒：绘制两相交直线间的圆角。

6．椭圆和半椭圆

（1）椭圆 ◉：通过中心点、长半轴和短半轴来绘制椭圆。

（2）半椭圆 ⊃：通过长半轴和短半轴来控制半椭圆的大小。

7．样条曲线

绘制一条经过或靠近指定点的平滑曲线。

（1）单击"修改|放置 线"选项卡"绘制"面板中的"样条曲线"按钮 ⋀，打开选项栏。

（2）在绘图区域中单击指定样条曲线的起点。

（3）移动光标并单击，指定样条曲线上的下一个控制点，根据需要指定控制点。

用一条样条曲线无法创建单一闭合环，但是，可以使用第二条样条曲线来使曲线闭合。

3.4.2　模型文字

模型文字是基于工作平面的三维图元，可用于建筑或墙上的标志或字母。对于能以三维方式显示的族(如墙、门、窗和家具族),用户可以在项目视图和族编辑器中添加模型文字。模型文字不可用于只能以二维方式表示的族,如注释、详图构件和轮廓族。

在添加模型文字之前首先应设置要在其中显示文字的工作平面。

1. 创建模型文字

具体创建步骤如下。

(1) 在图形区域中绘制一段墙体。

(2) 单击"建筑"选项卡"工作平面"面板中的"设置"按钮 ,打开"工作平面"对话框,选择"拾取一个平面"选项,如图 3-33 所示。单击"确定"按钮,选择墙体的前端面为工作平面,如图 3-34 所示。

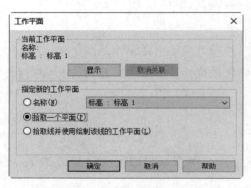

图 3-33 "工作平面"对话框

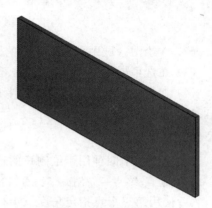

图 3-34 选取前端面

(3) 单击"建筑"选项卡"模型"面板中的"模型文字"按钮 ,打开"编辑文字"对话框,输入"Revit 2020"文字,如图 3-35 所示。单击"确定"按钮。

(4) 拖曳模型文字,将其放置在选取的平面上,如图 3-36 所示。

图 3-35 "编辑文字"对话框

图 3-36 放置文字

（5）将文字放置到墙上适当位置单击，结果如图 3-37 所示。

图 3-37　模型文字

2. 编辑模型文字

（1）选中图 3-37 中的文字，在"属性"选项板中更改文字深度为 200，单击"应用"按钮，更改文字深度，如图 3-38 所示。

图 3-38　更改文字深度

"属性"选项板中的选项说明如下。

➢ 工作平面：表示用于放置文字的工作平面。

➢ 文字：单击此文本框中的"编辑"按钮 ▦，打开"编辑文字"对话框，更改文字。

➢ 水平对齐：指定存在多行文字时文字的对齐方式，各行之间相互对齐。

➢ 材质：单击 ▦ 按钮，打开"材质浏览器"对话框，指定模型文字的材质。

➢ 深度：输入文字的深度。

➢ 图像：指定某一光栅图像作为模型文字的标识。

> 注释：是对有关文字的特定注释。
> 标记：指定某一类别模型文字的标记，如果将此标记修改为其他模型文字已使用的标记，则 Revit 将发出警告，但仍允许使用此标记。
> 子类别：显示默认类别或从下拉列表框中选择子类别。定义子类别的对象样式时，可以定义其颜色、线宽以及其他属性。

（2）单击"属性"选项板中的"编辑类型"按钮 ，打开如图 3-39 所示的"类型属性"对话框，单击"复制"按钮，打开"名称"对话框，输入名称为"1000mm 仿宋"，如图 3-40 所示。单击"确定"按钮，返回到"类型属性"对话框，在"文字字体"下拉列表框中选择"仿宋"，更改文字大小为 1000，选中"斜体"选项，如图 3-41 所示。单击"确定"按钮，完成文字字体和大小的更改，如图 3-42 所示。

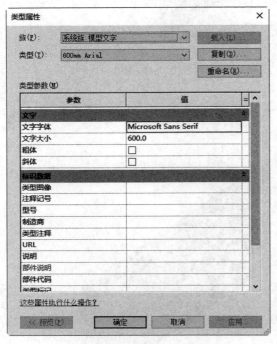

图 3-39 "类型属性"对话框

图 3-40 输入新名称

图 3-41 所示"类型属性"对话框中的选项说明如下。
> 文字字体：设置模型文字的字体。
> 文字大小：设置文字大小。
> 粗体：将字体设置为粗体。
> 斜体：将字体设置为斜体。

提示："类型属性"对话框中复制与重命名的区别

重命名是将系统中原来的类型名称更改了，而复制则是在不改变原有类型的情况下，新建一个此项目需要的类型。

（3）选中文字后按住鼠标左键拖动，如图 3-43 所示，将其拖动到墙体中间位置释放鼠标，完成文字的移动，如图 3-44 所示。

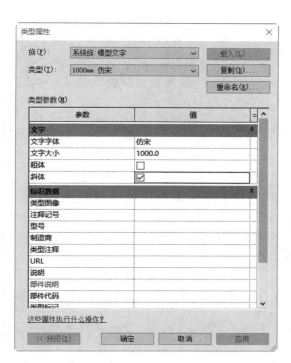

图 3-41　文字属性设置

图 3-42　更改字体和大小

图 3-43　拖动文字

图 3-44　移动文字

3.5　图元修改

　　Revit 提供了图元的修改和编辑工具，主要集中在"修改"选项卡中，如图 3-45 所示。

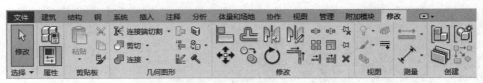

Note

图 3-45　"修改"选项卡

当选择要修改的图元后,会打开"修改│××"选项卡,选择的图元不同,打开的"修改│××"选项卡也会有所不同,但是"修改"面板中的操作工具是相同的。

3.5.1　对齐图元

可以将一个或多个图元与选定图元对齐。此工具通常用于对齐墙、梁和线,但也可以用于其他类型的图元。可以对齐同一类型的图元,也可以对齐不同类型的图元。可以在平面视图(二维)、三维视图或立面视图中对齐图元。

具体操作步骤如下。

(1) 单击"修改"选项卡"修改"面板中的"对齐"按钮,打开选项栏,如图 3-46 所示。

图 3-46　对齐选项栏

对齐选项栏中的选项说明如下。

> 多重对齐:选中此复选框,将多个图元与所选图元对齐,也可以按住 Ctrl 键同时选择多个图元进行对齐。

> 首选:指明将如何对齐所选墙,包括参照墙面、参照墙中心线、参照核心层表面和参照核心层中心。

(2) 选择要与其他图元对齐的图元,如图 3-47 所示。

(3) 选择要与参照图元对齐的一个或多个图元,如图 3-48 所示。在选择之前,将光标在图元上移动,直到高亮显示要与参照图元对齐的图元部分时为止,然后单击该图元,对齐图元,如图 3-49 所示。

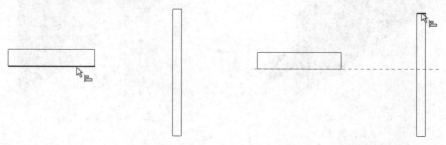

图 3-47　选取要对齐的图元　　　　　　图 3-48　选取参照图元

(4) 如果希望选定图元与参照图元保持对齐状态,应单击锁定标记来锁定对齐,当修改具有对齐关系的图元时,系统会自动修改与之对齐的其他图元。如图 3-50 所示。

注意:要启动新对齐,应按 Esc 键一次;要退出对齐工具,应按 Esc 键两次。

· 88 ·

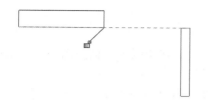

图 3-49 对齐图元

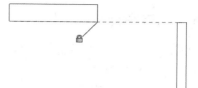

图 3-50 锁定对齐

3.5.2 移动图元

可以将选定的图元移动到新的位置,具体步骤如下。

(1)选择要移动的图元,如图 3-51 所示。

图 3-51 选择图元

修改 | 风管　□约束　□分开　■多个

图 3-52 移动选项栏

(2)单击"修改"选项卡"修改"面板中的"移动"按钮 ✛ ,打开移动选项栏,如图 3-52 所示。

移动选项栏中选项说明如下。

➢ 约束:选中此复选框,限制图元沿着与其垂直或共线的矢量方向的移动。

➢ 分开:选中此复选框,可在移动前中断所选图元和其他图元之间的关联。也可以将依赖于主体的图元从当前主体移动到新的主体上。

(3)单击图元上的点作为移动的起点,如图 3-53 所示。

(4)利用鼠标移动图元到适当位置,如图 3-54 所示。

(5)单击完成移动操作,如图 3-55 所示。如果要更精准地移动图元,在移动过程中输入要移动的距离即可。

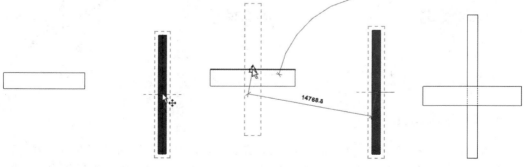

图 3-53　指定起点　　　　　图 3-54　移动图元　　　　　图 3-55　完成移动

3.5.3　旋转图元

可以绕轴旋转选定的图元。在楼层平面视图、天花板投影平面视图、立面视图和剖面视图中,图元会围绕垂直于这些视图的轴进行旋转。并不是所有图元均可以围绕任何轴旋转。例如,墙不能在立面视图中旋转,窗不能在没有墙的情况下旋转。

具体操作步骤如下。

(1)选择要旋转的图元,如图 3-56 所示。

(2)单击"修改"选项卡"修改"面板中的"旋转"按钮◯,打开旋转选项栏,如图 3-57 所示。

旋转选项栏中的选项说明如下。

➢ 分开:选中此复选框,可在移动前中断所选图元和其他图元之间的关联。

图 3-56　选择图元

图 3-57　旋转选项栏

➢ 复制:选中此复选框,旋转所选图元的副本,而在原来位置上保留原始对象。

➢ 角度:输入旋转角度,系统会根据指定的角度进行旋转。

➢ 旋转中心:默认的旋转中心是图元中心,可以单击"地点"按钮 地点 ,指定新的旋转中心。

(3)单击以指定旋转的开始位置,如图 3-58 所示。此时显示的线即为第一条放射线。如果在指定第一条放射线时利用光标进行捕捉,则捕捉线将随预览框一起旋转,并在放置第二条放射线时捕捉屏幕上的角度。

(4)移动鼠标旋转图元到适当位置,如图 3-59 所示。

(5)单击完成旋转操作,如图 3-60 所示。如果要更精准地旋转图元,在旋转过程中输入要旋转的角度即可。

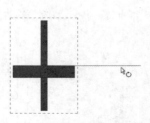

图 3-58　指定旋转的起始位置

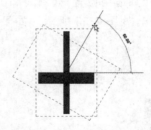

图 3-59　旋转图元

图 3-60　完成旋转

3.5.4　偏移图元

偏移图元是将选定的图元,如线、墙或梁复制并移动到其长度的垂直方向上的指定距离处。可以对单个图元或属于相同族的图元链应用偏移工具。可以通过拖曳选定图元或输入值来指定偏移距离。

偏移工具的使用限制条件如下：

（1）只能在线、梁和支撑的工作平面中偏移它们。

（2）不能对创建为内建族的墙进行偏移。

（3）不能在与图元的移动平面相垂直的视图中偏移这些图元，如不能在立面图中偏移墙。

具体操作步骤如下：

（1）单击"修改"选项卡"修改"面板中的"偏移"按钮 ，打开选项栏，如图 3-61 所示。

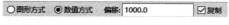

图 3-61　偏移选项栏

偏移选项栏中的选项说明如下。

➤ 图形方式：选中此选项，将选定图元拖曳到所需位置。

➤ 数值方式：选中此选项，在"偏移"文本框中输入偏移距离值，距离值为正数。

➤ 复制：选中此复选框，偏移所选图元的副本，而在原来位置上保留原始对象。

（2）在选项栏中选择偏移距离的方式。

（3）选中要偏移的图元或链。如果选择"数值方式"选项指定了偏移距离，则将在放置光标的一侧，离高亮显示图元指定偏移距离的地方显示一条预览线，如图 3-62 所示。

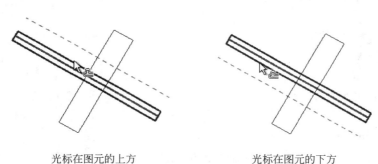

光标在图元的上方　　　　　　　　光标在图元的下方

图 3-62　偏移方向

（4）根据需要移动光标，以便在所需偏移位置显示预览线，然后单击，将图元或链移动到该位置，或在那里放置一个副本。

（5）如果选中"图形方式"选项，则单击以选择高亮显示的图元，然后将其拖曳到所需距离并再次单击。开始拖曳后，将显示一个关联尺寸标注，可以输入特定的偏移距离。

3.5.5　镜像图元

可以移动或复制所选图元，并将其位置反转到所选轴线的对面。

1．镜像-拾取轴

这种方法是通过已有轴来镜像图元。

具体操作步骤如下。

（1）选择要镜像的图元，如图 3-63 所示。

（2）单击"修改"选项卡"修改"面板中的"镜像-拾取轴"按钮 ，打开选项栏，如图 3-64 所示。

图 3-63　选择图元（一）

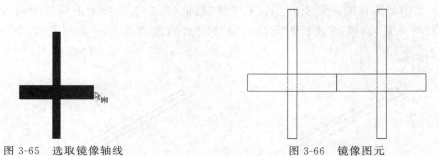

图 3-64　镜像选项栏（一）

镜像选项栏中的选项说明如下。

➢ 复制：选中此复选框，镜像所选图元的副本，而在原来位置上保留原始对象。

（3）选择代表镜像轴的线，如图 3-65 所示。

（4）单击完成镜像操作，如图 3-66 所示。

图 3-65　选取镜像轴线

图 3-66　镜像图元

2．镜像-绘制轴

这种方法是绘制一条临时镜像轴线来镜像图元。

具体操作步骤如下。

（1）选择要镜像的图元，如图 3-67 所示。

（2）单击"修改"选项卡"修改"面板中的"镜像-绘制轴"按钮 ，打开选项栏，如图 3-68 所示。

图 3-67　选择图元（二）

图 3-68　镜像选项栏（二）

（3）绘制一条临时镜像轴线，如图 3-69 所示。

（4）单击完成镜像操作，如图 3-70 所示。

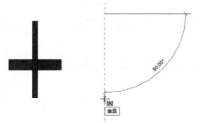

图 3-69　绘制镜像轴线

图 3-70　完成镜像

3.5.6　阵列图元

使用阵列工具可以创建一个或多个图元的多个实例，并同时对这些实例执行操作。

1. 线性阵列

可以指定阵列中的图元之间的距离。

具体操作步骤如下。

（1）单击"修改"选项卡"修改"面板中的"阵列"按钮 ，选择要阵列的图元，按 Enter 键，打开选项栏，如图 3-71 所示，单击"线性"按钮 。

图 3-71　线性阵列选项栏

线性阵列选项栏中的选项说明如下。

➢ 激活尺寸标注：单击此选项，可以显示并激活要阵列图元的定位尺寸。

➢ 成组并关联：选中此复选框，将阵列的每个成员包括在一个组中。如果未选中此复选框，则阵列后每个副本都独立于其他副本。

➢ 项目数：指定阵列中所有选定图元的副本总数。

➢ 移动到：设置成员之间间距的控制方法。

➢ 第二个：指定阵列每个成员之间的间距，如图 3-72 所示。

➢ 最后一个：指定阵列中第一成员到最后一个成员之间的间距。阵列成员会在第一个成员和最后一个成员之间以相等间距分布，如图 3-73 所示。

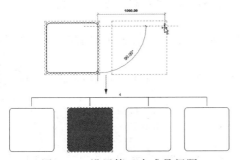

图 3-72　设置第二个成员间距

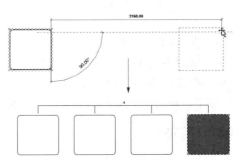

图 3-73　设置最后一个成员

Note

> 约束：选中此复选框，用于限制阵列成员沿着与所选的图元垂直或共线的矢量方向移动。

（2）在绘图区域中单击以指明测量的起点。

（3）移动光标显示第二成员尺寸或最后一个成员尺寸，单击确定间距尺寸，或直接输入尺寸值。

（4）在选项栏中输入副本数，也可以直接修改图形中的副本数字，完成阵列。

2．半径阵列

可以绘制圆弧并指定阵列中要显示的图元数量。

具体操作步骤如下。

（1）单击"修改"选项卡"修改"面板中的"阵列"按钮 ⊞ ，选择要阵列的图元，按Enter 键，打开选项栏，如图 3-74 所示，单击"半径"按钮 ⟨⟩ 。

图 3-74　半径阵列选项栏

半径阵列选项栏中的选项说明如下。

> 角度：在此文本框中输入总的径向阵列角度，最大为 360°。

> 旋转中心：设定径向旋转中心点。

（2）系统默认图元的中心为旋转中心点，如果需要设置旋转中心点，则单击"地点"按钮，在适当的位置单击指定旋转直线，如图 3-75 所示。

（3）将光标移动到半径阵列的弧形开始的位置，如图 3-76 所示。在大部分情况下，都需要将旋转中心控制点从所选图元的中心移走或重新定位。

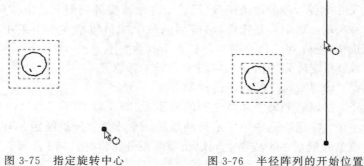

图 3-75　指定旋转中心　　　　　图 3-76　半径阵列的开始位置

（4）在选项栏中输入旋转角度为 360°，也可以指定第一条旋转放射线后移动光标放置第二条旋转放射线来确定旋转角度。

（5）在视图中输入项目副本数为 6，如图 3-77 所示，也可以直接在选项栏中输入项目数，按 Enter 键确认，结果如图 3-78 所示。

3.5.7　缩放图元

缩放工具适用于线、墙、图像、链接、DWG 和 DXF 导入、参照平面以及尺寸标注的位置。可以通过图形方式或输入比例系数以调整图元的尺寸和比例。

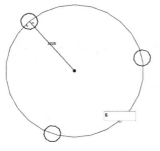

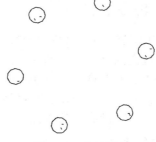

图 3-77 输入项目数   图 3-78 半径阵列

缩放图元大小时,需要注意以下事项。

(1)无法调整已锁定的图元。对此种图元需要先解锁,然后才能调整其尺寸。

(2)调整图元尺寸时,需要定义一个原点,图元将相对于该固定点均匀地改变大小。

(3)所有选定图元都必须位于平行平面中。选择集中的所有墙必须具有相同的底部标高。

(4)调整墙的尺寸时,插入对象(如门和窗)与墙的中点保持固定的距离。

(5)调整大小会改变尺寸标注的位置,但不改变尺寸标注的值。如果被调整的图元是尺寸标注的参照图元,则尺寸标注值会随之改变。

(6)链接符号和导入符号具有名为"实例比例"的只读实例参数,它表明实例大小与基准符号的差异程度。用于可以调整链接符号或导入符号来更改实例比例。

具体操作步骤如下。

(1)单击"修改"选项卡"修改"面板中的"缩放"按钮 ▢,选择要缩放的图元,如图 3-79 所示,打开选项栏,如图 3-80 所示。

图 3-79 选取图元   图 3-80 缩放选项栏

缩放选项栏中选项说明如下。

➢ 图形方式:选择此选项,Revit 通过确定两个矢量长度的比率来计算比例系数。

➢ 数值方式:选择此选项,在"比例"文本框中直接输入缩放比例系数,图元将按定义的比例系数调整大小。

(2)在选项栏中选择"数值方式"选项,输入缩放比例为 0.5,在图形中单击以确定原点,如图 3-81 所示。

(3)缩放后的结果如图 3-82 所示。

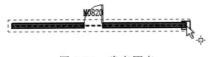

图 3-81 确定原点   图 3-82 缩放图形

(4)如果选择"图形方式"选项,则移动光标定义第一个矢量,单击设置长度,然后再次移动光标定义第二个矢量,系统根据定义的两个矢量确定缩放比例。

3.5.8 拆分图元

通过"拆分"工具,可将图元拆分为两个单独的部分,可删除两个点之间的线段,也可在两面墙之间创建定义的间隙。

拆分工具有两种使用方法:拆分图元和用间隙拆分。

拆分工具可以拆分墙、线、栏杆护手(仅拆分图元)、柱(仅拆分图元)、梁(仅拆分图元)、支撑(仅拆分图元)等图元。

1. 拆分图元

可以在选定点剪切图元(例如墙或管道),或删除两点之间的线段。

具体操作步骤如下。

(1) 单击"修改"选项卡"修改"面板中的"拆分图元"按钮 ,打开选项栏,如图 3-83 所示。

> 删除内部线段:选中此复选框,Revit 会删除墙或线上所选点之间的线段。

(2) 在图元上要拆分的位置处单击,如图 3-84 所示,拆分图元。

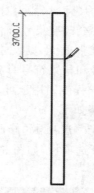

☑ 删除内部线段

图 3-83 拆分图元选项栏　　　　图 3-84 第一个拆分处

(3) 如果选中"删除内部线段"复选框,则单击确定另一个点,如图 3-85 所示,删除一条线段,如图 3-86 所示。

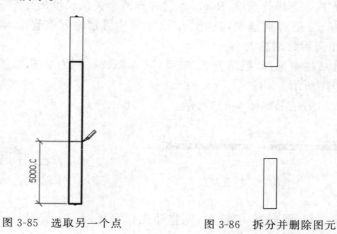

图 3-85 选取另一个点　　　　图 3-86 拆分并删除图元

2．用间隙拆分

可以将墙拆分成之间已定义间隙的两面单独的墙。

具体操作步骤如下。

（1）单击"修改"选项卡"修改"面板中的"用间隙拆分"按钮 ，打开选项栏，如图 3-87 所示。

图 3-87　用间隙拆分选项栏

（2）在选项栏中输入连接间隙值。

（3）在图元上要拆分的位置处单击，如图 3-88 所示。

（4）系统根据输入的间隙自动删除间隙处的图元，如图 3-89 所示。

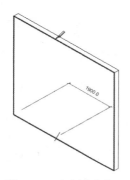

图 3-88　选取拆分位置

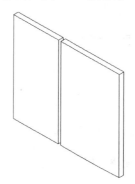

图 3-89　拆分图元

3.5.9　修剪/延伸图元

可以修剪或延伸一个或多个图元至由相同的图元类型定义的边界。也可以延伸不平行的图元以形成角，或者在它们相交时对它们进行修剪以形成角。选择要修剪的图元时，光标位置指示要保留的图元部分。

1．修剪/延伸为角

可以将两个所选图元修剪或延伸成一个角。

具体操作步骤如下。

（1）单击"修改"选项卡"修改"面板中的"修剪/延伸为角"按钮 ，选择要修剪/延伸的一个线或图元，单击要保留部分，如图 3-90 所示。

（2）选择要修剪/延伸的第二个线或墙，如图 3-91 所示。

（3）根据所选图元修剪/延伸为一个角，如图 3-92 所示。

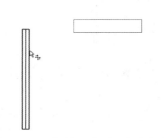

图 3-90　选择第一个图元保留部分

图 3-91　选择第二个图元

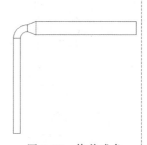

图 3-92　修剪成角

2. 修剪/延伸单一图元

可以将一个图元修剪或延伸到其他图元定义的边界。

具体操作步骤如下。

（1）单击"修改"选项卡"修改"面板中的"修剪/延伸单个图元"按钮 ，选择要用作边界的参照，如图 3-93 所示。

（2）选择要修剪/延伸的图元，如图 3-94 所示。

（3）如果此图元与边界（或投影）交叉，则保留所单击的部分，而修剪边界另一侧的部分，如图 3-95 所示。

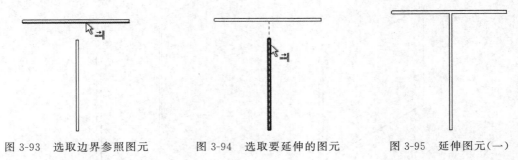

图 3-93　选取边界参照图元　　　图 3-94　选取要延伸的图元　　　图 3-95　延伸图元（一）

3. 修剪/延伸多个图元

可以将多个图元修剪或延伸到其他图元定义的边界。

具体操作步骤如下。

（1）单击"修改"选项卡"修改"面板中的"修剪/延伸单个图元"按钮 ，选择要用作边界的参照，如图 3-96 所示。

（2）单击以选择要修剪或延伸的每个图元，或者框选所有要修剪/延伸的图元，如图 3-97 所示。

（3）如果此图元与边界（或投影）交叉，则保留所单击的部分，而修剪边界另一侧的部分，如图 3-98 所示。

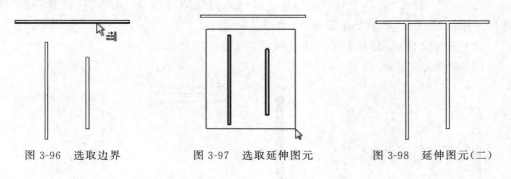

图 3-96　选取边界　　　图 3-97　选取延伸图元　　　图 3-98　延伸图元（二）

注意：当从右向左绘制选择框时，图元不必包含在选中的框内，当从左向右绘制时，仅选中完全包含在框内的图元。

3.6　图　元　组

可以将项目或族中的图元组成组,然后多次将组放置在项目或族中。需要创建代表重复布局的实体或通用于许多建筑项目的实体(例如,宾馆房间、公寓或重复楼板)时,对图元进行分组非常有用。

放置在组中的每个实例之间都存在相关性。例如,创建一个具有床、墙和窗的组,然后将该组的多个实例放置在项目中。如果修改一个组中的墙,则该组所有实例中的墙都会随之改变。

可以创建模型组、详图组和附着的详图组。

(1) 模型组:创建都由模型组成的组,如图 3-99 所示。

(2) 详图组:创建包含视图专有的文本、填充区域、尺寸标注、门窗标记等图元,如图 3-100 所示。

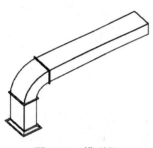

图 3-99　模型组

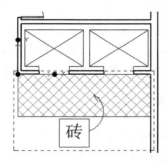

图 3-100　详图组

(3) 附着的详图组:包含与特定模型组关联的视图专有图元,如图 3-101 所示。

组不能同时包含模型图元和视图专有图元。如果选择了这两种类型的图元,使它们成组,则 Revit 会创建一个模型组,并将详图图元放置于该模型组的附着的详图组中。如果同时选择了详图图元和模型组,Revit 将为该模型组创建一个含有详图图元的附着的详图组。

3.6.1　创建组

可以选择图元或现有的组,然后使用"创建组"工具来创建组。

具体操作步骤如下。

(1) 打开组文件,如图 3-102 所示。

(2) 单击"建筑"选项卡"模型"面板"模型组" 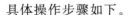 下拉列表框中的"创建组"按钮 ,

图 3-101　附着的详图组

打开"创建组"对话框,输入名称为"送风管道",选取"模型"组类型,如图 3-103 所示。

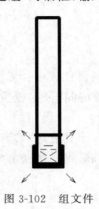

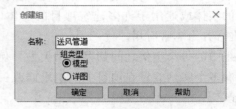

图 3-102　组文件

图 3-103　"创建组"对话框

（3）单击"确定"按钮,打开"编辑组"面板,如图 3-104 所示。单击"添加"按钮 ,选取视图中的风管和散流器,添加到送风管道组中,单击"完成"按钮 ✔,完成送风管道组的创建。

（4）如果要向组添加项目视图中不存在的图元,应从相应的选项卡中选择图元创建工具并放置新的图元。在组编辑模式中向视图添加图元时,图元将自动添加到组。

图 3-104　"编辑组"面板

3.6.2　指定组位置

放置、移动、旋转或粘贴组时,光标将位于组原点。可以修改组原点的位置。

（1）在视图中选取模型组,模型组上将显示原点和三个拖曳控制柄,如图 3-105 所示。

（2）拖曳中心控制柄可移动原点,如图 3-106 所示。

（3）拖曳端点控制柄可围绕 Z 轴旋转原点,如图 3-107 所示。

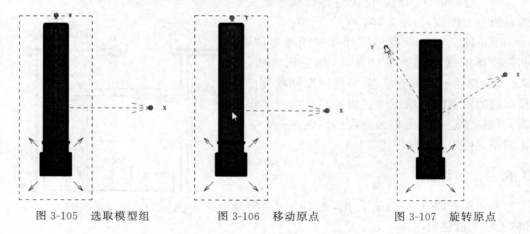

图 3-105　选取模型组　　　　图 3-106　移动原点　　　　图 3-107　旋转原点

3.6.3　编辑组

可以使用组编辑器在项目或族内修改组,也可以在外部编辑组。

（1）在绘图区域中选择要修改的组。如果要修改的组是嵌套的，应按 Tab 键，直到高亮显示该组，然后单击选中它。

（2）单击"修改|模型组"选项卡"成组"面板中的"编辑组"按钮 ，打开"编辑组"面板，如图 3-108 所示。

（3）单击"添加"按钮，将图元添加到组；单击"删除"按钮，从组中删除图元。

图 3-108 "编辑组"面板

（4）单击"附着"按钮，打开如图 3-109 所示的"创建模型组和附着的详图组"对话框，输入模型组的名称（如有必要），并输入附着的详图组的名称。

（5）单击"确定"按钮，打开"编辑附着的组"面板，如图 3-110 所示。选择要添加到组中的图元，单击"完成"按钮，完成附着组的创建。

图 3-109 "创建模型组和附着的详图组"对话框

图 3-110 "编辑附着的组"面板

（6）单击"修改|模型组"选项卡"成组"面板中的"解组"按钮，将组恢复成图元。

3.6.4 将组转换为链接模型

可以将组转换为新模型，或将其替换为现有的模型，然后将该模型链接到项目。

（1）在视图区中选择组。

（2）单击"修改|模型组"选项卡"成组"面板中的"链接"按钮，打开"转换为链接"对话框，如图 3-111 所示。

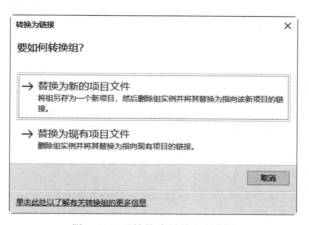

图 3-111 "转换为链接"对话框

（3）单击"替换为新的项目文件"选项，打开"保存组"对话框，如图 3-112 所示。输入文件名，单击"保存"按钮，将组保存为项目文件。

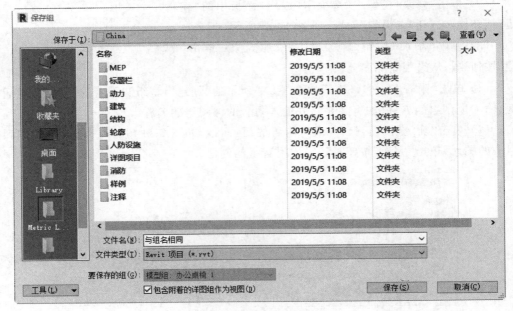

图 3-112　"保存组"对话框

（4）如果单击"替换为现有项目文件"选项，则打开"打开"对话框。定位到要使用的文件所在的位置，然后单击"打开"按钮，将组替换为现有的模型。

第4章

族

知识导引

  族是 Revit 软件中的一个非常重要的构成要素,在 Revit 中不管是模型还是注释均是由族构成的,所以掌握族的创建和用法至关重要。

  本章主要介绍族的使用、族参数的设置、二维族和三维族的创建以及族连接件的放置和设置等。

4.1 族 概 述

  族根据参数(属性)集的共用、使用上的相同和图形表示的相似来对图元进行分组。一个族中不同图元的部分或全部属性可能有不同的值,但是属性的设置(其名称与含义)是相同的。例如,可以将桁架视为一个族,虽然构成此族的腹杆支座可能有不同的尺寸和材质。

  Revit 提供了 3 种类型的族:系统族、可载入族和内建族。

1. 系统族

  系统族可以创建要在建筑现场装配的基本图元,如墙、屋顶、楼板、风管、管道等。系统族还包含项目和系统设置,而这些设置会影响项目环境,如标高、轴网、图纸和视口等类型。

  系统族是在 Revit 中预定义的。不能将其从外部文件中载入到项目中,也不能将其保存到项目之外的位置。Revit 不允许用户创建、复制、修改或删除系统族,但可以复制和修改系统族中的类型,以便创建自定义的系统族类型。系统族中可以只保留一个系统族类型,除此以外的其他系统族类型都可以删除,因为每个族至少需要一个类型才能创建新系统族类型。

2.可载入族

可载入的族是在外部 RFA 文件中创建的,并可导入或载入到项目中。

可载入族是用于创建下列构件的族:窗、门、橱柜、装置、家具、植物以及锅炉、热水器等以及一些常规自定义的主视图元。由于载入族具有高度可自定义的特征,因此可载入的族是在 Revit 中最经常创建和修改的族。对于包含许多类型的可载入族,可以创建和使用类型目录,以便仅载入项目所需的类型。

3.内建族

内建族是用户需要创建当前项目专有的独特构件时所创建的独特图元。用户可以创建内建几何图形,以便它可参照其他项目几何图形,使其在所参照的几何图形发生变化时进行相应大小调整和其他调整。创建内建族时,Revit 将为内建族创建一个族,该族包含单个族类型。

4.2 族的使用

4.2.1 新建族

操作步骤如下。

(1)在主页中单击"族"→"新建"或者单击"文件"→"新建"→"族"命令,打开"新族-选择样板文件"对话框,如图 4-1 所示。该对话框中显示多种类型的样板族。

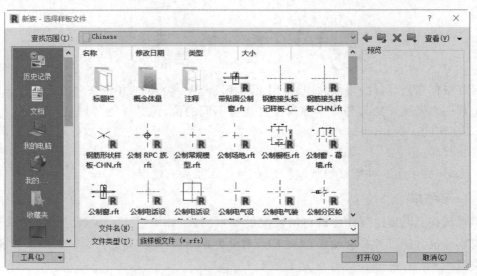

图 4-1 "新族-选择样板文件"对话框

下面对通用族样板的类型进行介绍。

① 标题栏。使用该样板创建图纸文件。

② 概念体量。使用该样板创建体量族文件。

③ 注释。使用该文件夹中的样板创建注释族,包括电气设备标记、电气装置标记。注释族为二维族,在三维视图中不可见。

④ 公制常规模型样板。使用该样板创建的族可以放置在任何项目的指定位置上,而不需要依附于任何一个工作平面和实体表面,它是最为常用的族样板。

⑤ 基于面的公制常规模型样板。使用基于面的样板可以创建基于工作平面的族,对这些族可以修改它们的主体。从样板创建的族可在主体中进行复杂的剪切。这些族的实例可放置在任何表面上,而不考虑它自身的方向。

⑥ 基于墙/楼板/屋顶的样板。使用基于墙/楼板/屋顶的样板可以创建将插入到墙/楼板/屋顶中的构件。在此样板上创建的族需要依附在某一个实体的表面上。

⑦ 基于线的样板。使用基于线的样板可以创建采用两次拾取放置的详图族和模型族。

(2) 选取所需的样板,单击"打开"按钮,打开族编辑器,这里选取"公制常规模型"样板文件,然后将其打开,如图 4-2 所示。

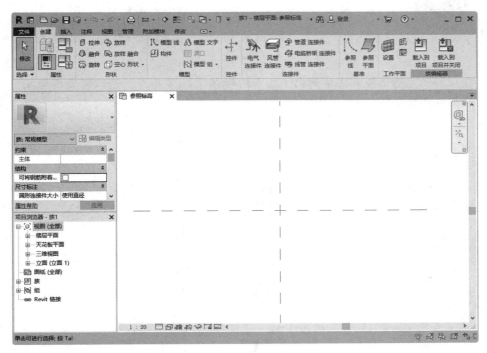

图 4-2　族编辑器

4.2.2　打开族和载入族

1.打开族

在主页中单击"族"→"打开"或者单击"文件"→"新建"→"族"命令,打开"打开"对话框,打开系统自带的族文件或用户创建的族文件。

Note

2．载入族

在项目文件中，单击"插入"选项卡"从库中载入"面板中的"载入族"按钮 ，打开 "载入族"对话框，如图 4-3 所示。选择一个或多个系统自带或用户创建的族文件，单击 "打开"按钮，将选择的族文件载入到当前项目中。

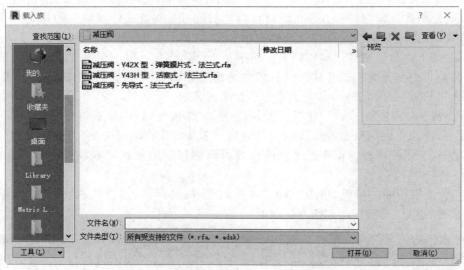

图 4-3　"载入族"对话框

在项目浏览器的族列表中列出了所有的族，如图 4-4 所示。选取需要的族文件，将 其直接拖动到绘图区域，使用该族。

图 4-4　项目浏览器

4.2.3　编辑族

选取项目文件中已存在的族，打开对应的选项卡，单击"模式"面板中的"编辑族"按 钮 ，打开族编辑器，对族进行编辑。

在项目浏览器的族列表中选择所需族后右击,在打开的快捷菜单中选择"编辑"选项,如图 4-5 所示,打开族编辑器,对族进行编辑。此方法不能应用于系统族,如水管、风管、电桥等。

图 4-5　快捷菜单

4.3　族参数设置

在绘制族图元前,首先要设置族参数,可以打开已有族文件或新建族文件,然后对族参数进行设置。

4.3.1　族类别和族参数

单击"创建"选项卡"属性"面板中的"族类别和族参数"按钮 ,打开如图 4-6 所示的"族类别和族参数"对话框。不同的类别具有不同的族参数,具体取决于 Revit 希望以何种方式使用构件。

"族类别和族参数"对话框中的选项说明如下。

➢ 过滤器列表:在过滤器列表中选择族类别,包括建筑、结构、机械、电气和管道物质族类别。

➢ 基于工作平面:选中该选项后,族以活动工作平面为主体。可以使任一无主体的族成为基于工作平面的族。

➢ 总是垂直:选中该选项后,该族总是显示为垂直,即 90°,即使该族位于倾斜的主体

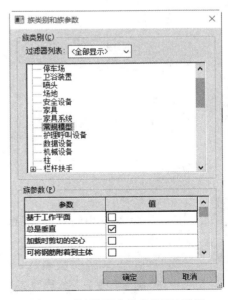

图 4-6　"族类别和族参数"对话框

上，例如楼板。

➤ 加载时剪切的空心：选中该项后，族中创建的空心将穿过实体。以下类别可通过空心进行切割：天花板、楼板、常规模型、屋顶、结构柱、结构基础、结构框架和墙。

➤ 可将钢筋附着到主体：选中该选项，将族载入到项目中后，该族内部可以放置钢筋，否则不能放置钢筋。

➤ 零件类型："零件类型"为族类别提供其他分类，并确定模型中的族行为。例如，"弯头"是"管道管件"族类别的零件类型。

➤ 圆形连接件大小：定义连接件的尺寸是由半径还是由直径确定。

➤ 共享：仅当族嵌套到另一族内并载入到项目中时才使用此参数。如果嵌套族是共享的，则可以从主体族独立选择、标记嵌套族和将其添加到明细表。如果嵌套族不共享，则主体族和嵌套族创建的构件作为一个单位。

4.3.2 族类型

单击"创建"选项卡"属性"面板中的"族类型"按钮，打开如图 4-7 所示的"族类型"对话框。

图 4-7 "族类型"对话框

"族类型"对话框中的选项说明如下。

➤ "新建类型"按钮：单击此按钮，打开"名称"对话框，输入类型名称，如图 4-8 所示，单击"确定"按钮，将类型添加到族中。新创建的类型将从当前选定类型复制所有参

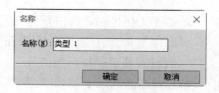

图 4-8 "名称"对话框

数值和公式。

➢ "重命名类型"按钮 ：单击此按钮，打开"名称"对话框，输入族类型的新名称。

➢ "删除类型"按钮 ：删除当前选定的族类型。

➢ 参数：显示已有的参数。

➢ 值：显示与参数相关联的值，可以对其进行编辑。

➢ 公式：显示可生成参数值的公式。公式可用于根据其他参数的值计算值。

➢ 锁定：将参数约束为当前值。

➢ "编辑参数"按钮 ：单击此按钮，打开"参数属性"对话框修改当前选定参数。注意，其中内置参数在大多数 Revit 族中不能编辑。

➢ "新建参数"按钮 ：单击此按钮，打开如图 4-9 所示的"参数属性"对话框，创建新参数到族中。

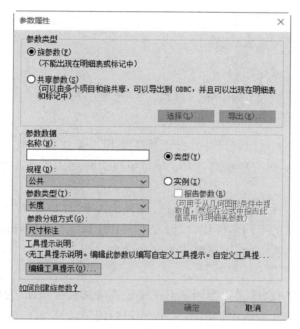

图 4-9 "参数属性"对话框

- 族参数：选择此选项，载入到项目文件中的族参数不能出现在明细表或标记中。

- 共享参数：选择此选项，可由多个项目和族共享参数，载入到项目文件中的族参数可以出现在明细表和标记中。

- 名称：输入参数名称。注意，同一个族内的参数名称不能是相同的。

- 规程：确定项目浏览器中视图的组织结构，包括公共、电气、HVAC、管道、结构和能量，不同的规程对应显示的参数类型是不同的。其中，公共规程可以用于任何族参数的定义。

- 参数类型：是参数最重要的特性，不同的参数类型的选项有不同的特点或单位。

- 参数分组方式：设置参数的组别，使得参数在"族类型"对话框中按组分类显示，为用户查找参数提供便利。
  - 类型：假如同一个族的多个相同的类型被载入到项目中，那么类型参数的值一旦被修改，则所有的类型个体都会发生相应的变化。
  - 实例：假如同一个族的多个相同的类型被载入到项目中，那么只要其中一个类型的实例参数值被改变，当前被修改的这个类型的实体也会相应改变，该族其他类型的这个实例参数的值仍然保持不变。

➢ "删除参数"按钮 ：从族中删除当前选定参数。注意，其中内置参数在大多数Revit 族中不可删除。

➢ "上移"按钮 /"下移"按钮 ：在对话框的组内参数列表中将参数上移/下移一行。

➢ "按升序排列参数"按钮 /"按降序排列参数"按钮 ：在每组中按字母顺序/逆序排序对话框参数列表。

4.4 注 释 族

注释族分为两种：标记和符号。标记族主要用于标注各种类别构件的不同属性，如窗标记、门标记等；而符号族则一般在项目中用于"装配"各种系统族标记，如立面标记、高程点标高等。

与另一种二维构件族"详图构件"不同，注释族拥有"注释比例"的特性，即注释族的大小会根据视图比例的不同而变化，以保证出图时注释族保持同样的出图大小。

在绘制施工图的过程中，需要使用大量的注释符号，以满足二维出图要求，如指北针、高程点等符号。

在施工图中，有时会因为比例问题而无法表达清楚某一局部，为方便施工需另画详图。一般用索引符号注明画出详图的位置、详图的编号以及详图所在的图纸编号。

4.4.1 实例——创建照明开关标记

4-1

（1）在主页中单击"族"→"新建"或者单击"文件"→"新建"→"族"命令，打开"新族-选择样板文件"对话框，选择"注释"文件夹中的"公制常规标记.rft"为样板族，如图 4-10 所示，单击"打开"按钮进入族编辑器，如图 4-11 所示。

（2）删除族样板中默认提供的注意事项文字。

（3）单击"修改"选项卡"属性"面板中的"族类别和族参数"按钮 ，打开"族类别和族参数"对话框，在列表框中选择"灯具标记"，其他采用默认设置，如图 4-12 所示，单击"确定"按钮。

（4）单击"创建"选项卡"详图"面板中的"线"按钮 ，打开"修改|放置 线"选项卡，单击"绘制"面板中的"矩形"按钮 ，创建轮廓线，如图 4-13 所示。

Note

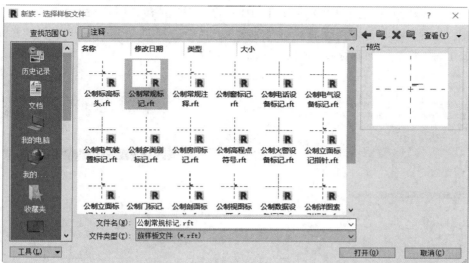

图 4-10　"新族-选择样板文件"对话框

图 4-11　族样板

图 4-12　"族类别和族参数"对话框

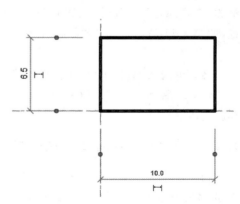

图 4-13　绘制轮廓线

Note

（5）单击"创建"选项卡"文字"面板中的"标签"按钮 ，在矩形的中心单击确定标签位置，打开"编辑标签"对话框，在"类别参数"栏中选择开关 ID，单击"将参数添加标签"按钮 ，将其添加到标签参数栏，如图 4-14 所示。

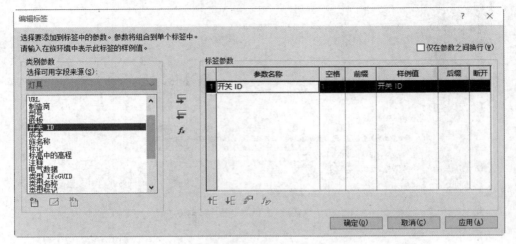

图 4-14 "编辑标签"对话框

（6）单击"确定"按钮，将标签添加到图形中，如图 4-15 所示。从图中可以看出标签符号不符合标准，下面对其进行修改。

图 4-15 添加标签

（7）拖动标签上的控制点，调整标签栏的宽度，使其与轮廓对齐，如图 4-16 所示。

（8）选中标签，单击"编辑类型"按钮 ，打开如图 4-17 所示的"类型属性"对话框，设置背景为"透明"，其他采用默认设置，如图 4-17 所示。单击"确定"按钮，更改后的标签如图 4-18 所示。

（9）单击快速访问工具栏中的"保存"按钮 ，打开"另存为"对话框，输入名称为"照明开关标记"，单击"保存"按钮，保存族文件。

图 4-16 调整宽度

4.4.2 实例——创建应急疏散指示灯注释

（1）在主页中单击"族"→"新建"或者单击"文件"→"新建"→"族"命令，打开"新族-选择样板文件"对话框，选择"注释"文件夹中的"公制常规注释.rft"为样板族，单击"打开"按钮进入族编辑器。

4-2

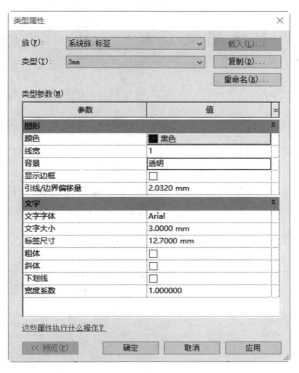

图 4-17　"类型属性"对话框

图 4-18　更改透明度

（2）删除族样板中默认提供的注意事项文字。

（3）单击"创建"选项卡"详图"面板中的"线"按钮 ，打开"修改|放置 线"选项卡。单击"绘制"面板中的"矩形"按钮 ，绘制长为 6、宽为 3 的矩形，如图 4-19 所示。

（4）单击"创建"选项卡"详图"面板中的"线"按钮 ，打开"修改|放置 线"选项卡。单击"绘制"面板中的"线"按钮 ，绘制箭头，如图 4-20 所示。

（5）单击"创建"选项卡"详图"面板中的"填充区域"按钮 ，打开"修改|创建填充区域边界"选项卡。单击"绘制"面板中的"线"按钮 ，在"子类别"面板中的"子类别"下拉列表框中选择"<不可见线>"，沿着箭头绘制填充边界，如图 4-21 所示。单击"模式"面板中的"完成编辑模式"按钮 。

图 4-19　绘制矩形

图 4-20　绘制箭头

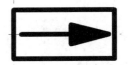

图 4-21　填充区域

（6）单击快速访问工具栏中的"保存"按钮 ，打开"另存为"对话框，输入名称为"应急疏散指示灯注释-右"，单击"保存"按钮，保存族文件。

4.5　创建图纸模板

4.5.1　图纸概述

标准图纸的图幅、图框、标题栏以及会签栏都必须按照国家标准来进行确定和绘制。

1. 图幅

根据国家规范的规定,按图面的长和宽确定图幅的等级。室内设计常用的图幅有A0(也称0号图幅,其余类推)、A1、A2、A3及A4,每种图幅的长宽尺寸如表4-1所示,表中的尺寸代号意义如图4-22和图4-23所示。

表 4-1　图幅标准

图幅代号 尺寸代号	A0	A1	A2	A3	A4
$b \times l/\text{mm} \times \text{mm}$	841×1189	594×841	420×594	297×420	210×297
c/mm		10			5
a/mm			25		

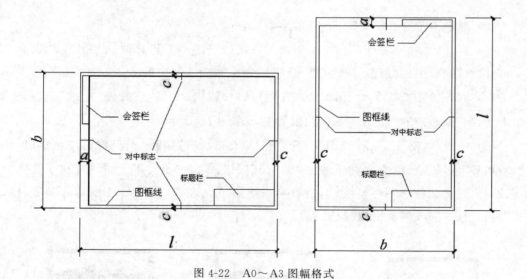

图 4-22　A0～A3 图幅格式

2. 标题栏

标题栏中包括设计单位名称、工程名称、签字区、图名区及图号区等内容。一般标题栏格式如图4-24所示,如今不少设计单位采用个性化的标题栏格式,但是仍必须包括这几项内容。

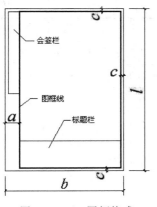

图 4-23　A4 图幅格式

图 4-24　标题栏格式

3．会签栏

会签栏是各工种负责人审核后签名用的表格，它包括专业、姓名、日期等内容，具体根据需要设置，如图 4-25 所示为其中一种格式。对于不需要会签的图样，可以不设此栏。

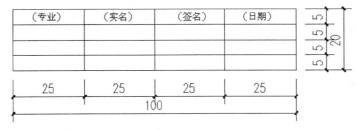

图 4-25　会签栏格式

4．线型要求

建筑设计图主要由各种线条构成，不同的线型表示不同的对象和不同的部位，代表着不同的含义。为了使图面能够清晰、准确、美观地表达设计思想，工程实践中采用了一套常用的线型，并规定了它们的使用范围，如表 4-2 所示。

表 4-2　常用线型

名　　称		线　　型	线宽	适 用 范 围
实线	粗		b	建筑平面图、剖面图、构造详图的被剖切截面的轮廓线；建筑立面图外轮廓线；图框线
	中		$0.5b$	建筑设计图中被剖切的次要构件的轮廓线；建筑平面图、顶棚图、立面图、家具三视图中构配件的轮廓线等
	细		$\leqslant 0.25b$	尺寸线、图例线、索引符号、地面材料线及其他细部刻画用线

续表

名　　称		线　　型	线宽	适　用　范　围
虚线	中		$0.5b$	主要用于构造详图中不可见的实物轮廓
	细		$\leqslant 0.25b$	其他不可见的次要实物轮廓线
点划线	细		$\leqslant 0.25b$	轴线、构配件的中心线、对称线等
折断线	细		$\leqslant 0.25b$	画图样时的断开界限
波浪线	细		$\leqslant 0.25b$	构造层次的断开界线,有时也表示省略画出时的断开界限

注:标准实线宽度 $b=0.4\sim0.8$ mm。

Revit 软件提供了 A0、A1、A2、A3 和修改通知单(A4),共五种图纸模板,都包含在"标题栏"文件夹中,如图 4-26 所示。

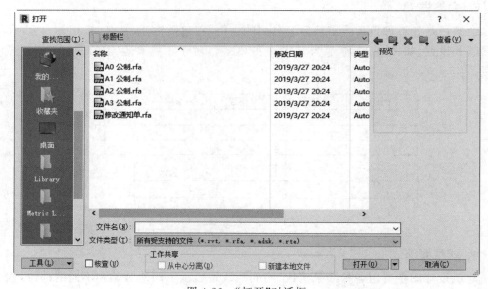

图 4-26　"打开"对话框

4.5.2　实例——创建 A3 图纸

本节绘制 A3 图纸,如图 4-27 所示。

首先绘制图框,然后绘制会签栏并将其放置在适当位置,最后绘制标题栏。

(1) 在主页中单击"族"→"新建"或者单击"文件"→"新建"→"族"命令,打开"新族-选择样板文件"对话框,选择"标题栏"文件夹中的"A3 公制.rft"为样板族,如图 4-28 所示,单击"打开"按钮进入族编辑器,视图中显示 A3 图幅的边界线。

(2) 单击"创建"选项卡"详图"面板中的"线"按钮，打开"修改|放置 线"选项卡。单击"修改"面板中的"偏移"按钮，将左侧竖直线向内偏移 25mm,将其他三条直线向内偏移 5mm,并利用"拆分图元"按钮，拆分图元后删除多余的线段,结果如图 4-29所示。

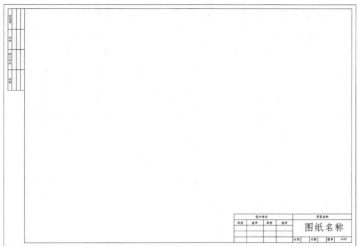

图 4-27　图纸

图 4-28　"新族-选择样板文件"对话框

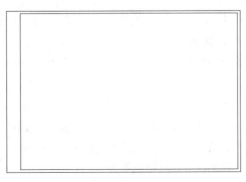

图 4-29　绘制图框

（3）单击"管理"选项卡"设置"面板"其他设置" 🔧 下拉列表框中的"线宽"按钮 ▤，打开"线宽"对话框，分别设置 1 号线线宽为 0.2mm，2 号线线宽为 0.4mm，3 号线线宽为 0.8mm，其他采用默认设置，如图 4-30 所示。单击"确定"按钮，完成线宽设置。

（4）单击"管理"选项卡"设置"面板中的"对象样式"按钮 🖽，打开"对象样式"对话框，修改图框线宽为 3 号，中粗线为 2 号，细线为 1 号，如图 4-31 所示，单击"确定"按钮。选取最外面的图幅边界线，将其子类别设置为"细线"。至此完成图幅和图框线型的设置。

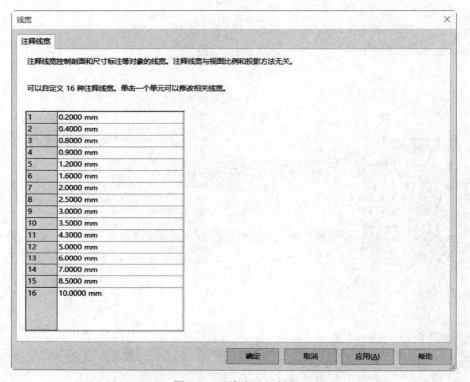

图 4-30 "线宽"对话框

（5）如果放大视图也看不出线宽效果，则单击"视图"选项卡"图形"面板中的"细线"按钮 ▤，使其不呈选中状态。

（6）单击"创建"选项卡"详图"面板中的"线"按钮 ╲，打开"修改|放置 线"选项卡。单击"绘制"面板中的"矩形"按钮 ▭，绘制长为 100、宽为 20 的矩形。

（7）将子类别更改为"细线"，单击"绘制"面板中的"线"按钮 ╱，根据图 4-27 绘制会签栏，如图 4-32 所示。

（8）单击"创建"选项卡"文字"面板中的"文字"按钮 A，单击"属性"选项板中的"编辑类型"按钮 🖽，打开"类型属性"对话框。单击"复制"按钮，打开"名称"对话框，输入名称为 2.5mm。单击"确定"按钮，返回到"类型属性"对话框，设置字体为"仿宋"，设置背景为透明，文字大小为 2.5mm。单击"确定"按钮，然后在会签栏中输入文字，如图 4-33 所示。

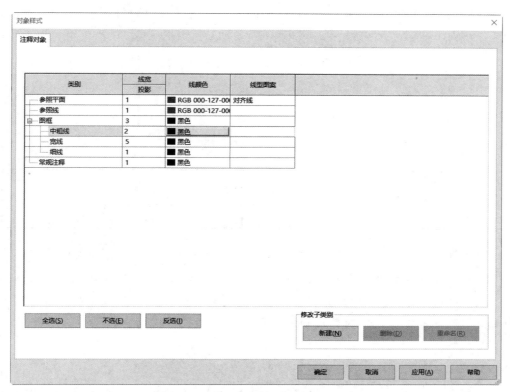

图 4-31　"对象样式"对话框

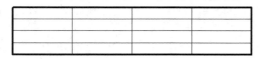

图 4-32　绘制会签栏

建筑	结构工程	签名	2020年

图 4-33　输入文字

（9）单击"修改"选项卡"修改"面板中的"旋转"按钮 ⟳，将会签栏逆时针旋转 90°；单击"修改"选项卡"修改"面板中的"移动"按钮 ✛，将旋转后的会签栏移动到图框外的左上角，如图 4-34 所示。

（10）单击"创建"选项卡"详图"面板中的"线"按钮 ⎯，打开"修改|放置 线"选项卡，将子类别更改为"线框"。单击"绘制"面板中的"矩形"按钮 ▭，以图框的右下角点为起点，绘制长为 140、宽为 35 的矩形。

（11）单击"修改"面板中的"偏移"按钮 ⏪，将水平直线和竖直直线进行偏移，如图 4-34 所示，然后将偏移后的直线子类别更改为"细线"，如图 4-35 所示。

（12）单击"修改"选项卡"修改"面板中的"拆分图元"按钮 ▥，删除多余的线段，或拖动直线端点调整直线长度，如图 4-36 所示。

图 4-34　移动会签栏

（13）单击"创建"选项卡"文字"面板中的"文字"按钮 A，填写标题栏中的文字，如图 4-37 所示。

Note

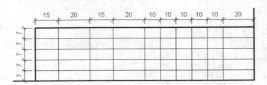

图 4-35　绘制标题栏

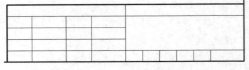

图 4-36　调整线段

图 4-37　填写文字

（14）单击"创建"选项卡"文字"面板中的"标签"按钮 A，在标题栏的最大区域内单击，打开"编辑标签"对话框，在"类别参数"列表中选择"图纸名称"，单击"将参数添加到标签"按钮，将图纸名称添加到标签参数栏中，如图 4-38 所示。

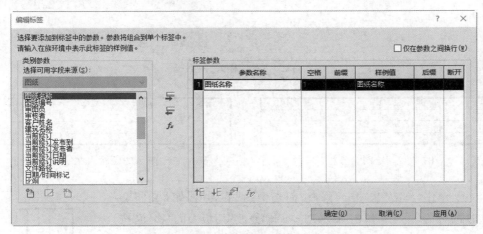

图 4-38　"编辑标签"对话框

（15）在"属性"选项板中单击"编辑类型"按钮，打开"类型属性"对话框，设置背景为"透明"，更改字体为"仿宋 GB_2312"，其他采用默认设置。单击"确定"按钮，完成图纸名称标签的添加，如图 4-39 所示。

（16）采用相同的方法，添加其他标签，结果如图 4-40 所示。

图 4-39　添加图纸名称标签　　　　图 4-40　添加其他标签

（17）单击快速访问工具栏中的"保存"按钮 ，打开"另存为"对话框，输入名称为"A3 图纸"，单击"保存"按钮，保存族文件。

4.6　三　维　模　型

在族编辑器中可以创建实心几何图形和空心几何图形。基于二维截面轮廓进行扫掠可得到实心几何图形，通过布尔运算进行剪切得到空心几何图形。

4.6.1　拉伸

在工作平面上绘制形状的二维轮廓，然后拉伸该轮廓使其与绘制它的平面垂直，可以得到拉伸模型。

具体操作步骤如下。

（1）在主页中单击"族"→"新建"或者单击"文件"→"新建"→"族"命令，打开"新族-选择样板文件"对话框，选择"公制常规模型.rft"为样板族，如图 4-41 所示，单击"打开"按钮进入族编辑器。

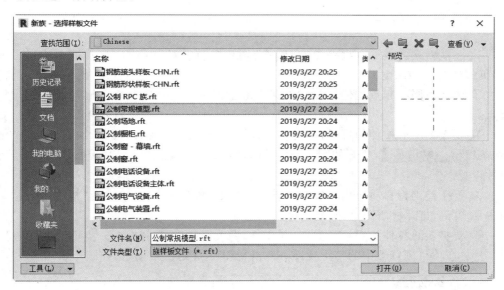

图 4-41　"新族-选择样板文件"对话框

（2）单击"创建"选项卡"形状"面板中的"拉伸"按钮 ，打开"修改|创建拉伸"选项卡和选项栏，如图 4-42 所示。

图 4-42　"修改|创建拉伸"选项卡和选项栏

Note

（3）单击"修改|创建拉伸"选项卡"绘制"面板中的绘图工具绘制拉伸截面。这里单击"圆"按钮 ⊙ ，绘制半径为 500 的圆，如图 4-43 所示。

（4）在"属性"选项板中输入拉伸终点为"350"，如图 4-44 所示，或在选项栏中输入深度为"350"，单击"模式"面板中的"完成编辑模式"按钮 ✔ ，完成拉伸模型的创建，如图 4-45 所示。

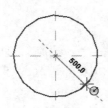

图 4-43　绘制截面

图 4-44　"属性"选项板

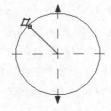

图 4-45　创建拉伸

① 要从默认起点 0.0 拉伸轮廓，则在"约束"组的"拉伸终点"文本框中输入一个正/负值作为拉伸深度。

② 要从不同的起点拉伸，则在"约束"组的"拉伸起点"文本框中输入值作为拉伸起点。

③ 要设置实心拉伸的可见性，则在"图形"组中单击"可见性/图形替换"对应的"编辑"按钮 ▨　编辑... ，打开如图 4-46 所示的"族图元可见性设置"对话框，然后进行可见性设置。

④ 要按类别将材质应用于实心拉伸，则在"材质和装饰"组中单击"材质"字段，再单击 ▦ 按钮，打开材质浏览器，指定材质。

⑤ 要将实心拉伸指定给子类别，则在"标识数据"组下选择"实心/空心"为"实心"。

（5）在项目浏览器中的三维视图下双击视图 1，显示三维模型，如图 4-47 所示。

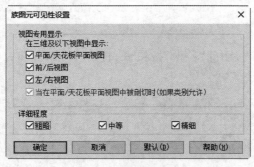

图 4-46　"族图元可见性设置"对话框

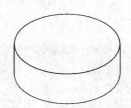

图 4-47　三维模型

4-4

4.6.2　实例——排水沟

（1）在主页中单击"族"→"新建"或者单击"文件"→"新建"→"族"命令，打开"新族-选择样板文件"对话框，选择"公制常规模型.rft"为样板族，如图4-48所示，单击"打开"按钮进入族编辑器。

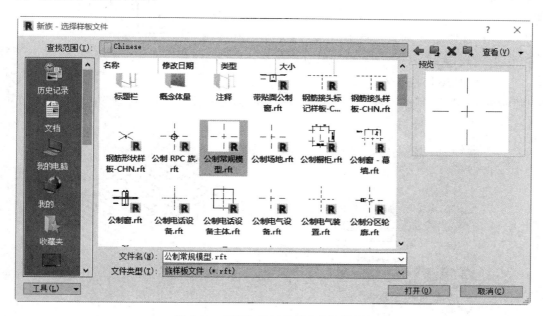

图4-48　"新族-选择样板文件"对话框

（2）单击"创建"选项卡"基准"面板中的"参照平面"按钮，在选项栏中输入偏移为"100"，以水平参照平面为参照，绘制辅助水平参照平面；在选项栏中输入偏移为"200"，以竖直参照平面为参照，绘制辅助竖直参照平面，如图4-49所示。

（3）单击"测量"面板中的"对齐尺寸标注"按钮，依次单击左侧参照平面、中间参照面、右侧参照平面，标注连续尺寸，将尺寸拖动到适当位置单击放置，单击 EQ 图标，创建等分尺寸，如图4-50所示。

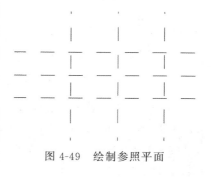

图4-49　绘制参照平面

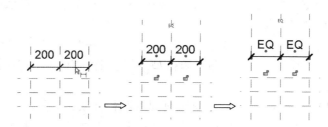

图4-50　标注等分尺寸

Note

（4）采用相同的方法，标注竖直方向的等分尺寸。

（5）单击"创建"选项卡"形状"面板中的"拉伸"按钮 🗐，打开"修改|创建拉伸"选项卡。单击"绘制"面板中的"矩形"按钮 ▭，以参照平面为参照，创建外轮廓线，利用矩形、复制和镜像-拾取轴命令，绘制轮廓线，具体尺寸如图4-51所示。

（6）在"属性"选项板中设置拉伸起点为"0"，拉伸终点为"-20"，如图4-52所示。单击"模式"面板中的"完成编辑模式"按钮 ✔，完成上盖板的绘制，如图4-53所示。

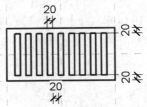

图4-51 绘制轮廓线

（7）将视图切换至右视图。单击"创建"选项卡"形状"面板中的"拉伸"按钮 🗐，打开"修改|创建拉伸"选项卡。单击"绘制"面板中的"线"按钮 ╱，绘制轮廓线，如图4-54所示。

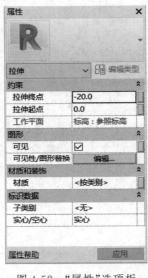

图4-52 "属性"选项板

图4-53 上盖板

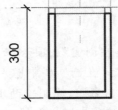

图4-54 绘制轮廓线

（8）在"属性"选项板中设置拉伸起点为"-200"，拉伸终点为"200"，如图4-55所示。单击"模式"面板中的"完成编辑模式"按钮 ✔，完成凹槽的绘制，如图4-56所示。

（9）单击"创建"选项卡"基准"面板中的"参照平面"按钮 ◢，在选项栏中输入偏移为20，以水平参照平面为参照，绘制辅助水平参照平面，如图4-57所示。

（10）单击快速访问工具栏中的"保存"按钮 💾，打开"另存为"对话框，输入名称为"白线"，单击"保存"按钮，保存族文件。

（11）在主页中单击"族"→"新建"或者单击"文件"→"新建"→"族"命令，打开"新族-选择样板文件"对话框，选择"公制常规模型.rft"为样板族，单击"打开"按钮进入族编辑器。

（12）切换到"白线"族文件，将视图切换到参照标高视图，单击"载入到项目"按钮 🗐，将"白线"族文件载入到上步新建的族文件中并进入参照标高视图，将白线族放置在竖直参照平面处。

Note

图 4-55 "属性"选项板

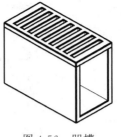

图 4-56 凹槽

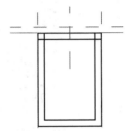

图 4-57 绘制参照平面(一)

（13）单击"修改"选项卡"修改"面板中的"对齐"按钮 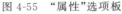，使白线族的左侧边线与竖直参照平面对齐，单击视图中的"创建或删除长度或对齐约束"图标 ，将其锁定，如图 4-58 所示。

（14）单击"创建"选项卡"基准"面板中的"参照平面"按钮 ，在选项栏中输入偏移为 2000，以竖直参照平面为参照，绘制辅助竖直参照平面，如图 4-59 所示。

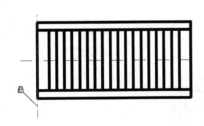

图 4-58 对齐锁定图形

图 4-59 绘制参照平面(二)

（15）单击"测量"面板中的"对齐尺寸标注"按钮 ，标注两竖直参照平面之间的距离。

（16）选取上步标注的尺寸，单击"标签尺寸标注"面板中的"创建参数"按钮 ，打开"参数属性"对话框，输入名称为"长度"，设置参数分组方式为"尺寸标注"，其他采用默认设置，如图 4-60 所示。单击"确定"按钮，更改尺寸为参数尺寸，如图 4-61 所示。

（17）单击"修改"选项卡"修改"面板中的"阵列"按钮 ，选取白线为阵列对象，在选项栏中选择"最后一个"选项，捕捉白线右侧边线与水平参照平面的交点为阵列起点，水平移动鼠标向右捕捉右端水平参照平面与竖直参照平面的交点为最后阵列图元的位置，输入阵列个数为 5，按 Enter 键确认，结果如图 4-62 所示。

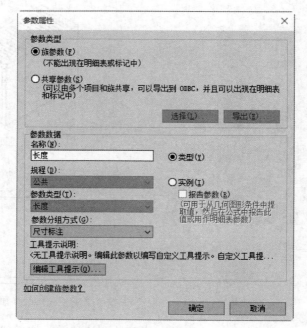

图 4-60 "参数属性"对话框

图 4-61 参数尺寸

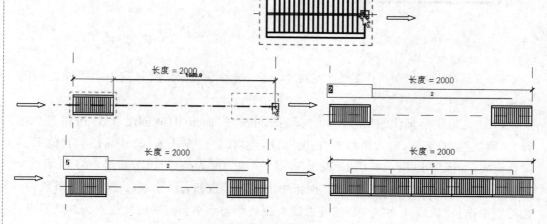

图 4-62 阵列白线

（18）选取阵列尺寸，在选项栏的"标签"下拉列表框中选择"添加参照"选项，打开"参数属性"对话框，输入名称为"白线个数"，其他采用默认设置，如图4-63所示。单击"确定"按钮，更改参数，结果如图4-64所示。

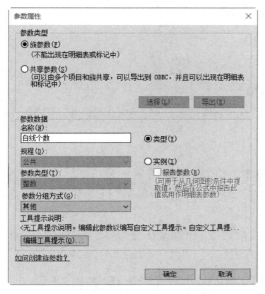

图4-63 "参数属性"对话框

图4-64 更改参数

（19）单击"修改"选项卡"属性"面板中的"族类型"按钮 ，在"白线个数"对应的"公式"栏中输入"长度/400mm"，如图4-65所示，单击"确定"按钮。

图4-65 输入公式

（20）单击"创建"选项卡"基准"面板中的"参照线"按钮 ，打开"修改|放置 参照线"选项卡，单击"绘制"面板中的"线"按钮 ，分别捕捉竖直参照平面与水平参照平面的交点绘制一条水平参照线。

（21）单击快速访问工具栏中的"保存"按钮 ，打开"另存为"对话框，输入名称为"排水沟"，单击"保存"按钮，保存族文件。

4.6.3　旋转

旋转是指围绕轴旋转某个形状而创建形状。

如果轴与旋转造型接触，则产生一个实心几何图形；如果远离轴旋转几何图形，则旋转体中将有个孔。

具体操作步骤如下。

（1）在主页中单击"族"→"新建"或者单击"文件"→"新建"→"族"命令，打开"新族-选择样板文件"对话框，选择"公制常规模型.rft"为样板族，单击"打开"按钮进入族编辑器。

（2）单击"创建"选项卡"形状"面板中的"旋转"按钮 ，打开"修改|创建旋转"选项卡和选项栏，如图 4-66 所示。

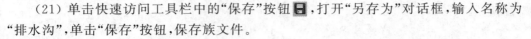

图 4-66　"修改|创建旋转"选项卡和选项栏

（3）单击"修改|创建旋转"选项卡"绘制"面板中的"圆"按钮 ，绘制旋转截面。单击"修改|创建旋转"选项卡"绘制"面板中的"轴线"按钮 ，绘制竖直轴线，如图 4-67 所示。

（4）在"属性"选项板中输入起始角度为 0°，终止角度为 270°，单击"模式"面板中的"完成编辑模式"按钮 ，完成旋转模型的创建，如图 4-68 所示。

（5）在项目浏览器中的三维视图下双击视图 1，显示三维模型，如图 4-69 所示。

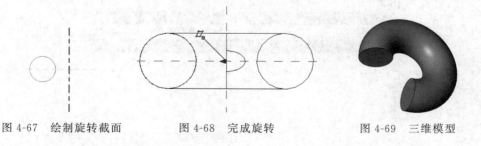

图 4-67　绘制旋转截面　　　图 4-68　完成旋转　　　图 4-69　三维模型

4.6.4　融合

利用融合工具可将两个轮廓（边界）融合在一起。

具体操作步骤如下。

（1）在主页中单击"族"→"新建"或者单击"文件"→"新建"→"族"命令，打开"新族-选择样板文件"对话框，选择"公制常规模型.rft"为样板族，单击"打开"按钮进入族编辑器。

（2）单击"创建"选项卡"形状"面板中的"融合"按钮 ，打开"修改|创建融合底部边界"选项卡和选项栏，如图4-70所示。

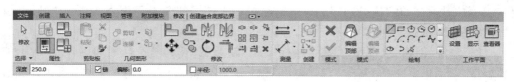

图4-70　"修改|创建融合底部边界"选项卡和选项栏

（3）单击"绘制"面板中的"矩形"按钮 ，绘制边长为1000的正方形，如图4-71所示。

（4）单击"模式"面板中的"编辑顶部"按钮 ，单击"绘制"面板中的"矩形"按钮 ，绘制半径为340的圆，如图4-72所示。

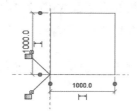

图4-71　绘制底部边界

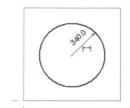

图4-72　绘制顶部边界

（5）在"属性"选项板中的"第二端点"文本框中输入400，如图4-73所示，或在选项栏中输入深度为"400"，单击"模式"面板中的"完成编辑模式"按钮 ，结果如图4-74所示。

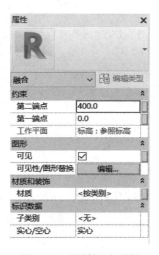

图4-73　"属性"选项板

图4-74　融合

4-5

Note

4.6.5 实例——绘制散热器主体

（1）在主页中单击"族"→"新建"或者单击"文件"→"新建"→"族"命令，打开"新族-选择样板文件"对话框，选择"公制常规模型.rft"为样板族，单击"打开"按钮进入族编辑器。

（2）单击"创建"选项卡"属性"面板中的"族类别和族参数"按钮 ，打开"族类别和族参数"对话框，在"族类别"列表中选择"风道末端"，如图 4-75 所示。单击"确定"按钮，设置散热器的族类别为风道末端。

（3）单击"创建"选项卡"属性"面板中的"族类型"按钮 ，打开如图 4-76 所示的"族类型"对话框。单击"新建类型"按钮 ，打开"名称"对话框，输入名称为 250×250，如图 4-77 所示，连续单击"确定"按钮。

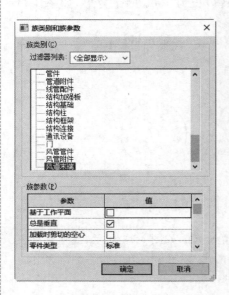

图 4-75 "族类别和族参数"对话框

图 4-76 "族类型"对话框

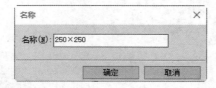

图 4-77 "名称"对话框

（4）单击"创建"选项卡"基准"面板中的"参照平面"按钮 ，绘制参照平面。单击"测量"面板中的"对齐尺寸标注"按钮 ，标注参照平面的尺寸，并调整尺寸值，如图 4-78 所示。

（5）选取上步标注的竖直方向上 250 尺寸，单击"标签尺寸标注"面板中的"创建参

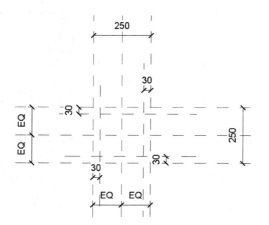

图 4-78　绘制参照平面

数"按钮 ，打开"参数属性"对话框，输入名称为"散热器宽度"，设置参数分组方式为"尺寸标注"，其他采用默认设置，如图 4-79 所示。单击"确定"按钮，更改尺寸为参数尺寸。采用相同的方法，创建其他的参数尺寸，如图 4-80 所示。

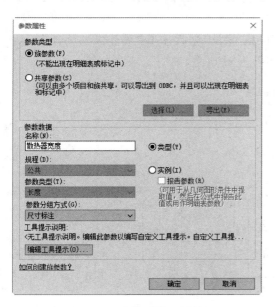

图 4-79　"参数属性"对话框

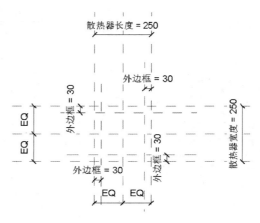

图 4-80　参数尺寸

（6）单击"创建"选项卡"形状"面板中的"拉伸"按钮，打开"修改|创建拉伸"选项卡。单击"绘制"面板中的"矩形"按钮，沿着参照平面绘制矩形轮廓，如图 4-81 所示。

（7）在"属性"选项板中设置拉伸起点为－10，拉伸终点为 0，如图 4-82 所示，单击"模式"面板中的"完成编辑模式"按钮。

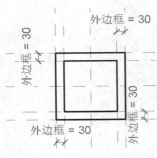

图 4-81　绘制轮廓

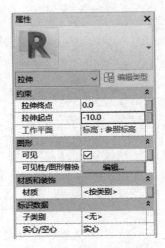

图 4-82　设置拉伸参数

（8）单击"创建"选项卡"形状"面板中的"融合"按钮 ，打开"修改|创建融合底部边界"选项卡，单击"绘图"面板中的"矩形"按钮 ，沿着拉伸体的外边线绘制底轮廓。

（9）单击"模式"面板中的"编辑顶部"按钮 ，然后单击"创建"选项卡"基准"面板中的"参照平面"按钮 ，绘制参照平面。单击"测量"面板中的"对齐尺寸标注"按钮 ，标注参照平面的尺寸，并调整尺寸值，如图 4-83 所示。

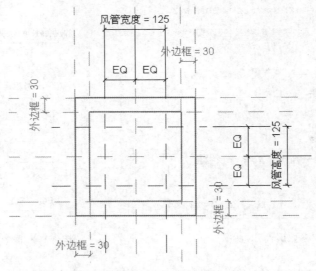

图 4-83　绘制参照平面

（10）单击"绘制"面板中的"矩形"按钮 ，沿着上步绘制的参照平面绘制顶部轮廓，如图 4-84 所示。

（11）在"属性"选项板的"第二端点"文本框中输入 30，如图 4-85 所示，或在选项栏中输入深度为 30，单击"模式"面板中的"完成编辑模式"按钮 ，完成融合，结果如图 4-86 所示。

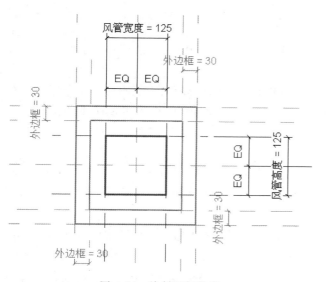

图 4-84　绘制顶部轮廓

图 4-85　"属性"选项板

（12）单击"创建"选项卡"形状"面板中的"拉伸"按钮 📇，打开"修改｜创建拉伸"选项卡。单击"绘制"面板中的"矩形"按钮 □，绘制轮廓，并结合"尺寸标注"命令，添加尺寸，如图 4-87 所示。

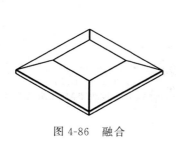

图 4-86　融合

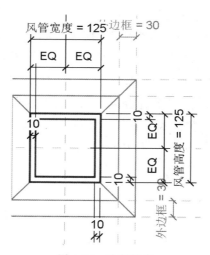

图 4-87　绘制轮廓

（13）在"属性"选项板中设置拉伸起点为 30，拉伸终点为 50，单击"模式"面板中的"完成编辑模式"按钮 ✔，完成风管创建，如图 4-88 所示。

（14）单击快速访问工具栏中的"保存"按钮 🖫，打开"另存为"对话框，输入名称为"散热器"，单击"保存"按钮，保存族文件。

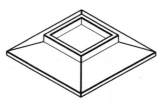

图 4-88　创建风管

4.6.6　放样

通过沿路径放样二维轮廓，可以创建三维形状。可以使用放样方式创建饰条、栏杆扶手或简单的管道。

路径既可以是单一的闭合路径，也可以是单一的开放路径，但不能有多条路径。路径可以是直线和曲线的组合。轮廓草图可以是单个闭合环形，也可以是不相交的多个闭合环形。

具体操作步骤如下。

（1）在主页中单击"族"→"新建"或者单击"文件"→"新建"→"族"命令，打开"新族-选择样板文件"对话框，选择"公制常规模型.rft"为样板族，单击"打开"按钮进入族编辑器。

（2）单击"创建"选项卡"形状"面板中的"放样"按钮 🖼️，打开"修改|放样"选项卡，如图4-89所示。

图4-89　"修改|放样"选项卡

（3）单击"放样"面板中的"绘制路径"按钮 🖼️，打开"修改|放样＞绘制路径"选项卡，单击"绘制"面板中的"样条曲线"按钮 🖼️，绘制如图4-90所示的放样路径。单击"模式"面板中的"完成编辑模式"按钮 ✔️，完成路径绘制。如果选择现有的路径，则单击"拾取路径"按钮 🖼️，拾取现有绘制线作为路径。

（4）单击"放样"面板中的"编辑轮廓"按钮 🖼️，打开如图4-91所示的"转到视图"对话框，选择"立面：前"视图绘制轮廓，如果在平面视图中绘制路径，应选择立面视图来绘制轮廓。单击"打开视图"按钮，将视图切换至前立面图。

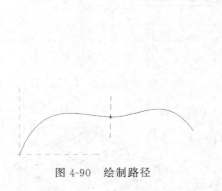

图4-90　绘制路径

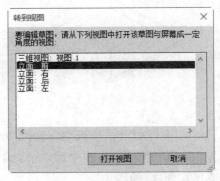

图4-91　"转到视图"对话框

（5）单击"绘制"面板中的"椭圆"按钮 🖼️，绘制如图4-92所示的放样截面轮廓。单击"模式"面板中的"完成编辑模式"按钮 ✔️，结果如图4-93所示。

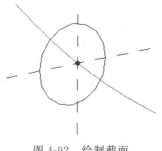

图 4-92　绘制截面

图 4-93　放样

4-6

4.6.7　实例——绘制散热器百叶

（1）打开 4.6.5 节绘制的散热器文件。单击"文件"→"新建"→"族"命令,打开"新族-选择样板文件"对话框,选择"公制轮廓.rft"为样板族,单击"打开"按钮进入族编辑器。

（2）单击"创建"选项卡"详图"面板中的"线"按钮 ,打开"修改|放置 线"选项卡。单击"绘制"面板中的"线"按钮 ⟋,绘制百叶轮廓,单击"测量"面板中的"对齐尺寸标注"按钮 ⟋,标注百叶轮廓的尺寸,如图 4-94 所示。

（3）选取上步标注的尺寸,单击"标签尺寸标注"面板中的"创建参数"按钮 ▤,打开"参数属性"对话框,输入名称为"百叶厚度",设置参数分组方式为"尺寸标注",其他采用默认设置,如图 4-95 所示。单击"确定"按钮,更改尺寸为参数尺寸。采用相同的方法,创建其他的参数尺寸,如图 4-96 所示。

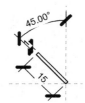

图 4-94　百叶轮廓

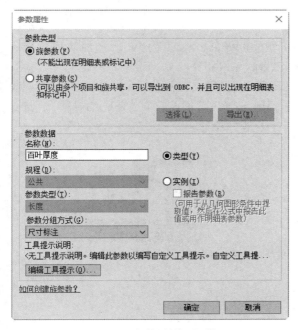

图 4-95　"参数属性"对话框

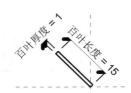

图 4-96　参数尺寸

（4）单击快速访问工具栏中的"保存"按钮 ，打开"另存为"对话框，输入名称为"百叶轮廓"，单击"保存"按钮，保存族文件。

（5）单击"修改"选项卡"族编辑器"面板中的"载入到项目并关闭"按钮 ，将百叶轮廓族文件载入到散热器族文件中并关闭百叶轮廓族文件。

（6）在散热器族文件中将视图切换至右视图，单击"创建"选项卡"形状"面板中的"放样"按钮 ，打开"修改|放样"选项卡。单击"放样"面板中的"绘制路径"按钮 ，打开"修改|放样>绘制路径"选项卡。单击"工作平面"面板中的"设置"按钮 ，打开"工作平面"对话框，选择"拾取一个平面"选项，如图4-97所示。单击"确定"按钮，在视图中拾取散热器的下端面为路径的放置面，打开"转到视图"对话框，选取"楼层平面：参照标高"视图，如图4-98所示。单击"确定"按钮，切换到参照标高视图。

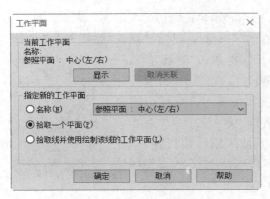

图4-97 "工作平面"对话框

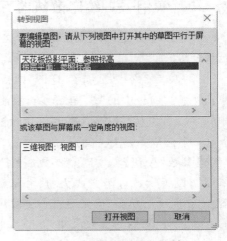

图4-98 "转到视图"对话框

（7）单击"绘制"面板中的"矩形"按钮 ，绘制如图4-99所示的放样路径。单击"模式"面板中的"完成编辑模式"按钮 ，完成路径绘制。

（8）在"轮廓"下拉列表框中选择"百叶轮廓"，将视图切换至右立面图，系统自动将轮廓放置在原点处，如图4-100所示。单击"模式"面板中的"完成编辑模式"按钮 ，结果如图4-101所示，至此完成第一个百叶的绘制。

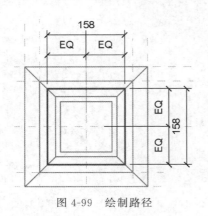

图4-99 绘制路径

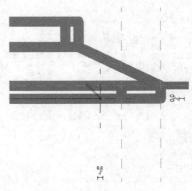

图4-100 载入轮廓

（9）采用相同的方法创建其他百叶，设置路径间距为 31，结果如图 4-102 所示。

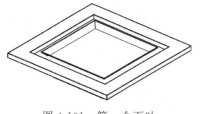

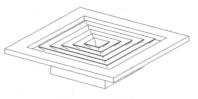

图 4-101 第一个百叶

图 4-102 百叶

（10）单击"创建"选项卡"形状"面板中的"融合"按钮 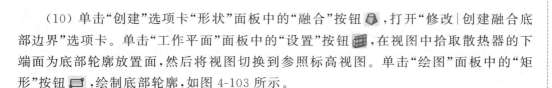，打开"修改|创建融合底部边界"选项卡。单击"工作平面"面板中的"设置"按钮 ，在视图中拾取散热器的下端面为底部轮廓放置面，然后将视图切换到参照标高视图。单击"绘图"面板中的"矩形"按钮 ，绘制底部轮廓，如图 4-103 所示。

（11）单击"模式"面板中的"编辑顶部"按钮 ，单击"绘制"面板中的"矩形"按钮 ，绘制顶部轮廓，如图 4-104 所示。

（12）在"属性"选项板的"第二端点"文本框中输入 10，或在选项栏中输入深度为 10，单击"模式"面板中的"完成编辑模式"按钮 ，完成融合，结果如图 4-105 所示。

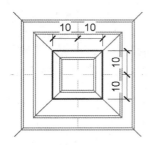

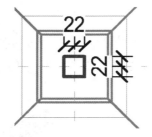

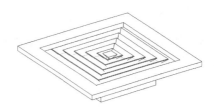

图 4-103 绘制底部轮廓　　图 4-104 绘制顶部轮廓

图 4-105 融合

4.6.8 放样融合

利用放样融合工具可以创建一个具有两个不同轮廓的融合体，然后沿某个路径对其进行放样。放样融合的造型由绘制或拾取的二维路径以及绘制或载入的两个轮廓确定。

具体绘制步骤如下。

（1）在主页中单击"族"→"新建"或者单击"文件"→"新建"→"族"命令，打开"新族-选择样板文件"对话框，选择"公制常规模型.rft"为样板族，单击"打开"按钮进入族编辑器。

（2）单击"创建"选项卡"形状"面板中的"放样融合"按钮 ，打开"修改|放样融合"选项卡，如图 4-106 所示。

（3）单击"放样融合"面板中的"绘制路径"按钮 ，打开"修改|放样融合＞绘制路径"选项卡，单击"绘制"面板中的"样条曲线"按钮 ，绘制如图 4-107 的放样路径。单击"模式"面板中的"完成编辑模式"按钮 ，完成路径绘制。如果选择现有的路径，

图 4-106　"修改|放样融合"选项卡

则单击"拾取路径"按钮 ，拾取现有绘制线作为路径。

（4）单击"放样融合"面板中的"编辑轮廓"按钮 ，打开"转到视图"对话框，选择"立面：前"视图绘制轮廓。如果在平面视图中绘制路径，应选择立面视图来绘制轮廓。单击"打开视图"按钮。

（5）单击"放样融合"面板中的"选择轮廓1"按钮 ，然后单击"编辑截面"按钮 ，利用矩形绘制如图 4-108 所示的截面轮廓 1。单击"模式"面板中的"完成编辑模式"按钮 ，结果如图 4-108 所示。

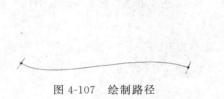

图 4-107　绘制路径　　　　　　　　　　图 4-108　绘制截面轮廓 1

（6）单击"放样融合"面板中的"选择轮廓2"按钮 ，然后单击"编辑截面"按钮 ，利用圆弧绘制如图 4-109 所示的截面轮廓 2。单击"模式"面板中的"完成编辑模式"按钮 ，结果如图 4-110 所示。

图 4-109　绘制截面轮廓 2　　　　　　　图 4-110　放样融合

4.7　族连接件

Revit MEP 中族连接件有五种类型，分别为电气连接件、风管连接件、管道连接件、电缆桥架连接件和线管连接件，如图 4-111 所示。

电气连接件用于所有类型的电气连接，包括电力、电话、报警系统及其他。

风管连接件与管网、风管管件及作为空调系统一部分的其他图元相关联。

管道连接件用于管道、管件及用来传输流体的其他构件。

电缆桥架连接件用于电缆桥架、电缆桥架配件以及用来配线的其他构件。

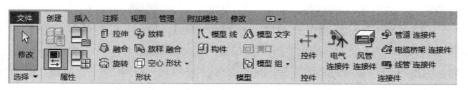

图 4-111 "连接件"面板

线管连接件用于线管、线管配件以及用来配线的其他构件。线管连接件可以是单个连接件,也可以是表面连接件。单个连接件用于连接唯一一个线管。表面连接件用于将多个线管连接到表面。

4.7.1 放置连接件

下面以电气连接件为例,介绍放置连接件的具体步骤。

(1)打开一个需要添加电气连接件的族文件,或者在当前族文件中绘制模型,这里绘制一个拉伸体,如图 4-112 所示。

(2)单击"创建"选项卡"连接件"面板中的"电气 连接件"按钮 ,打开"修改|放置 电气连接件"选项卡,如图 4-113 所示。默认激活"面"按钮 。

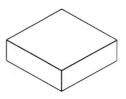

图 4-112 绘制模型

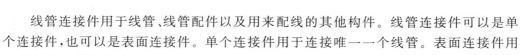

图 4-113 "修改|放置 电气连接件"选项卡

(3)在选项栏列表中选择放置连接件的类型,如图 4-114 所示,这里选取"通讯"类型。

(4)在视图中拾取如图 4-115 所示的面放置连接件。连接件附着在面的中心,如图 4-116 所示。

图 4-114 下拉列表框

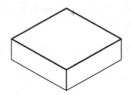

图 4-115 拾取面

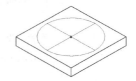

图 4-116 放置连接件

(5)如果在步骤(2)中单击"工作平面"按钮 ,则将连接件附着在工作平面的中心。

4.7.2 实例——对散热器添加连接件

(1)打开 4.6.7 节绘制的散热器文件。单击"创建"选项卡"基准"面板中的"参照平面"按钮 ,绘制参照平面。单击"测量"面板中的"对齐尺寸标注"按钮 ,标注参照平面的尺寸,并创建成参数尺寸,如图 4-117 所示。

(2) 单击"文件"→"新建"→"族"命令,打开"新族-选择样板文件"对话框,选择"公制详图项目.rft"为样板族,单击"打开"按钮进入族编辑器。

(3) 单击"创建"选项卡"详图"面板中的"线"按钮\,打开"修改|放置 线"选项卡。单击"绘制"面板中的"线"按钮☑,绘制箭头轮廓,如图 4-118 所示。

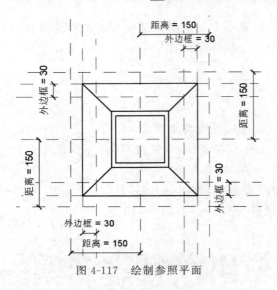

图 4-117 绘制参照平面

图 4-118 箭头轮廓

(4) 单击"属性"面板中的"族类型"按钮,打开"族类型"对话框。单击"新建参数"按钮,打开"参数属性"对话框,创建参数。然后在"族类型"对话框的"公式"栏中输入公式,如图 4-119 所示,单击"确定"按钮。

图 4-119 创建族参数

（5）单击快速访问工具栏中的"保存"按钮 ▦，打开"另存为"对话框，输入名称为"风管末端箭头"，单击"保存"按钮，保存族文件。

（6）单击"修改"选项卡"族编辑器"面板中的"载入到项目并关闭"按钮 ▣，将风管末端箭头族文件载入到散热器族文件中并关闭风管末端箭头族文件。

（7）单击"注释"选项卡"详图"面板中的"详图构件"按钮 ▥，打开"修改|放置 详图构件"选项卡。单击"放置在工作平面上"按钮 ◈，将风管末端箭头放置在参考平面的交点处，如图 4-120 所示。

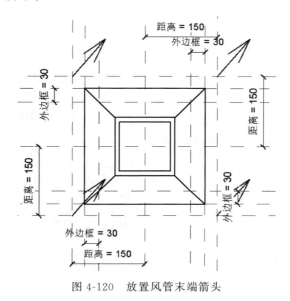

图 4-120　放置风管末端箭头

（8）单击"修改"面板中的"旋转"按钮 ↻，将箭头旋转，使箭头朝外，如图 4-121 所示。

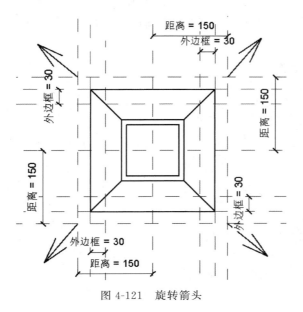

图 4-121　旋转箭头

Note

（9）将视图切换至前视图。单击"创建"选项卡"基准"面板中的"参照平面"按钮，绘制参照平面。单击"测量"面板中的"对齐尺寸标注"按钮，标注参照平面的尺寸，并创建成参数尺寸，如图 4-122 所示。

（10）单击"属性"面板中的"族类型"按钮，打开"族类型"对话框。单击"新建参数"按钮，打开"参数属性"对话框，创建参数。然后在"族类型"对话框的"公式"栏中输入公式，如图 4-123 所示，单击"确定"按钮。

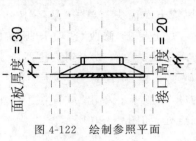

图 4-122　绘制参照平面

图 4-123　创建族参数

（11）将视图切换到视图 1，单击"创建"选项卡"连接件"面板中的"风管连接件"按钮，打开"修改|放置 风管连接件"选项卡。单击"放置在面上"按钮，拾取风管端面放置风管连接件，在"属性"选项板中设置圆形连接件大小为"使用直径"，如图 4-124 所示。

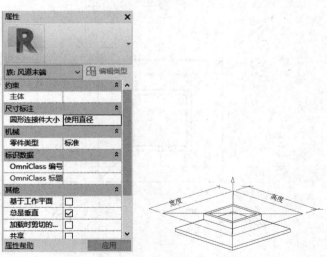

图 4-124　放置风管连接件

（12）选取上步创建的风管连接件，在"属性"选项板中单击高度栏右侧的"关联族参数"按钮▐，打开"关联族参数"对话框，选择"风管高度"，如图 4-125 所示。单击"确定"按钮，将连接件的高度与风管高度关联。采用相同的方法，将连接件的宽度与风管宽度关联，结果如图 4-126 所示。

图 4-125　"关联族参数"对话框

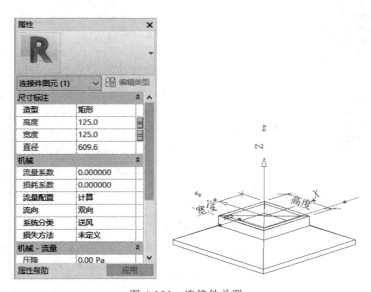

图 4-126　连接件关联

（13）单击快速访问工具栏中的"保存"按钮 ▐，保存族文件。

4.7.3　设置连接件

本节将分别介绍电气连接件、风管连接件、管道连接件、电缆桥架连接件和线管连接件的设置。布置连接件后，通过"属性"选项板对其进行设置。

Note

1．电气连接件

在视图中选取电气连接件，打开相关属性选项板。电气连接件的类型有 9 种，包括数据、安全、火警、护理呼叫、控制、通讯、电话、电力-平衡和电力-不平衡，其中电力-平衡和电力-不平衡为配电系统，其余为弱电系统。

1）弱电系统连接件

弱电系统连接件的设置相对来说比较简单，只需在"属性"选项板的"系统类型"下拉列表框中选择类型，如图 4-127 所示。

2）配电系统连接件

配电系统包括电力-平衡和电力-不平衡连接件，这两种连接件的区别在于相位 1、相位 2 和相位 3 上的"视在负荷"是否相等，相等的为电力-平衡，不相等的为电力-不平衡，如图 4-128 和图 4-129 所示。

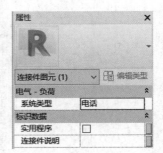

图 4-127　"属性"选项板（一）

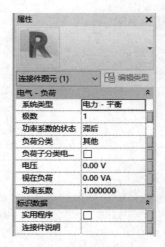

图 4-128　电力-平衡

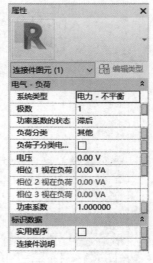

图 4-129　电力-不平衡

电气连接件"属性"选项板中的选项说明如下。

➢ **极数、电压和视在负荷**：用于配电设备所需配电系统的极数、电压和视在负荷。

➢ **功率系数的状态**：包括滞后和超前，默认值为滞后。

➢ **负荷分类和负荷子分类电动机**：用于配电盘明细表/空间中负荷的分类和计算。

➢ **功率系数**：又称功率因数，是电压与电流之间的相位差的余弦值，取值范围为0～1，默认值为 1。

2．风管连接件

在视图中选取风管连接件，打开风管连接件的"属性"选项板，如图 4-130 所示。

风管连接件"属性"选项板中的选项说明如下。

➢ **尺寸标注**：在"造型"栏中可定义连接件的形状，包括矩形、圆形和椭圆形。选择

图 4-130 "属性"选项板(二)

"圆形"造型,需要设置连接件的半径大小;选择"矩形"和"椭圆形"造型,需要设置连接件的高度和宽度。

➢ 流向:设置流体通过连接件的方向,包括进、出和双向。当流体通过连接件流进构件族时,选择"进";当流体通过连接件流出构件族时,选择"出";当流向不明确时,选择"双向"。

➢ 系统分类:设置风管连接件的系统类型,包括送风、回风、排风、其他、管件和全局。

➢ 流量配置:系统提供了三种配置方式,包括计算、预设和系统。

• 计算:指定为其他设备提供资源或服务的连接件,或者传输设备连接件,表示通过连接件的流量需要根据被提供服务的设备流量计算求和得出。

• 预设:指定需要其他设备提供资源或服务的连接件,表示通过连接件的流量由其自身决定。

• 系统:与"计算"类似,在系统中有几个属性相同设备的连接件为其他设备提供资源或服务时,表示通过该连接件的流量等于系统流量乘以流量系数。

➢ 损失方法:设置通过连接件的局部损失,包括未定义、系数和特定损失。

• 未定义:不考虑通过连接件处的压力损失。

• 系数:选择该选项,激活损失系数,设置流体通过连接件的局部损失系数。

• 特定损失:选择该选项,激活压降,设置流体通过连接件的压力损失。

3. 管道连接件

在视图中选取管道连接件,打开管道连接件的"属性"选项板,如图 4-131 所示。

➢ 系统分类:在此下拉列表框中选择管道的系统分类,包括家用热水、家用冷水、卫生设备、通气管、湿式消防系统、干式消防系统、循环供水、循环回水等 13 种系统类型。Revit MEP 不支持雨水系统,也不支持用户自定义添加新的系统类型。

➢ 直径：设置连接件连接管道的直径。

4．电缆桥架连接件

在视图中选取电缆桥架连接件，打开电缆桥架连接件的"属性"选项板，如图4-132所示。

图4-131　"属性"选项板（三）

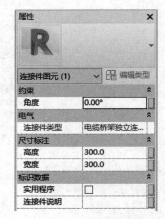

图4-132　"属性"选项板（四）

电缆桥架连接件"属性"选项板中的选项说明如下。

➢ 高度、宽度：设置连接件的尺寸。

➢ 角度：设置连接件的倾斜角度，默认为0.00°，当连接件无角度时，可以不设置该项。

5．线管连接件

单击"创建"选项卡"连接件"面板中的"线管连接件"按钮，打开"修改|放置 线管连接件"选项卡和选项栏，如图4-133所示。

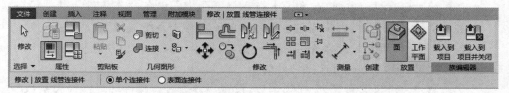

图4-133　"修改|放置 线管连接件"选项卡和选项栏

"修改|设置 线管连接件"选项栏中的选项说明如下。

➢ 单个连接件：通过连接件连接一根线管。

➢ 表面连接件：在连接件附着表面任何位置连接一根或多根线管。

在视图中选取线管连接件，打开线管连接件的属性选项板，如图4-134所示。

线管连接件"属性"选项板中的选项说明如下。

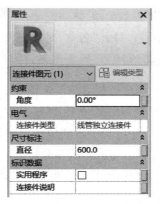

图 4-134　"属性"选项板（五）

- 角度：设置连接件的倾斜角度，默认为 0.00°。当连接件无角度时，可以不设置该项。
- 直径：设置连接件连接线管的直径。

4.8　综合实例——自动喷水灭火系统稳压罐

（1）在主页中单击"族"→"新建"或者单击"文件"→"新建"→"族"命令，打开"新族-选择样板文件"对话框，选择"公制常规模型.rft"为样板族，单击"打开"按钮进入族编辑器。

（2）单击"创建"选项卡"属性"面板中的"族类别和族参数"按钮 ，打开"族类别和族参数"对话框，在"族类别"列表中选择"机械设备"，如图 4-135 所示。单击"确定"按钮，设置稳压罐的族类别为机械设备。

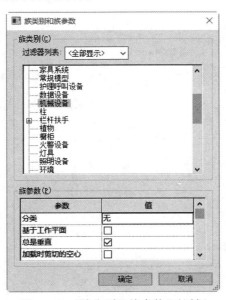

图 4-135　"族类别和族参数"对话框

（3）单击"创建"选项卡"属性"面板中的"族类型"按钮 ，打开如图 4-136 所示的"族类型"对话框。单击"新建类型"按钮 ，打开"名称"对话框，输入名称为"0.8m³-1.0MPa"，如图 4-137 所示。单击"确定"按钮，返回到"族类型"对话框。

图 4-136 "族类型"对话框   图 4-137 "名称"对话框

（4）单击对话框中的"新建参数"按钮 ，打开"参数属性"对话框，选择"族参数"选项，输入名称为"容积"，在"规程"下拉列表框中选择"管道"，在"参数类型"下拉列表框中选择"体积"，在"参数分组方式"下拉列表框中选择"机械"，其他采用默认设置，如图 4-138 所示。

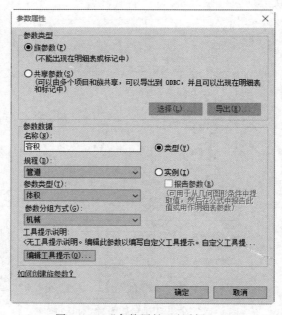

图 4-138 "参数属性"对话框（一）

（5）单击"确定"按钮，返回到"族类型"对话框，输入值为800L。采用与上步相同的方法，创建给排水工作压力参数，如图4-139所示，单击"确定"按钮。

（6）将视图切换到右视图。单击"创建"选项卡"基准"面板中的"参照平面"按钮 ，绘制参照平面。单击"测量"面板中的"对齐尺寸标注"按钮 ，标注参照平面的尺寸，并调整尺寸值，如图4-140所示。

图4-139 创建给排水工作压力参数

图4-140 绘制参照平面

（7）选取上步标注的2474尺寸，单击"标签尺寸标注"面板中的"创建参数"按钮 ，打开"参数属性"对话框，输入名称为"灌顶距离"，设置参数分组方式为"尺寸标注"，其他采用默认设置，如图4-141所示。单击"确定"按钮，更改尺寸为参数尺寸。采用相同的方法，创建其他的参数尺寸，如图4-142所示。

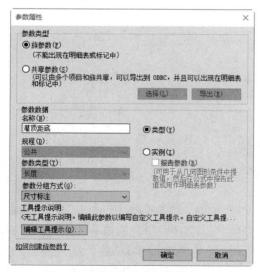

图4-141 "参数属性"对话框（二）

图4-142 参数尺寸

Note

（8）单击"创建"选项卡"形状"面板中的"旋转"按钮，打开"修改|创建旋转"选项卡，利用绘图命令，绘制旋转截面。单击"轴线"按钮，绘制竖直轴线，如图 4-143 所示。

（9）在"属性"选项板中输入起始角度为"0"，终止角度为"360"，单击"模式"面板中的"完成编辑模式"按钮，完成稳压罐主体的创建，如图 4-144 所示。

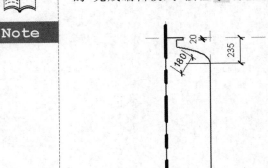

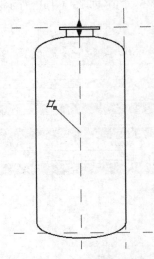

图 4-143　绘制轮廓　　　　　　　　　图 4-144　稳压罐主体

（10）将视图切换到参照标高视图。单击"创建"选项卡"基准"面板中的"参照平面"按钮，绘制如图 4-145 所示的参照平面。

（11）单击"创建"选项卡"形状"面板中的"融合"按钮，打开"修改|创建融合底部边界"选项卡，利用"矩形"按钮和"旋转"按钮绘制底部轮廓。单击"对齐尺寸标注"按钮，标注尺寸，如图 4-146 所示。

（12）单击"模式"面板中的"编辑顶部"按钮，单击"绘制"面板中的"矩形"按钮，绘制如图 4-147 所示顶部轮廓。

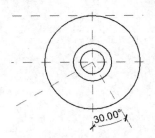

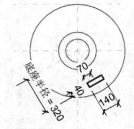

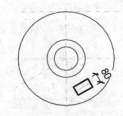

图 4-145　绘制参照平面　　　图 4-146　绘制底轮廓　　　图 4-147　绘制顶部轮廓

（13）在"属性"选项板的"第二端点"文本框中输入"580"，如图 4-148 所示，或在选项栏中输入深度为"580"，单击"模式"面板中的"完成编辑模式"按钮，完成一只腿的绘制，结果如图 4-149 所示。

（14）选取上步绘制的腿，单击"修改|融合"选项卡"修改"面板中的"阵列"按钮，在选项栏中单击"半径"按钮，单击"地点"按钮，指定主体圆心为旋转中

心,指定旋转角度为120°,输入阵列项目数为3,完成腿的阵列,如图4-150所示。

图4-148　"属性"选项板

图4-149　腿

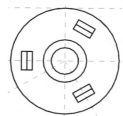

图4-150　阵列腿

（15）将视图切换到前视图。单击"创建"选项卡"形状"面板中的"放样"按钮 ,打开"修改|放样"选项卡。单击"放样"面板中的"绘制路径"按钮 ,打开"修改|放样>绘制路径"选项卡,利用"线"按钮 和"圆角弧"按钮 绘制如图4-151所示的放样路径。单击"模式"面板中的"完成编辑模式"按钮 ,完成路径绘制。

（16）单击"放样"面板中的"编辑轮廓"按钮 ,打开如图4-152所示的"转到视图"对话框,选择"楼层平面:参照标高"视图绘制轮廓,单击"打开视图"按钮,将视图切换至参照标高视图。

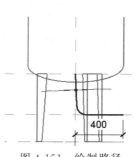

图4-151　绘制路径

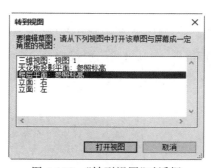

图4-152　"转到视图"对话框

（17）单击"绘制"面板中的"圆"按钮 ,绘制放样截面轮廓并添加参数尺寸,如图4-153所示。单击"模式"面板中的"完成编辑模式"按钮 ,结果如图4-154所示。

（18）单击"创建"选项卡"形状"面板中的"拉伸"按钮 ,打开"修改|创建拉伸"选项卡。单击"设置"按钮 ,打开"工作平面"对话框,选择"拾取一个平面"选项,在视图中拾取放样体的端面,打开"转到视图"对话框,选取"立面:右"视图,单击"打开视图"按钮,切换视图至右视图。

Note

图 4-153　绘制截面

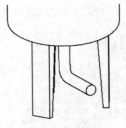

图 4-154　放样

（19）单击"绘制"面板中的"圆"按钮，绘制拉伸截面轮廓并添加参数尺寸，如图 4-155 所示。在"属性"选项板中设置拉伸起点为 0，拉伸终点为－20，单击"模式"面板中的"完成编辑模式"按钮，完成法兰的创建，如图 4-156 所示。

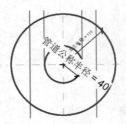

图 4-155　绘制拉伸截面

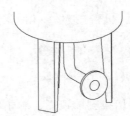

图 4-156　法兰

（20）将视图切换到参照标高，单击"创建"选项卡"形状"面板中的"拉伸"按钮，打开"修改|创建拉伸"选项卡。单击"绘制"面板中的"圆"按钮，绘制半径为 30 的圆。在"属性"选项板中设置拉伸起点为 2474，拉伸终点为 2494.2，单击"模式"面板中的"完成编辑模式"按钮。

（21）将视图切换到视图 1，单击"创建"选项卡"连接件"面板中的"管道连接件"按钮，打开"修改|放置 管道连接件"选项卡。单击"放置在面上"按钮，拾取管道端面放置管道连接件，在"属性"选项板中设置圆形连接件大小为"使用半径"，如图 4-157 所示。

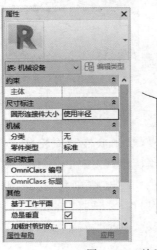

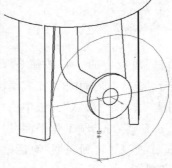

图 4-157　放置管道连接件

（22）选取上步创建的管道连接件，在"属性"选项板中单击"半径"栏右侧的"关联族参数"按钮▉，打开"关联族参数"对话框，选择"管道公称半径"，如图 4-158 所示。单击"确定"按钮，将连接件的半径与管道半径关联，结果如图 4-159 所示。

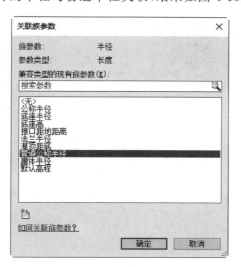

图 4-158　"关联族参数"对话框

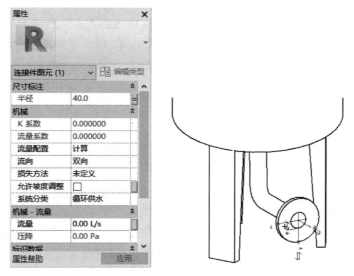

图 4-159　连接件关联

（23）单击快速访问工具栏中的"保存"按钮 ▉，打开"另存为"对话框，输入名称为"自动喷水灭火系统稳压罐"，单击"保存"按钮，保存族文件。

第5章

建筑模型

知识导引

　　无论是创建暖通系统、给排水系统还是电气系统，均需要根据实际建筑模型的布局精确地计算附件、设备等的放置位置，以尽量减少管线的走向。

　　本章主要介绍建筑模型中基础构件的创建方法。

5.1　标　　高

　　标高是无限水平平面，用作屋顶、楼板和天花板等以层为主体的图元的参照，标高大多用于定义建筑内的垂直高度或楼层。用户可以为每个已知楼层或建筑的其他必需参照创建标高。必须在剖面或立面视图中放置标高，当标高修改后，这些建筑构件会随着标高的改变而发生高度上的变化。

5.1.1　创建标高

　　使用"标高"工具，可定义垂直高度或建筑内的楼层标高。用户可为每个已知楼层或其他必需的建筑参照（例如，第二层、墙顶或基础底端）创建标高。

　　具体操作步骤如下。

　　（1）新建一项目文件，并将视图切换到东立面视图，或者打开要添加标高的剖面视图或立面视图。

　　（2）东立面视图中显示预设的标高，如图 5-1 所示。

图 5-1 预设标高

（3）单击"建筑"选项卡"基准"面板中的"标高"按钮，打开"修改|放置 标高"选项卡和选项栏，如图 5-2 所示。

图 5-2 "修改|放置 标高"选项卡和选项栏

"修改|放置 标高"选项栏中的选项说明如下。

➢ 创建平面视图：默认选中此复选框，所创建的每个标高都是一个楼层，并且拥有关联楼层平面视图和天花板投影平面视图。如果取消选中此复选框，则认为标高是非楼层的标高或参照标高，并且不创建关联的平面视图。墙及其他以标高为主体的图元可以将参照标高用作自己的墙顶定位标高或墙底定位标高。

➢ 平面视图类型：单击此选项，打开如图 5-3 所示的"平面视图类型"对话框，可以指定视图类型。

（4）当放置光标以创建标高时，如果光标与现有标高线对齐，则光标和该标高线之间会显示一个临时的垂直尺寸标注，如图 5-4 所示。单击确定标高的起点。

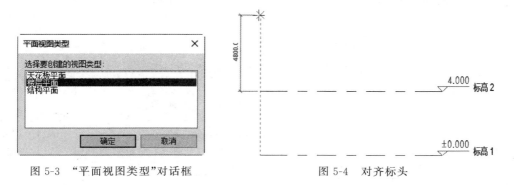

图 5-3 "平面视图类型"对话框   图 5-4 对齐标头

（5）通过水平移动光标绘制标高线，直到捕捉到另一侧标头时，单击确定标高线的终点。

（6）选择与其他标高线对齐的标高线时，将会出现一个锁以显示对齐，如图 5-5 所示。如果水平移动标高线，则全部对齐的标高线会随之移动。

（7）选中视图中标高的临时尺寸值，可以更改标高的高度，如图 5-6 所示。

（8）单击标高的名称，可以对其进行更改，如图 5-7 所示。在空白位置单击，打开

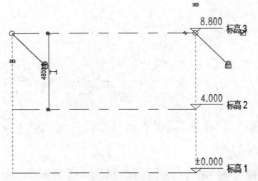

图 5-5　锁定对齐

如图 5-8 所示的 Revit 提示对话框,单击"是"按钮,则相关的楼层平面和天花板投影平面的名称也将随之更新。如果输入的名称已存在,则会打开如图 5-9 所示的错误提示对话框,单击"取消"按钮,重新输入名称。

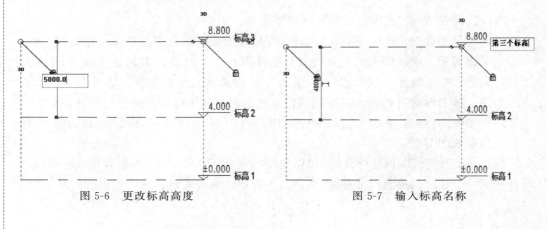

图 5-6　更改标高高度　　　　　　　　　　　　　图 5-7　输入标高名称

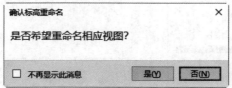

图 5-8　Revit 提示对话框

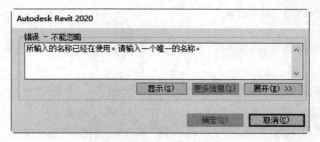

图 5-9　错误提示对话框

注意：在绘制标高时，要注意光标的位置，如果光标在现有标高的上方，则会在当前标高上方生成标高；如果光标在现有标高的下方，则会在当前标高的下方生成标高。在拾取时，视图中会以虚线表示即将生成的标高位置，可以根据此预览来判断标高位置是否正确。

（9）如果想要生成多条标高，还可以利用"复制"⚬和"阵列"⊞命令创建多个标高，只是利用这两种工具只能单纯地创建标高符号而不会生成相应的视图，所以需要手动创建平面视图。

5.1.2　编辑标高

当标高创建完成后，还可以修改标高的标头样式、标高线型，调整标高标头位置。具体操作步骤如下。

（1）选取要修改的标高，在"属性"选项板中更改类型，如图5-10所示。

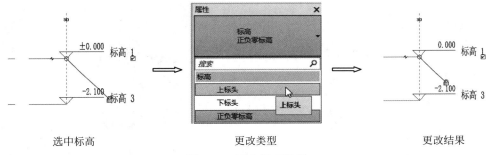

图5-10　更改标高类型

（2）当相邻两个标高靠得很近时，有时会出现标头文字重叠现象，可以单击"添加弯头"按钮⌇，拖动控制柄到适当的位置，如图5-11所示。

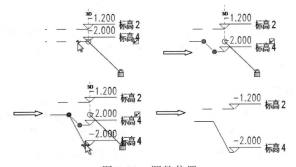

图5-11　调整位置

（3）选取标高线，拖动标高线两端的操纵柄，向左或向右移动鼠标，调整标高线的长度，如图5-12所示。

（4）选取一条标高线，在标高编号的附近会显示"隐藏或显示标头"复选框，取消选中此复选框可以隐藏标头，选中此复选框可以显示标头，如图5-13所示。

（5）选取标高后，单击"3D"字样，将标高切换到2D属性，如图5-14所示。这时拖曳标头延长标高线后，其他视图不会受到影响。

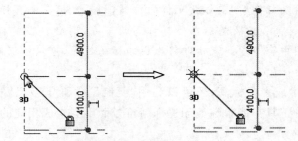

图 5-12　调整标高线长度

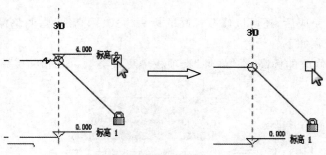

图 5-13　隐藏或显示标头

图 5-14　3D 与 2D 切换

（6）可以在"属性"选项板中通过修改实例属性来指定标高的高程、计算高度和名称，如图 5-15 所示。对实例属性的修改只会影响当前所选中的图元。

"属性"选项板中的选项说明如下。

➢ 立面：标高的垂直高度。

➢ 上方楼层：与"建筑楼层"参数结合使用，此参数指示该标高的下一个建筑楼层。默认情况下，"上方楼层"是下一个"建筑楼层"的最高标高。

➢ 计算高度：在计算房间周长、面积和体积时要使用的标高之上的距离。

➢ 名称：标高的标签。可以为该属性指定任何所需的标签或名称。

➢ 结构：将标高标识为主要结构（例如，钢顶部）。

➢ 建筑楼层：指示标高对应于模型中的功能楼层或楼板，与其他标高（如平台和保护墙）相对。

（7）单击"属性"选项板中的"编辑类型"按钮 🔲，打开如图 5-16 所示的"类型属性"对话框，可以在该对话框中修改标高类型"基面""线宽""颜色"等属性。

"类型属性"对话框中的选项说明如下。

图 5-15　"属性"选项板

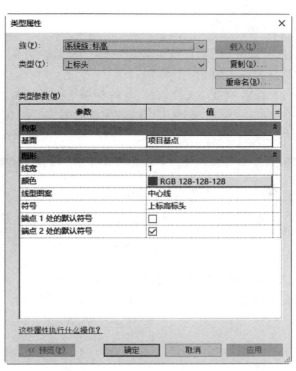

图 5-16　"类型属性"对话框

> 基面：包括项目基点和测量点。如果选择"项目基点"，则在某一标高上报告的高程基于项目原点。如果选择"测量点"，则报告的高程基于固定测量点。
> 线宽：设置标高类型的线宽。可以从"值"列表中选择线宽型号。
> 颜色：设置标高线的颜色。单击"颜色"按钮，打开"颜色"对话框，从对话框的颜色列表中选择颜色或自定义颜色。
> 线型图案：设置标高线的线型图案。线型图案可以为实线或虚线和圆点的组合。可以从 Revit 定义的值列表中选择线型图案，或自定义线型图案。
> 符号：确定标高线的标头是否显示编号中的标高号（标高标头-圆圈）、显示标高号但不显示编号（标高标头-无编号）或不显示标高号（<无>）。
> 端点 1 处的默认符号：默认情况下，在标高线的左端点处不放置编号。选中此复选框，显示编号。
> 端点 2 处的默认符号：默认情况下，在标高线的右端点处放置编号。选择标高线时，标高编号旁边将显示复选框，取消选中此复选框，隐藏编号。

5.2　轴　　网

　　轴网用于为构件定位，在 Revit 中轴网确定了一个不可见的工作平面。该软件目前可以绘制弧形和直线轴网，不支持折线轴网。

5.2.1 创建轴网

使用"轴网"工具,可以在建筑设计中放置柱轴网线。轴网可以是直线、圆弧或多段线。具体操作步骤如下。

(1)新建一项目文件,在默认的标高平面上绘制轴网。

(2)单击"建筑"选项卡"基准"面板中的"轴网"按钮 ,打开"修改|放置 轴网"选项卡和选项栏,如图 5-17 所示。

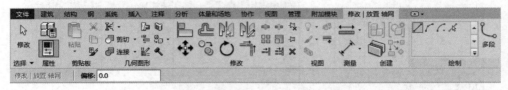

图 5-17 "修改|放置 轴网"选项卡和选项栏

(3)单击确定轴线的起点,拖动鼠标向下移动,如图 5-18 所示,到适当位置单击确定轴线的终点,完成一条竖直直线的绘制,结果如图 5-19 所示。

图 5-18 确定起点   图 5-19 绘制轴线

(4)继续绘制其他轴线。也可以单击"修改"面板中的"复制"按钮 ,框选上步绘制的轴线,然后按 Enter 键,指定起点,移动鼠标到适当位置,单击确定终点,如图 5-20 所示。也可以直接输入尺寸值确定两轴线之间的间距。

(5)继续绘制其他竖轴线,如图 5-21 所示。复制的轴线编号是自动排序的。当绘制轴线时,可以让各轴线的头部和尾部相互对齐。如果轴线是对齐的,则选择线时会出现一个锁以指明对齐。如果移动轴网范围,则所有对齐的轴线都会随之移动。

(6)继续指定轴线的起点,水平移动鼠标到适当位置单击确定终点,绘制一条水平轴线。继续绘制其他水平轴线,如图 5-22 所示。

提示:可以利用"阵列"命令创建轴线,在选项栏中采用"最后一个"选项阵列出来的轴线编号不是按顺序编号的,但是采用"第二个"选项阵列出来的轴线编号是按顺序编号。

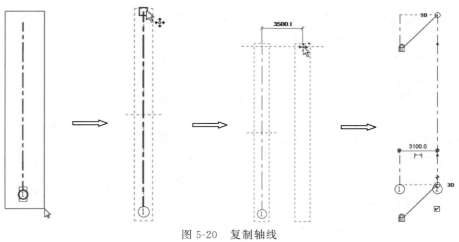

图 5-20　复制轴线

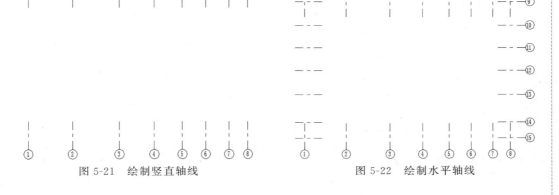

图 5-21　绘制竖直轴线　　　　　　　图 5-22　绘制水平轴线

5.2.2　编辑轴网

绘制完轴网后经常会发现有的地方不合适，需要进行修改。

具体操作步骤如下。

（1）打开上节绘制的文件，选取所有轴线，然后在"属性"选项板中选择"6.5mm 编号"类型，如图 5-23 所示，更改后的结果如图 5-24 所示。

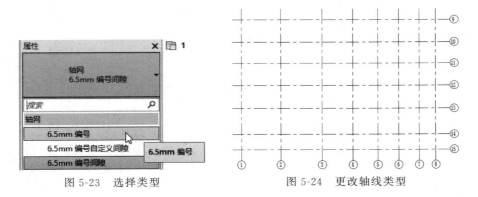

图 5-23　选择类型　　　　　　　图 5-24　更改轴线类型

（2）一般情况下横向轴线的编号是按从左到右的顺序编写，纵向轴线的编号则用大写的拉丁字母从下到上编写，不能用字母I和O。选择最下端水平轴线，双击"15"数字，更改为"A"，如图 5-25 所示，按 Enter 键确认。

（3）采用相同方法更改其他纵向轴线的编号，结果如图 5-26 所示。

（4）选中临时尺寸，可以编辑此轴与相邻两轴之间的尺寸，如图 5-27 所示。采用相同的方法，更改轴之间的所有尺寸，如图 5-28 所示。也可以直接拖到轴线调整轴线之间的间距。

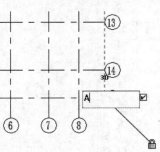

图 5-25　输入轴号

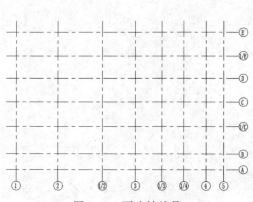

图 5-26　更改轴编号

图 5-27　编辑尺寸

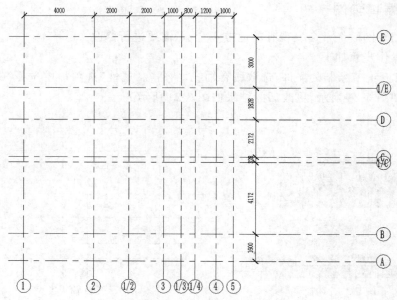

图 5-28　更改尺寸

（5）选取轴线，拖曳轴线端点，调整轴线的长度，如图5-29所示。

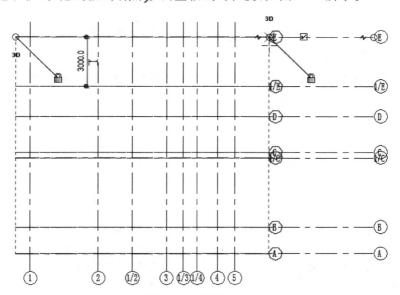

图5-29　调整轴线长度

（6）选取任意轴线，单击"属性"选项板中的"编辑类型"按钮 或者单击"修改|轴网"选项卡"属性"面板中的"类型属性"按钮 ，打开"类型属性"对话框，可以在该对话框中修改轴线类型"符号""颜色"等属性。选中"平面视图轴号端点1（默认）"复选框，如图5-30所示，单击"确定"按钮，结果如图5-31所示。

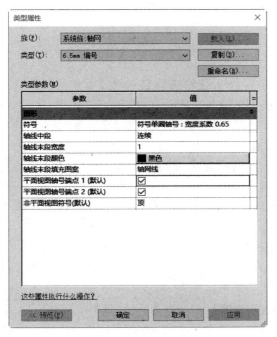

图5-30　"类型属性"对话框

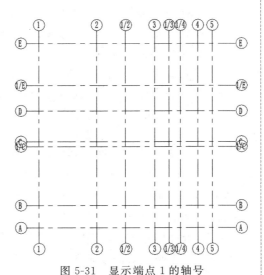

图5-31　显示端点1的轴号

"类型属性"对话框中的选项说明如下。

➤ 符号：用于轴线端点的符号。

➤ 轴线中段：在轴线中显示的轴线中段的类型。包括"无""连续"或"自定义"，如图 5-32 所示。

➤ 轴线末段宽度：表示连续轴线的线宽，或者在"轴线中段"为"无"或"自定义"的情况下表示轴线末段的线宽，如图 5-33 所示。

图 5-32　轴线中段形式　　　　　　　　　图 5-33　轴线末段宽度

➤ 轴线末段颜色：表示连续轴线的线颜色，或者在"轴线中段"为"无"或"自定义"的情况下表示轴线末段的线颜色，如图 5-34 所示。

➤ 轴线末段填充图案：表示连续轴线的线样式，或者在"轴线中段"为"无"或"自定义"的情况下表示轴线末段的线样式，如图 5-35 所示。

图 5-34　轴线末段颜色　　　　　　　　　图 5-35　轴线末段填充图案

➤ 平面视图轴号端点 1（默认）：在平面视图中，在轴线的起点处显示编号的默认设置。也就是说，在绘制轴线时，编号在其起点处显示。

➤ 平面视图轴号端点 2（默认）：在平面视图中，在轴线的终点处显示编号的默认设置。也就是说，在绘制轴线时，编号在其终点处显示。

➤ 非平面视图符号（默认）：在非平面视图的项目视图（例如，立面视图和剖面视图）中，轴线上显示编号的默认位置："顶""底""两者"（顶和底）或"无"。如果需要，可以显示或隐藏视图中各轴网线的编号。

（7）从图 5-31 中可以看出 C 和 1/C 两条轴线相距太近，可以选取 1/C 轴线，单击"添加弯头"按钮 ，添加弯头后如图 5-36 所示。

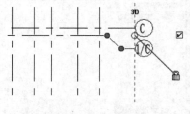

图 5-36　添加弯头

（8）选择任意轴线，选中或取消选中轴线外侧的方框 ，打开或关闭轴号显示，如图 5-37 所示。

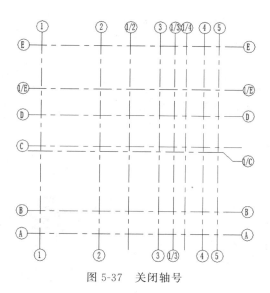

图 5-37 关闭轴号

5.3 墙 体

与建筑模型中的其他基本图元类似,墙也是预定义系统族类型的实例,表示墙功能、组合和厚度的标准变化形式。通过修改墙的类型属性来添加或删除层、将层分割为多个区域,以及修改层的厚度或指定的材质,可以自定义这些特性。

5.3.1 一般墙体

通过单击"墙"工具,选择所需的墙类型,并将该类型的实例放置在平面视图或三维视图中,可以将墙添加到建筑模型中。

可以在功能区中选择一个绘制工具,在绘图区域中绘制墙的线性范围,或者通过拾取现有线、边或面来定义墙的线性范围。墙相对于所绘制路径或所选现有图元的位置由墙的某个实例属性的值来确定,即"定位线"。

具体操作步骤如下。

(1)单击"建筑"选项卡"构建"面板中的"墙"按钮 🗀,打开"修改|放置 墙"选项卡和选项栏,如图 5-38 所示。

图 5-38 "修改|放置 墙"选项卡和选项栏

(2)在"属性"选项板的"类型"下拉列表框中没有找到 240 的墙,所以这里要先创建 240 的墙。

① 选择"常规－200mm"类型，单击"编辑类型"按钮 ，打开"类型属性"对话框，单击"复制"按钮，打开"名称"对话框，新建名称为"常规－240mm"，如图5-39所示。

② 单击"确定"按钮，返回到"类型属性"对话框，单击对话框结构栏中的"编辑"按钮 编辑... ，打开"编辑部件"对话框，更改结构厚度为240，其他采用默认设置，如图5-40所示。连续单击"确定"按钮，完成240墙的设置。

图5-39 "名称"对话框

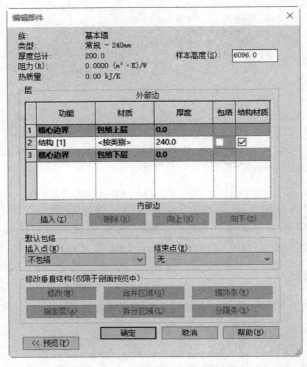

图5-40 "编辑部件"对话框

（3）在选项栏中设置墙体高度为标高2，定位线为"墙中心线"，其他采用默认设置，如图5-41所示。

图5-41 选项栏

"修改|放置 墙"选项栏中的选项说明如下。

➢ 高度：为墙的墙顶定位标高选择标高，或者默认设置"未连接"，然后输入高度值。

➢ 定位线：指定使用墙的哪一个垂直平面相对于所绘制的路径或在绘图区域中指定的路径来定位墙，包括"墙中心线"（默认）、"核心层中心线""面层面：外部""面层面：内部""核心面：外部""核心面：内部"。在简单的砖墙中，"墙中心线"

和"核心层中心线"平面将会重合,然而它们在复合墙中可能会不同。从左到右绘制墙时,其外部面(面层面:外部)默认情况下位于顶部。

> 链:选中此复选框,以绘制一系列在端点处连接的墙分段。

> 偏移:输入一个距离值,以指定墙的定位线与光标位置或选定的线或面之间的偏移。

> 连接状态:选择"允许"选项以在墙相交位置自动创建对接(默认);选择"不允许"选项以防止各墙在相交时连接。每次打开软件时默认选择"允许"选项,但上一选定选项在当前会话期间保持不变。

(4)在视图中捕捉轴网的交点为墙的起点,如图 5-42 所示,移动鼠标到适当位置单击确定墙体的终点,如图 5-43 所示。接续绘制墙体,完成 240 墙的绘制,如图 5-44 所示。

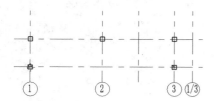

图 5-42　指定墙体起点

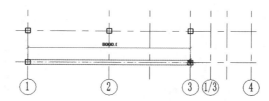

图 5-43　指定终点

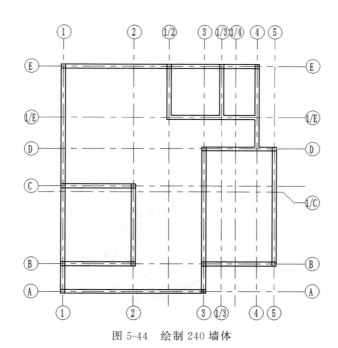

图 5-44　绘制 240 墙体

可以使用三种方法来放置墙。

① 绘制墙:使用默认的"线"工具,通过在图形中指定起点和终点来放置直墙分段。或者,可以指定起点,沿所需方向移动光标,然后输入墙长度值。

② 沿着现有的线放置墙:使用"拾取线"工具,沿着在图形中选择的线来放置墙分

段。线可以是模型线、参照平面或图元(如屋顶、幕墙嵌板和其他墙)边缘。

③ 将墙放置在现有面上:使用"拾取面"工具,将墙放置于在图形中选择的体量面或常规模型面上。

(5)在"属性"选项板中选择"常规—140mm 砌体"类型,设置顶部约束为"直到标高:标高 2",绘制卫生间的隔断,如图 5-45 所示。

(6)选取阳台上南面的墙体,在"属性"选项板中更改顶部约束为"未连接",输入高度为"300",如图 5-46 所示。

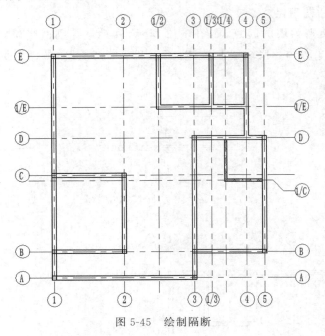

图 5-45　绘制隔断

图 5-46　"属性"选项板

(7)在项目浏览器中选择三维视图,将视图切换至三维视图,查看绘制的建筑墙体,如图 5-47 所示。

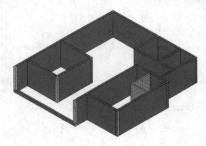

图 5-47　三维图形

5.3.2　幕墙

在一般应用中,幕墙常常定义为薄的、通常带铝框的墙,包含填充的玻璃、金属嵌板或薄石。绘制幕墙时,单个嵌板可延伸墙的长度。如果所创建的幕墙具有自动幕墙网格,则该墙将被再分为几个嵌板。

在幕墙中,网格线定义放置竖梃的位置。竖梃是分割相邻窗单元的结构图元。可通过选择幕墙并右击访问关联菜单,来修改该幕墙。在关联菜单上有几个用于操作幕墙的选项,如选择嵌板和竖梃。

可以使用默认 Revit 幕墙类型设置幕墙。这些墙类型提供三种复杂程度,可以对其进行简化或增强。

① 幕墙 1-没有网格或竖梃。没有与此墙类型相关的规则。此墙类型的灵活性最强。

② 外部玻璃-具有预设网格。如果设置不合适,可以修改网格规则。

③ 店面-具有预设网格和竖梃。如果设置不合适,可以修改网格和竖梃规则。

具体操作步骤如下。

(1) 单击"建筑"选项卡"构建"面板中的"墙"按钮,打开"修改|放置 墙"选项卡和选项栏。

(2) 在"属性"选项板的"类型"下拉列表框中选择"幕墙"类型,如图 5-48 所示。此时"属性"选项板如图 5-49 所示。

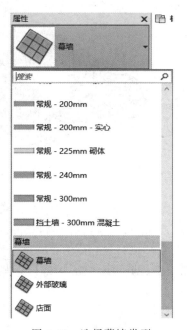

图 5-48 选择幕墙类型

图 5-49 "属性"选项板

幕墙"属性"选项板中的选项说明如下。

➢ 底部约束:设置幕墙的底部标高,如标高 1。

➢ 底部偏移:输入幕墙距墙底定位标高的高度。

➢ 已附着底部:选中此复选框,指示幕墙底部附着到另一个模型构件。

➢ 顶部约束:设置幕墙的顶部标高。

➢ 无连接高度:输入幕墙的高度值。

- ➢ 顶部偏移：输入距顶部标高的幕墙偏移量。
- ➢ 已附着顶部：选中此复选框，指示幕墙顶部附着到另一个模型构件，比如屋顶等。
- ➢ 房间边界：选中此复选框，则幕墙将成为房间边界的组成部分。
- ➢ 与体量相关：选中此复选框，此图元是从体量图元创建的。
- ➢ 编号：如果将"垂直/水平网格样式"下的"布局"设置为"固定数量"，则可以在这里输入幕墙上放置幕墙网格的数量，最多为200。
- ➢ 对正：确定在网格间距无法平均分割幕墙图元面的长度时，Revit如何沿幕墙图元面调整网格间距。
- ➢ 角度：将幕墙网格旋转到指定角度。
- ➢ 偏移量：从起始点到开始放置幕墙网格位置的距离。

（3）默认情况下，系统自动选择"线"按钮 ，在选项栏或"属性"选项板中设置墙的参数。

（4）在视图中捕捉阳台左侧柱中点作为幕墙的起点，移动鼠标到右侧柱中点单击确定终点，绘制幕墙，如图5-50所示。

（5）将视图切换到三维视图，观察图形，如图5-51所示。

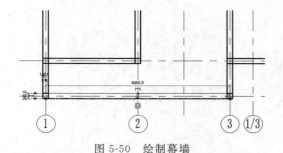

图 5-50　绘制幕墙

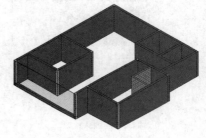

图 5-51　三维幕墙

（6）单击"属性"选项板中的"编辑类型"按钮 ，打开如图5-52所示的"类型属性"对话框，通过修改类型属性来更改幕墙族的功能、连接条件、轴网样式和竖梃。

"类型属性"对话框中的选项说明如下。

- ➢ 功能：指定墙的作用，包括外墙、内墙、挡土墙、基础墙、檐底板或核心竖井。
- ➢ 自动嵌入：指示幕墙是否自动嵌入墙中。
- ➢ 幕墙嵌板：设置幕墙图元的幕墙嵌板族类型。
- ➢ 连接条件：控制在某个幕墙图元类型中在交点处截断哪些竖梃。
- ➢ 布局：沿幕墙长度设置幕墙网格线的自动垂直/水平布局。
- ➢ 间距：当"布局"设置为"固定距离"或"最大间距"时启用。如果将布局设置为"固定距离"，则Revit将使用确切的"间距"值。如果将布局设置为"最大间距"，则Revit将使用不大于指定值的值对网格进行布局。
- ➢ 调整竖梃尺寸：调整从动网格线的位置，以确保幕墙嵌板的尺寸相等（如果可能）。有时，放置竖梃时，尤其放置在幕墙主体的边界处时，可能会导致嵌板的尺寸不相等；即使"布局"设置为"固定距离"，也是如此。

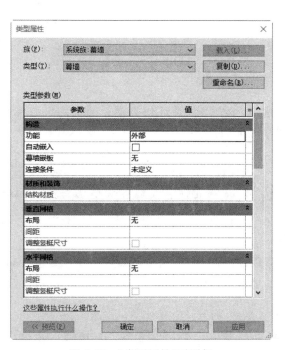

图 5-52 "类型属性"对话框

（7）选中"自动嵌入"复选框，分别设置垂直网格和水平网格的布局为"固定距离"，输入垂直网格的间距为"1000"，水平间距为"1500"，如图 5-53 所示。单击"确定"按钮，结果如图 5-54 所示。

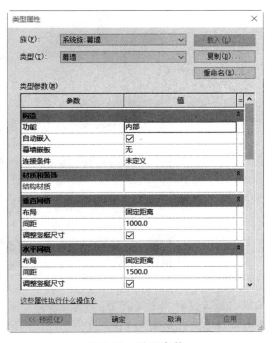

图 5-53 设置参数

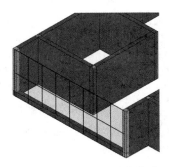

图 5-54 更改间距后的幕墙

Note

5.4 门

门是基于主体的构件,可以添加到任何类型的墙内。可以在平面视图、剖面视图、立面视图或三维视图中添加门。

5.4.1 放置门

选择要添加的门类型,然后指定门在墙上的位置。Revit 将自动剪切洞口并放置门。

具体操作步骤如下。

(1)打开 5.3.2 节创建的文件,将视图切换至标高 1 楼层平面视图。

(2)单击"建筑"选项卡"构建"面板中的"门"按钮 🚪,打开如图 5-55 所示的"修改|放置 门"选项卡。

图 5-55 "修改|放置 门"选项卡

(3)在"属性"选项板中选择门类型,系统默认的只有"单扇-与墙齐"类型,如图 5-56 所示。

"属性"选项板中的选项说明如下。

➢ 底高度:设置相对于放置此实例的标高的底高度。

➢ 框架类型:门框类型。

➢ 框架材质:框架使用的材质。

➢ 完成:应用于框架和门的面层。

➢ 注释:显示输入或从下拉列表框中选择的注释,输入注释后,便可以为同一类别中图元的其他实例选择该注释,无须考虑类型或族。

➢ 标记:用于添加自定义标示的数据。

➢ 顶高度:指定相对于放置此实例的标高的实例顶高度。修改此值不会修改实例尺寸。

➢ 防火等级:设定当前门的防火等级。

图 5-56 "属性"选项板

(4)单击"模式"面板中的"载入族"按钮 📥,打开"载入族"对话框,选择 China→"建筑"→"门"→"普通门"→"推拉门"文件夹中的"双扇推拉门 2. rfa"文件,如图 5-57 所示。

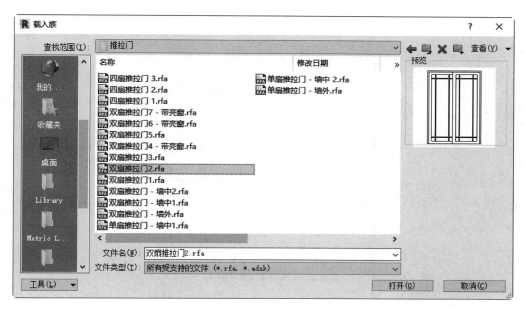

图 5-57 "载入族"对话框

（5）在"修改|放置 门"选项卡中单击"在放置时进行标记"按钮 ，则在放置门的时候显示门标记。

（6）将光标移到墙上以显示门的预览图像，在平面视图中放置门时，按空格键可将开门方向从左开翻转为右开。默认情况下，临时尺寸标注指示从门中心线到最近垂直墙的中心线的距离，如图 5-58 所示。

（7）单击放置门，Revit 将自动剪切洞口并放置门，如图 5-59 所示。

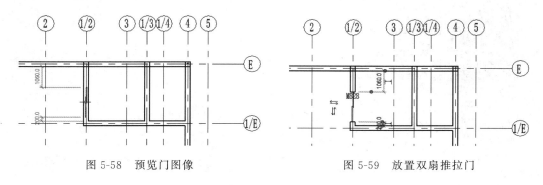

图 5-58 预览门图像 　　　　图 5-59 放置双扇推拉门

（8）单击"建筑"选项卡"构建"面板中的"门"按钮 ，打开"修改|放置 门"选项卡。在"属性"选项板中选择"单扇-与墙对齐 750×2000"类型，在入口、卧室处放置单扇门，如图 5-60 所示。

（9）单击"模式"面板中的"载入族"按钮 ，打开"载入族"对话框，选择 China→"建筑"→"门"→"普通门"→"推拉门"文件夹中的"单扇推拉门-墙中 2.rfa"文件，如图 5-61 所示。

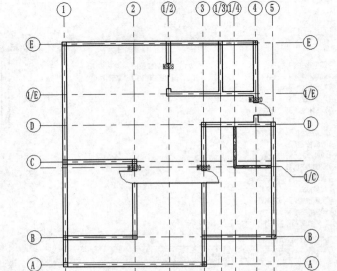

图 5-60　放置单扇门

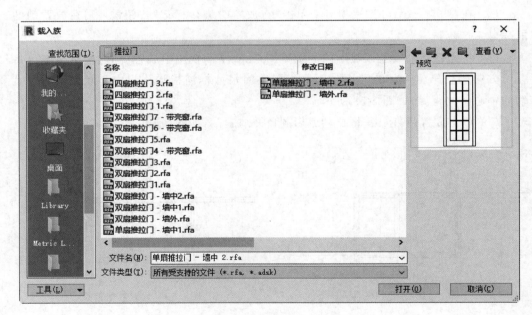

图 5-61　"载入族"对话框

（10）将单扇推拉门放置到卫生间的墙上，如图 5-62 所示。

5.4.2　修改门

放置门以后，根据室内布局设计和空间布置情况，来修改门的类型、开门方向、门打开位置等。

具体操作步骤如下。

（1）选取推拉门，显示临时尺寸，双击临时尺寸，更改尺寸值，使门位于墙的中间，如图 5-63 所示。

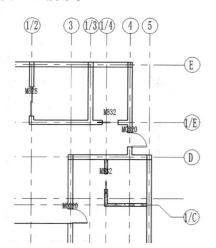

图 5-62　放置单扇推拉门

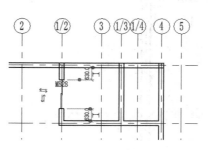

图 5-63　更改尺寸

（2）按 Esc 键退出门的创建。选取门标记，在"属性"选项板的"方向"栏中选择"垂直"，如图 5-64 所示，使门标记与门方向一致，如图 5-65 所示。

图 5-64　"属性"选项板

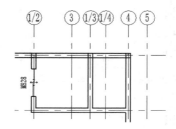

图 5-65　更改门标记方向

（3）选取主卧上的门，门被激活（图 5-66）并打开"修改|门"选项卡。

（4）单击"翻转实例开门方向"按钮，更改门的朝向，如图 5-67 所示。

（5）双击尺寸值，然后输入新的尺寸更改门的位置，如图 5-68 所示。

（6）选择门，然后单击"主体"面板中的"拾取新主体"按钮，将光标移到另一面墙上，当预览图像位于所需位置时，单击以放置门。

（7）单击"属性"选项板中的"编辑类型"按钮，打开如图 5-69 所示的"类型属性"对话框，更改其构造类型、功能、材质、尺寸标注和其他属性。

"类型属性"对话框中的选项说明如下。

➢ 功能：指示门是内部的（默认值）还是外部的。"功能"可用在计划中并创建过滤器，以便在导出模型时对模型进行简化。

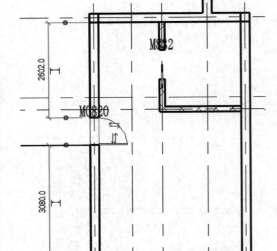

图 5-66　激活门

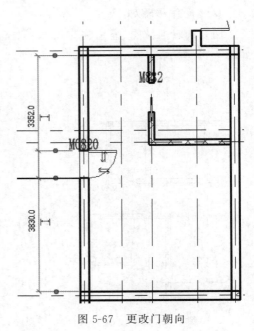

图 5-67　更改门朝向

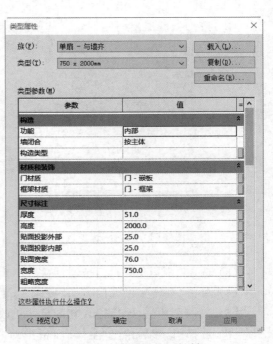

图 5-68　更改尺寸值

图 5-69　"类型属性"对话框

> 墙闭合：门周围的层包络，包括按主体、两者都不、内部、外部和两者。
> 构造类型：门的构造类型。
> 门材质：显示门-嵌板的材质，如金属或木质。可以单击▣按钮，打开"材质浏览器"对话框，设置门-嵌板的材质。

> 框架材质：显示门-框架的材质，可以单击■按钮，打开"材质浏览器"对话框，设置门-框架的材质。
> 厚度：设置门的厚度。
> 高度：设置门的高度。
> 贴面投影外部：设置外部贴面宽度。
> 贴面投影内部：设置内部贴面宽度。
> 贴面宽度：设置门的贴面宽度。
> 宽度：设置门的宽度。
> 粗略宽度：设置门的粗略宽度，可以生成明细表或导出。
> 粗略高度：设置门的粗略高度，可以生成明细表或导出。

（8）采用相同的方法调整门位置和标记位置，如图 5-70 所示。

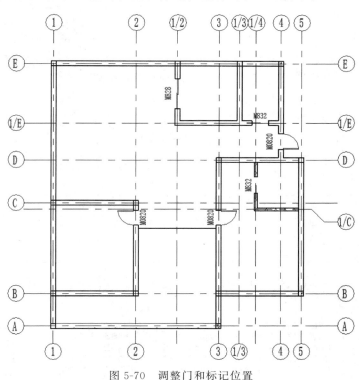

图 5-70　调整门和标记位置

5.5　窗

窗是基于主体的构件，可以添加到任何类型的墙内（天窗可以添加到内建屋顶）。

5.5.1　放置窗

选择要添加的窗类型，然后指定窗在墙上的位置。Revit 将自动剪切洞口并放置窗。

具体操作步骤如下。

（1）打开上一节绘制的文件，单击"建筑"选项卡"构建"面板中的"窗"按钮 ▦，打开如图5-71所示的"修改|放置 窗"选项卡。

图5-71 "修改|放置 窗"选项卡

（2）在"属性"选项板中选择窗类型，系统默认的只有"固定"类型，如图5-72所示。

"属性"选项板中的选项说明如下。

➢ 底高度：设置相对于放置比例的标高的底高度。

➢ 图像：指定某一光栅图像作为窗户的标识。

➢ 注释：显示输入或从下拉列表框中选择的注释。输入注释后，便可以为同一类别中图元的其他实例选择该注释，无须考虑类型或族。

➢ 标记：用于添加自定义标示的数据。

➢ 顶高度：指定相对于放置此实例的标高的实例顶高度。修改此值不会修改实例尺寸。

➢ 防火等级：设定当前窗的防火等级。

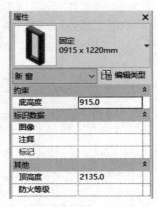

图5-72 "属性"选项板

（3）单击"模式"面板中的"载入族"按钮 ▦，打开"载入族"对话框，选择 China→"建筑"→"窗"→"普通窗"→"组合窗"文件夹中的"组合窗-双层四列（两侧平开）-上部固定.rfa"族文件，如图5-73所示。

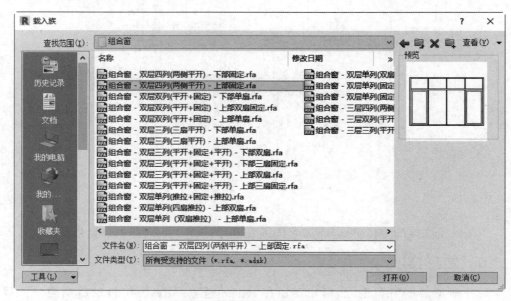

图5-73 "载入族"对话框（一）

（4）单击"打开"按钮，在"属性"选项板中输入底高度为900。

（5）在"属性"选项板中单击"编辑类型"按钮 ，打开"类型属性"对话框，新建 2600×2000mm 类型，更改粗略宽度为2600，粗略高度为2000，其他采用默认设置，如图5-74所示。

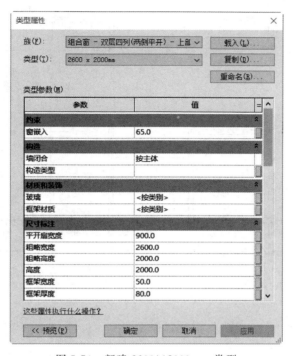

图5-74　新建 2600×2000mm 类型

"类型属性"对话框中的选项说明如下。

➤ 窗嵌入：设置窗嵌入墙内部的深度。

➤ 墙闭合：用于设置窗周围的层包络，包括按主体、两者都不、内部、外部和两者。

➤ 构造类型：设置窗的构造类型。

➤ 玻璃：设置玻璃的材质，可以单击 按钮，打开"材质浏览器"对话框进行设置。

➤ 框架材质：设置框架的材质，可以单击 按钮，打开"材质浏览器"对话框进行设置。

➤ 平开扇宽度：设置平开窗的宽度。

➤ 粗略宽度：设置窗的粗略洞口的宽度，可以生成明细表或导出。

➤ 粗略高度：设置窗的粗略洞口的高度，可以生成明细表或导出。

➤ 高度：设置窗洞口的高度。

➤ 框架宽度：设置窗扇框架的宽度。

➤ 框架厚度：设置窗扇框架的厚度。

➤ 上部窗扇高度：设置上部窗扇高度。

➤ 宽度：设置窗的宽度。

（6）将光标移到墙上以显示窗的预览图像，默认情况下，临时尺寸标注指示从窗边线到最近垂直墙的距离，如图5-75所示。

（7）单击放置窗，Revit 将自动剪切洞口并放置窗，如图5-76所示。

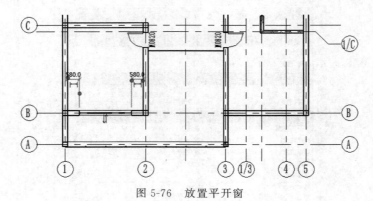

图 5-75　预览窗图像

图 5-76　放置平开窗

（8）继续放置其他平开窗，将窗放置在墙的中间位置，如图 5-77 所示。

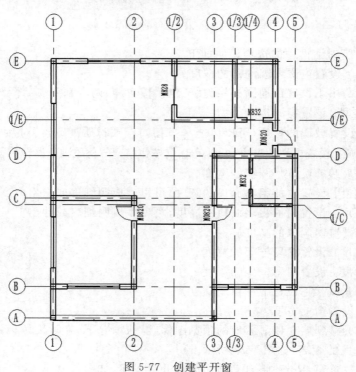

图 5-77　创建平开窗

（9）单击"模式"面板中的"载入族"按钮 ，打开"载入族"对话框，选择 China→"建筑"→"窗"→"普通窗"→"推拉窗"文件夹中的"推拉窗 1-带贴面.rfa"族文件，如图 5-78 所示。单击"打开"按钮。

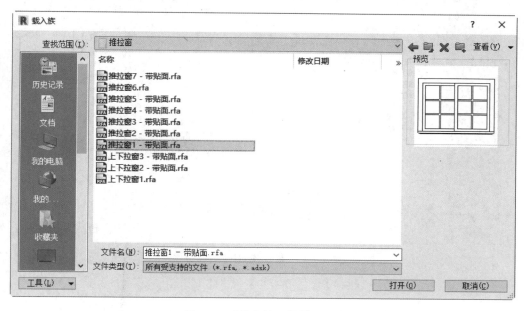

图 5-78　"载入族"对话框（二）

（10）将光标移到厨房的墙上，在中间位置单击，创建推拉窗，如图 5-79 所示。

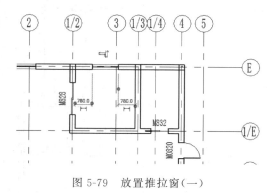

图 5-79　放置推拉窗（一）

（11）单击"模式"面板中的"载入族"按钮 ，打开"载入族"对话框，选择 China→"建筑"→"窗"→"普通窗"→"推拉窗"文件夹中的"上下拉窗 2-带贴面.rfa"族文件，如图 5-80 所示。单击"打开"按钮。

（12）将光标移到卫生间的墙上，在中间位置单击，创建推拉窗，如图 5-81 所示。

（13）在项目浏览器中单击"族"→"注释符号"→"标记_窗"节点下的"标记_窗"，如图 5-82 所示，将其拖动到视图中，并取消选中选项栏中的"引线"复选框，然后单击图中的窗户，添加窗标记结果如图 5-83 所示。

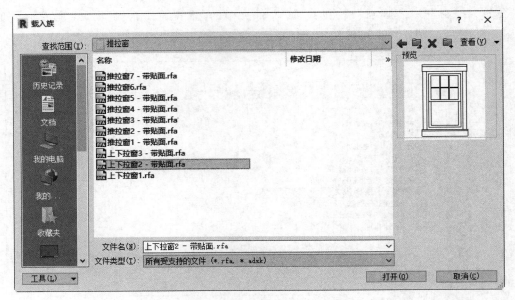

图 5-80 "载入族"对话框(三)

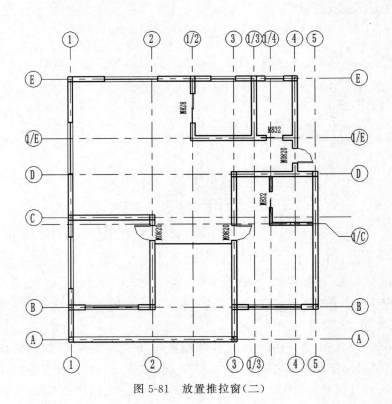

图 5-81 放置推拉窗(二)

图 5-82　标记窗

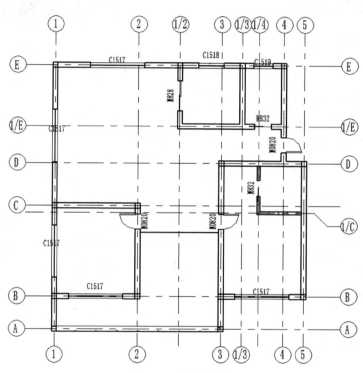

图 5-83　添加窗标记

5.5.2　修改窗

放置窗以后,可以修改窗扇的开启方向等。

具体操作步骤如下。

(1) 在平面视图中选取窗,窗被激活(图 5-84)并打开"修改|窗"选项卡。

(2) 单击"翻转实例面"按钮 ⇕ ,更改窗的朝向。

(3) 双击尺寸值,然后输入新的尺寸更改窗的位置,也可以直接拖到调整窗的位置。一般窗户放在墙中间位置。

(4) 将视图切换到三维视图。选中窗,激活窗显示窗在墙体上的定位尺寸,双击窗的底高度值,修改尺寸值为

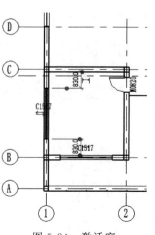

图 5-84　激活窗

500,如图 5-85 所示。也可以直接在"属性"选项板中更改高度为 500。采用相同的方法,修改所有的窗底高度,结果如图 5-86 所示。

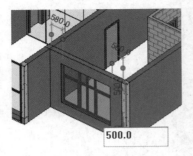

图 5-85　修改窗底高度

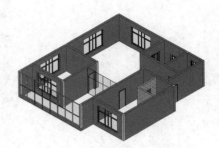

图 5-86　修改所有窗底高度

（5）选择窗,然后单击"主体"面板中的"拾取新主体"按钮 ,将光标移到另一面墙上,当预览图像位于所需位置时,单击以放置窗。

常规的编辑命令同样适用于门窗的编辑。可在平面、立面、剖面、三维等视图中移动、复制、阵列、镜像和对齐门窗。

5.6　楼　　板

楼板是一种分隔承重构件,是楼板层中的承重部分,它将房屋垂直方向分隔为若干层,并把人和家具等竖向荷载及楼板自重通过墙体、梁或柱传给基础。

5.6.1　结构楼板

通过选择支撑框架、墙或绘制楼板范围来创建结构楼板。

具体绘制步骤如下。

（1）将视图切换至标高 1 楼层平面。

（2）单击"建筑"选项卡"构建"面板"楼板" 下拉列表框中的"楼板:结构"按钮 ,打开"修改|创建楼层边界"选项卡和选项栏,如图 5-87 所示。

图 5-87　"修改|创建楼层边界"选项卡和选项栏

"修改|创建楼层边界"选项栏中的选项说明如下。

➢ 偏移:指定相对于楼板边缘的偏移值。

➢ 延伸到墙中(至核心层):测量到墙核心层之间的偏移。

（3）在"属性"选项板中选择"楼板 现场浇注混凝土 225mm"类型,如图 5-88 所示。楼板"属性"选项板中的选项说明如下。

➢ 标高：将楼板约束到的标高。

➢ 自标高的高度偏移：指定楼板顶部相对于标高参数的高程。

➢ 房间边界：指定楼板是否作为房间边界图元。

➢ 与体量相关：指定此图元是从体量图元创建的。

➢ 结构：指定此图元有一个分析模型。

➢ 启用分析模型：显示分析模型，并将它包含在分析计算中。该复选框默认情况下处于选中状态。

➢ 钢筋保护层-顶面：指定与楼板顶面之间的钢筋保护层距离。

➢ 钢筋保护层-底面：指定与楼板底面之间的钢筋保护层距离。

➢ 钢筋保护层-其他面：指从楼板到邻近图元面之间的钢筋保护层距离。

➢ 坡度：将坡度定义线修改为指定值，而无须编辑草图。如果有一条坡度定义线，则此参数最初会显示一个值；如果没有坡度定义线，则此参数为空并被禁用。

➢ 周长：设置楼板的周长。

图 5-88　"属性"选项板

(4) 单击"绘制"面板中的"边界线"按钮 和"拾取墙"按钮（默认状态下，系统会激活这两个按钮），选择边界墙，如图 5-89 所示。

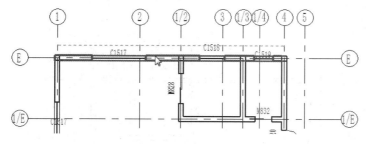

图 5-89　选择边界墙

(5) 在选项栏中输入偏移为 500。根据所选边界墙生成如图 5-90 所示的边界线，单击"翻转"按钮 ，调整边界线的位置。

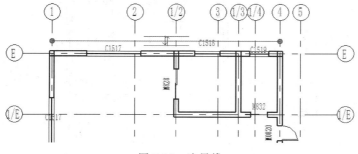

图 5-90　边界线

（6）采用相同的方法，提取其他边界线，结果如图5-91所示。

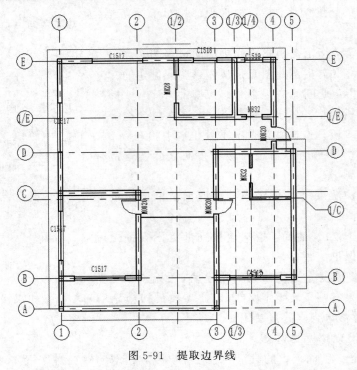

图 5-91　提取边界线

（7）选取边界线，拖曳边界线的端点，调整边界线的长度，形成闭合边界，如图 5-92
所示。

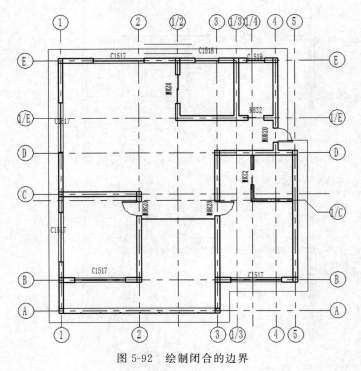

图 5-92　绘制闭合的边界

（8）单击"模式"面板中的"完成编辑模式"按钮 ✔，弹出如图5-93所示的提示对话框，单击"否"按钮，完成楼板的添加。

（9）将视图切换到三维视图，观察楼板，如图5-94所示。

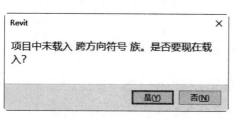

图5-93 提示对话框

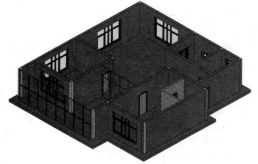

图5-94 结构楼板

5.6.2 建筑楼板

建筑楼板是楼地面层中的面层，是室内装修中的地面装饰层，其构建方法与结构楼板相同，只是楼板的构造不同。

可通过拾取墙或使用绘制工具定义楼板的边界来创建楼板。通常，在平面视图中绘制楼板，即使当三维视图的工作平面设置为平面视图的工作平面时，也可以使用该三维视图绘制楼板。楼板会沿绘制时所处的标高向下偏移。

具体操作过程如下。

1．创建客厅地板

（1）单击"建筑"选项卡"构建"面板"楼板" 下拉列表框中的"楼板：建筑"按钮，打开"修改|创建楼层边界"选项卡和选项栏，如图5-95所示。

图5-95 "修改|创建楼层边界"选项卡和选项栏

（2）在选项栏中输入偏移为0，在"属性"选项板中选择"楼板 常规—150mm"类型，如图5-96所示。

（3）单击"编辑类型"按钮 ，打开"类型属性"对话框。单击"复制"按钮，打开"名称"对话框，输入名称为"瓷砖地板"，单击"确定"按钮，设置的名称如图5-97所示。

"类型属性"对话框中的选项说明如下。

➤ 结构：创建复合楼板。

➤ 默认的厚度：指示楼板类型的厚度，通过累加楼板层的厚度得出。

➤ 功能：指示楼板是内部的还是外部的。

➤ 粗略比例填充样式：指定粗略比例视图中楼板的填充样式。

图 5-96 "属性"选项板

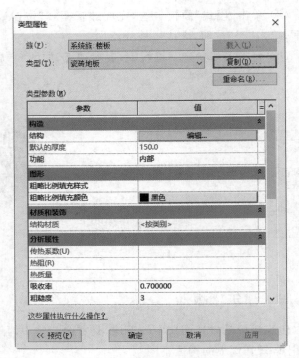

图 5-97 "类型属性"对话框

> 粗略比例填充颜色：为粗略比例视图中的楼板填充图案应用颜色。
> 结构材质：为图元结构指定材质。此信息可包含于明细表中。
> 传热系数（U）：用于计算热传导，通常通过流体和实体之间的对流和阶段变化来计算。
> 热阻（R）：用于测量对象或材质抵抗热流量（每时间单位的热量或热阻）的温度差。
> 热质量：对建筑图元蓄热能力进行测量的一个单位，是每个材质层质量和指定热容量的乘积。
> 吸收率：对建筑图元吸收辐射能力进行测量的一个单位，是吸收的辐射与总辐射的比率。
> 粗糙度：表示表面粗糙度的一个指标，其值从 1 到 6 中选择（其中 1 表示粗糙，6 表示平滑，3 则是大多数建筑材质的典型粗糙度）。

（4）单击"编辑"按钮 编辑 ，打开"编辑部件"对话框，如图 5-98 所示。单击"插入"按钮 插入(I) ，插入新的层并更改功能为"面层 1[4]"。单击"材质"栏中的"浏览"按钮 ... ，打开"材质浏览器"对话框，在"主视图"→"AEC 材质"→"瓷砖"中选择"瓷砖，瓷器，6 英寸"材质，单击"将材质添加到文档中"按钮 ，将材质添加到项目材质列表中。选中"使用渲染外观"复选框，单击"表面填充图案"栏中的前景"图案"区域，打开"填充样式"对话框，选择"交叉线 5mm"，如图 5-99 所示。

（5）单击"确定"按钮，返回到"材质浏览器"对话框，其他采用默认设置，如图 5-100所示。

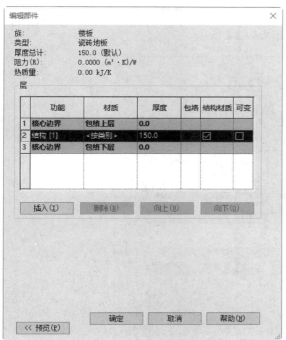

图 5-98　"编辑部件"对话框(一)

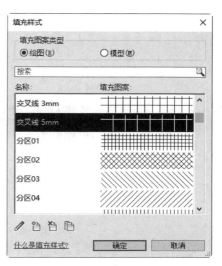

图 5-99　"填充样式"对话框

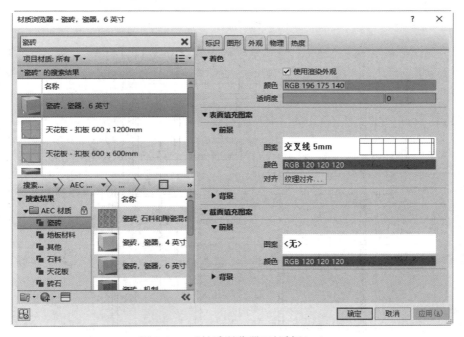

图 5-100　"材质浏览器"对话框(一)

　　(6) 单击"确定"按钮,返回到"编辑部件"对话框,设置"结构[1]"层的厚度为"20","面层 1[4]"的厚度为"20",如图 5-101 所示,连续单击"确定"按钮。

　　(7) 单击"绘制"面板中的"边界线"按钮 和"拾取墙"按钮 (默认状态下,系统会激活这两个按钮），选择边界墙，提取边界线，利用"拆分图元"按钮 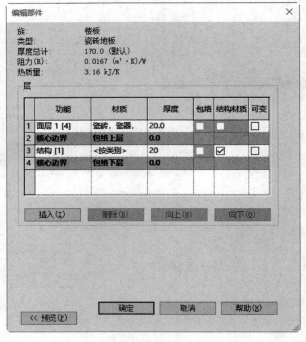 拆分边界线，并删除多余的线段形成封闭区域，结果如图 5-102 所示。

图 5-101 "编辑部件"对话框（二）

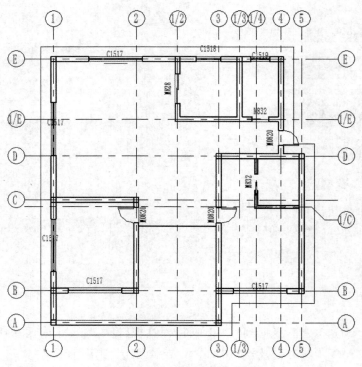

图 5-102 绘制房间边界

（8）单击"模式"面板中的"完成编辑模式"按钮 ✔，系统提示警告"高亮显示的楼板重叠"，在"属性"选项板中更改"自标高的高度"为40，完成瓷砖地板的创建，如图 5-103 所示。

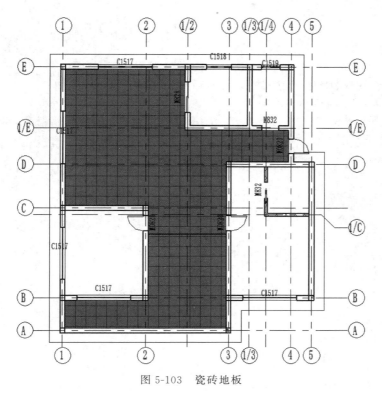

图 5-103　瓷砖地板

2．创建卧室地板

（1）单击"建筑"选项卡"构建"面板"楼板" 🔲 下拉列表框中的"楼板：建筑"按钮 🔲 ，打开"修改|创建楼层边界"选项卡和选项栏。

（2）单击"编辑类型"按钮 🔡 ，打开"类型属性"对话框，新建"木地板"类型。单击面层 1[4]"材质"栏中的"浏览"按钮 🔲 ，打开"材质浏览器"对话框，选取木地板并设置其参数，如图 5-104 所示。连续单击"确定"按钮，完成木地板的设置。

（3）单击"绘制"面板中的"边界线"按钮 🔌 和"拾取墙"按钮 🔲 （默认状态下，系统会激活这两个按钮），选择边界墙，提取边界线，并调整边界线的长度使其形成闭合边界，结果如图 5-105 所示。

（4）单击"模式"面板中的"完成编辑模式"按钮 ✔ ，在"属性"选项板中更改"自标高的高度"为40，完成卧室地板的创建，如图 5-106 所示。

3．创建卫生间、厨房地板

（1）单击"建筑"选项卡"构建"面板"楼板" 🔲 下拉列表框中的"楼板：建筑"按钮 🔲 ，打开"修改|创建楼层边界"选项卡和选项栏。

（2）在"属性"选项板中选择"瓷砖地板"类型，设置"自标高的高度"为40。

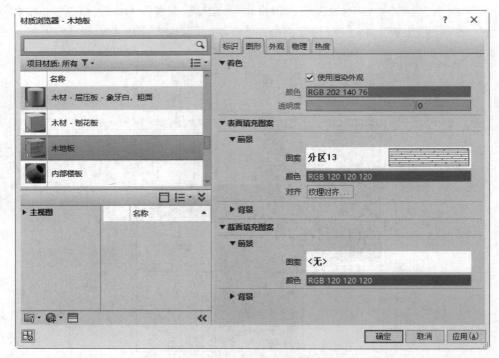

图 5-104 "材质浏览器"对话框(二)

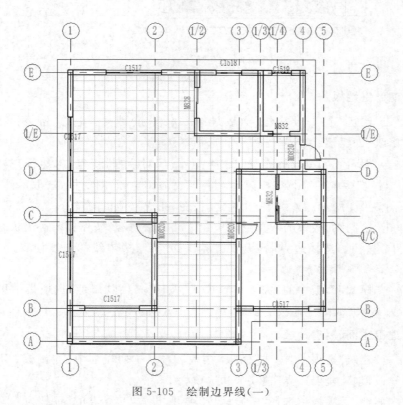

图 5-105 绘制边界线(一)

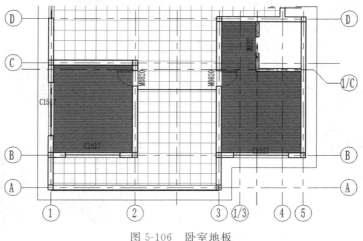

图 5-106　卧室地板

（3）单击"编辑类型"按钮 ▦，打开"类型属性"对话框，新建"小瓷砖地板"类型。

（4）单击"确定"按钮，返回到"类型属性"对话框，单击面层 1[4]"材质"栏中的"浏览"按钮 ⬚，打开"材质浏览器"对话框，选择"瓷砖，瓷器，4 英寸"材质并添加到文档中。选中"使用渲染外观"复选框，单击"图案填充"区域，打开"填充样式"对话框，选择"对角交叉填充－3mm"填充图案。

（5）单击"确定"按钮，返回到"材质浏览器"对话框，其他采用默认设置，如图 5-107 所示。连续单击"确定"按钮。

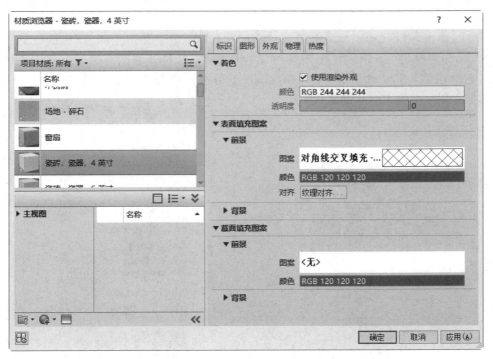

图 5-107　"材质浏览器"对话框（三）

Note

（6）单击"绘制"面板中的"边界线"按钮 和"矩形"按钮 绘制边界线并将其与墙体锁定，如图5-108所示。

（7）单击"模式"面板中的"完成编辑模式"按钮 ，在"属性"选项板中设置"自标高的高度"为40，完成卫生间地板的创建，如图5-109所示。

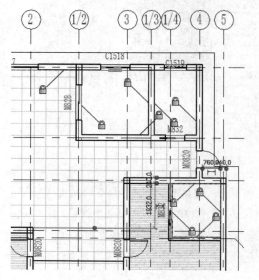

图5-108　绘制边界线（二）　　　　　图5-109　卫生间地板（一）

提示：卫生间地板中间部分应比周围低以利于排水，因此需要对卫生间地板进行编辑。

（8）单击"形状编辑"面板中的"添加点"按钮 ，分别在卫生间、厨房的中间位置添加点，如图5-110所示。在绘图区中任意位置右击，打开如图5-111所示的快捷菜单，选择"取消"选项，然后选择添加的点，在点旁边显示高程为0，更改高程值为5，如图5-112所示。按Enter键确认。

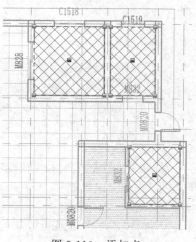

图5-110　添加点　　　　　　　　图5-111　快捷菜单

（9）分别更改卫生间和厨房的高程为5，修改后的地板如图5-113所示。

图5-112　更改高程

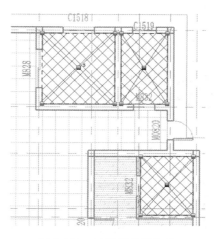

图5-113　卫生间地板（二）

（10）完成所有房间的地板布置，如图5-114所示。

（11）因为门和地板有重叠，因此选取厨房的推拉门，在"属性"选项板中更改底高度为40，如图5-115所示。采用相同的方法，分别更改门和内部玻璃隔断的底高度为40。

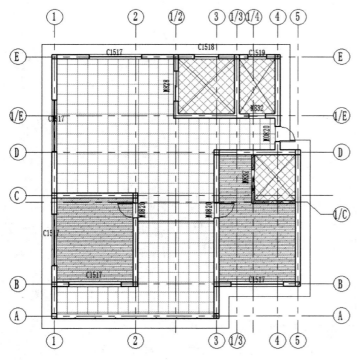

图5-114　布置地板

图5-115　更改底高度

Note

5.7 天 花 板

应在天花板所在的标高之上按指定的距离创建天花板。

天花板是基于标高的图元,创建天花板是在其所在标高以上指定距离处进行的。

可在模型中放置两种类型的天花板:基础天花板和复合天花板。

5.7.1 基础天花板

基础天花板为没有厚度的平面图元。表面材料样式可应用于基础天花板平面。

具体操作步骤如下。

(1)将视图切换到楼层平面中的标高2。

(2)单击"建筑"选项卡"构建"面板中的"天花板"按钮 🖼,打开"修改|放置 天花板"选项卡,如图5-116所示。

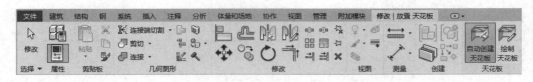

图5-116 "修改|放置 天花板"选项卡

(3)在"属性"选项板中选择"基本天花板 常规"类型,输入自标高的高度偏移为−50,如图5-117所示。

"属性"选项板中的选项说明如下。

➤ 标高:指明放置天花板的标高。

➤ 自标高的高度偏移:指定天花板顶部相对于标高参数的高程。

➤ 房间边界:指定天花板是否作为房间边界图元。

➤ 坡度:将坡度定义线修改为指定值,而无须编辑草图。如果有一条坡度定义线,则此参数最初会显示一个值;如果没有坡度定义线,则此参数为空并被禁用。

➤ 周长:设置天花板的周长。

➤ 面积:设置天花板的面积。

图5-117 "属性"选项板

➤ 图像:指定某一光栅图像作为天花板的标识。

➤ 注释:显示用户输入或从下拉列表框中选择的注释。输入注释后,便可以为同一类别中图元的其他实例选择该注释,而无须考虑类型或族。

➤ 标记:按照用户所指定的那样标识或枚举特定实例。

（4）单击"天花板"面板中的"自动创建天花板"按钮 ![](（默认状态下，系统会激活这个按钮），单击构成闭合环的内墙，会在这些边界内部放置一个天花板，而忽略房间分隔线，如图5-118所示。

（5）在选择的区域内单击创建天花板，如图5-119所示。

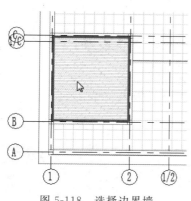

图5-118　选择边界墙

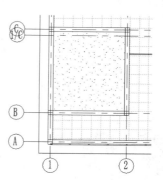

图5-119　创建天花板

（6）单击"天花板"面板中的"绘制天花板"按钮 ![]，打开"修改|创建天花板边界"选项卡。单击"绘制"面板中的"边界线"按钮 ![] 和"线"按钮 ![]（默认状态下，系统会激活这两个按钮），绘制另一个卧室的边界线，如图5-120所示。

（7）单击"模式"面板中的"完成编辑模式"按钮 ![]，完成卧室天花板的创建，结果如图5-121所示。

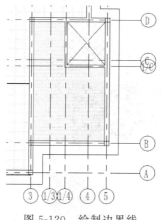

图5-120　绘制边界线

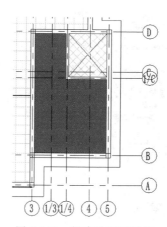

图5-121　创建卧室天花板

（8）采用相同的方法，创建储藏室和厨房的天花板，如图5-122所示。

5.7.2　复合天花板

复合天花板由已定义各层材料厚度的图层构成。

具体操作步骤如下。

（1）单击"建筑"选项卡"构建"面板中的"天花板"按钮 ![]，打开"修改|放置 天花

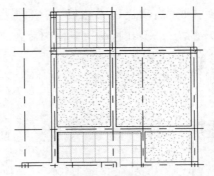

图 5-122　创建储藏室和厨房天花板

板"选项卡,如图 5-123 所示。

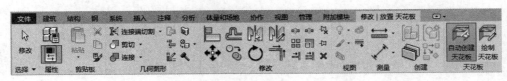

图 5-123　"修改|放置 天花板"选项卡

（2）在"属性"选项板中选择"复合天花板 光面"类型,输入自标高的高度偏移为－60,如图 5-124 所示。

（3）单击"天花板"面板中的"自动创建天花板"按钮 （默认状态下,系统会激活这个按钮）,分别拾取厨房和两个卫生间的边界创建复合天花板,如图 5-125 所示。

图 5-124　"属性"选项板

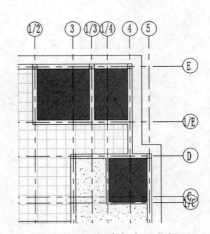

图 5-125　创建复合天花板

（4）在"属性"选项板中选择"复合天花板 600×600mm 轴网"类型,单击"编辑类型"按钮 ,打开"类型属性"对话框,新建"600×600mm 石膏板"类型。单击"编辑"按钮 编辑... ,打开"编辑部件"对话框,设置"面层 2[5]"的材质为"松散-石膏板",其他采用默认设置,如图 5-126 所示。连续单击"确定"按钮。

（5）拾取客厅、书房以及阳台区域的边界线创建复合天花板，如图 5-127 所示。

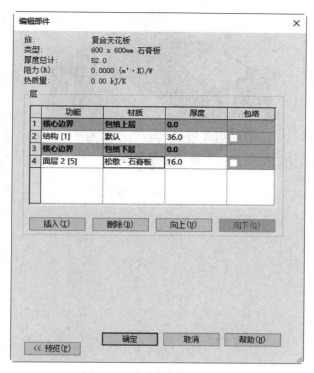

图 5-126　"编辑部件"对话框

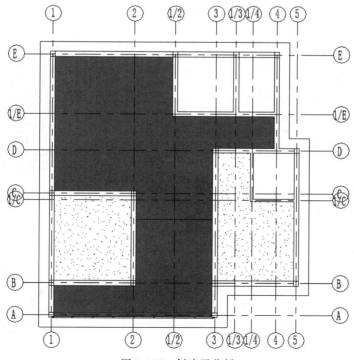

图 5-127　创建天花板

（6）将视图切换至三维视图，观察图形，如图 5-128 所示。

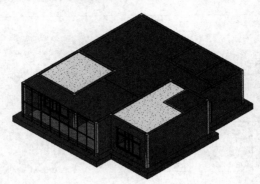

图 5-128　天花板三维视图

第6章

某服务中心模型

知识导引

　　本工程为某便民服务中心,总建筑面积为 12800 平方米,地上 8 层,建筑类别为二类高层民用建筑,建筑高度 32.4 米。

　　在进行综合布线之前,先绘制建筑模型。本章首先导入 CAD 图纸,再以 CAD 图纸为参考创建一层建筑模型。

6.1 创建标高

具体操作步骤如下。

　　(1) 在主页中单击"模型"→"新建"按钮  新建…,打开"新建项目"对话框,在"样板文件"下拉列表框中选择"建筑样板",如图 6-1 所示,单击"确定"按钮,新建一项目文件,系统自动切换视图到"楼层平面:标高 1"。

　　(2) 在项目浏览器中双击"立面"节点下的"东",将视图切换到东立面视图。

　　(3) 单击"建筑"选项卡"基础"面板中的"标高"按钮 ,在"属性"选项板中单击"编辑类型"按钮 ,打开"类型属性"对话框,选中"端点 1 处的默认符号"复选框,其他采用默认设置,如图 6-2 所示,单击"确定"按钮。

图 6-1 "新建项目"对话框

（4）对齐已有的标高1和标高2，在其上方绘制标高线，如图6-3所示。

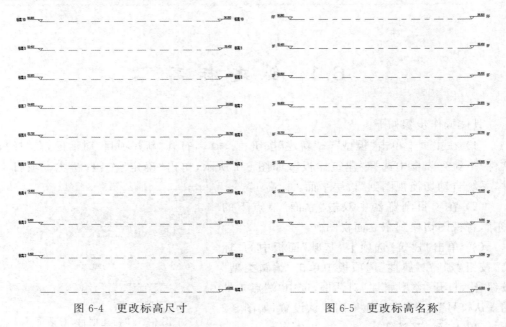

图6-2　"类型属性"对话框　　　　　　　　　　图6-3　绘制标高线

（5）选取标高线，更改标高线之间的尺寸值或直接更改标头上的数值，结果如图6-4所示。

（6）双击标高标头上的名称，打开"确认标高重命名"对话框，单击"是"按钮，更改相应的标高名称，结果如图6-5所示。

图6-4　更改标高尺寸　　　　　　　　　　　　图6-5　更改标高名称

（7）选取"1F"标高线，在"属性"选项板中单击"编辑类型"按钮，打开"类型属性"对话框，选中"端点1处的默认符号"复选框，其他采用默认设置，单击"确定"按钮，结果如图6-6所示。

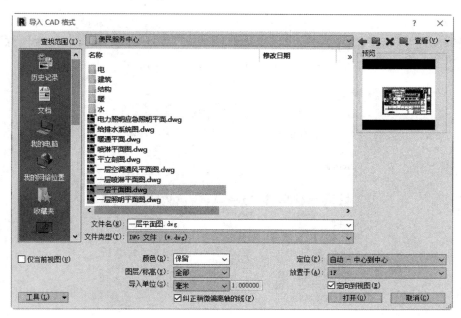

图6-6　更改标头属性

6-2

6.2　创建轴网

具体操作步骤如下。

（1）在项目浏览器中双击"楼层平面"节点下的"1F"，将视图切换到1F楼层平面视图。

（2）单击"插入"选项卡"导入"面板中的"导入CAD"按钮，打开"导入CAD格式"对话框，选择"一层平面图"，设置定位为"自动-中心到中心"，放置于为"1F"，选中"定向到视图"复选框，设置导入单位为"毫米"，其他采用默认设置，如图6-7所示。单击"打开"按钮，导入CAD图纸。

图6-7　"导入CAD格式"对话框

（3）移动立面索引符号的位置，使其位于图纸的四周，选取图纸，单击"修改"面板中的"锁定"按钮，将图纸锁定，使其不能移动，如图6-8所示。当图纸被锁定后，软件将无法删除该对象，只有解锁后才能进行删除。

（4）单击"建筑"选项卡"基准"面板中的"轴网"按钮，打开"修改|放置 轴网"选项卡和选项栏，单击"拾取线"按钮。

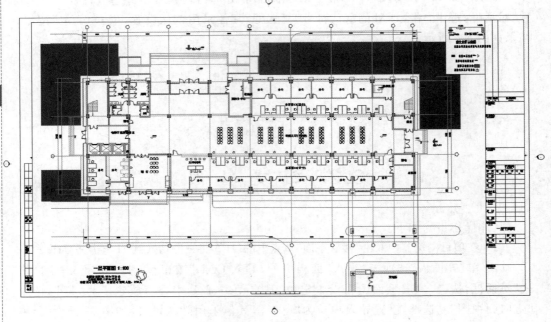

图 6-8　锁定图纸

（5）在"属性"选项板中选择"轴网 6.5mm 编号"类型，单击"编辑类型"按钮 ，打开"类型属性"对话框，选中"平面视图轴号端点 1（默认）"复选框，设置轴线末段颜色为"红色"，其他采用默认设置，如图 6-9 所示，单击"确定"按钮。

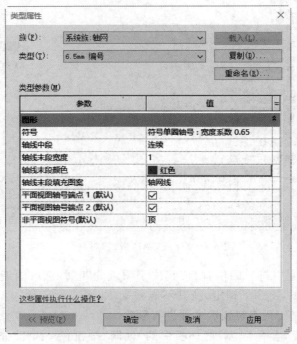

图 6-9　"类型属性"对话框

（6）在绘图区中拾取 CAD 图纸中的所有轴线，然后更改编号，调整轴线的长度，隐藏 1/7 轴线的上端轴号，暂时将 CAD 图纸隐藏，查看轴网如图 6-10 所示。

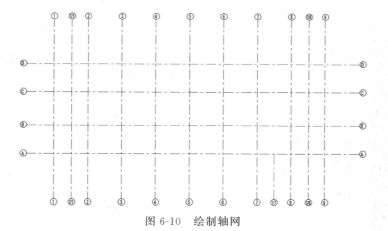

图 6-10　绘制轴网

（7）选取 1/7 轴线，打开"修改|轴网"选项卡，单击"基准"面板中的"影响范围"按钮 ，打开"影响基准范围"对话框，选取所有的天花板投影平面和楼层平面，如图 6-11 所示。单击"确定"按钮，其他楼层平面和天花板投影平面的 1/7 轴线会随之更改。

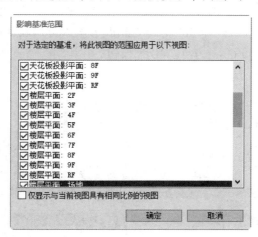

图 6-11　"影响基准范围"对话框

6.3　创　建　柱

具体操作步骤如下。

（1）单击"建筑"选项卡"构建"面板"柱" 下拉列表框中的"结构柱"按钮 ，打开"修改|放置 结构柱"选项卡和选项栏。

（2）单击"模式"面板中的"载入族"按钮 ，打开"载入族"对话框，选择 China→"结构"→"柱"→"混凝土"文件夹中的"混凝土-矩形-柱.rfa"族文件，如图 6-12 所示，单

6-3

Note

击"打开"按钮,载入"混凝土-矩形-柱.rfa"族文件。

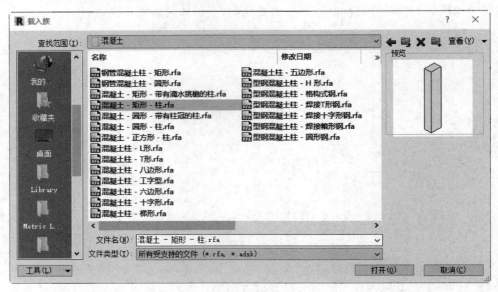

图 6-12 "载入族"对话框

（3）在"属性"选项板中选择"矩形柱 600×750mm"类型,单击"编辑类型"按钮，打开"类型属性"对话框,单击"复制"按钮,新建"800×800mm"类型,更改 b 为 800,h 为 800,如图 6-13 所示。单击"确定"按钮。

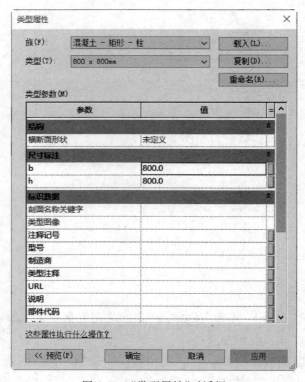

图 6-13 "类型属性"对话框

（4）在选项栏中设置为高度：2F，根据 CAD 图纸放置 800×800 mm 的矩形柱，如图 6-14 所示。

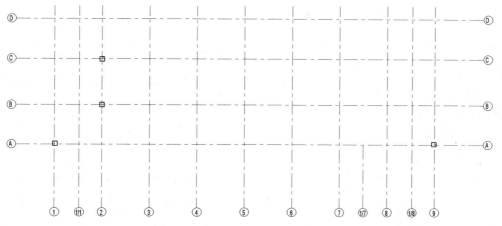

图 6-14　布置 800×800 mm 的矩形柱

（5）在"属性"选项板中单击"编辑类型"按钮，打开"类型属性"对话框，单击"复制"按钮，新建"600×800 mm"类型，更改 b 为 600，h 为 800，单击"确定"按钮。

（6）在选项栏中设置为高度：2F，根据 CAD 图纸放置 600×800 mm 的矩形柱，如图 6-15 所示。

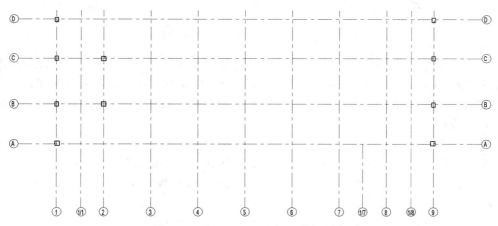

图 6-15　布置 600×800 mm 的矩形柱

（7）在"属性"选项板中单击"编辑类型"按钮，打开"类型属性"对话框，单击"复制"按钮，新建"700×700 mm"类型，更改 b 为 700，h 为 700，单击"确定"按钮。

（8）在选项栏中设置为高度：2F，根据 CAD 图纸放置 700×700 mm 的矩形柱，如图 6-16 所示。

（9）在"属性"选项板中单击"编辑类型"按钮，打开"类型属性"对话框，单击"复制"按钮，新建"600×600 mm"类型，更改 b 为 600，h 为 600，单击"确定"按钮。

（10）在选项栏中设置为高度：2F，根据 CAD 图纸放置 600×600 mm 的矩形柱，如图 6-17 所示。

Note

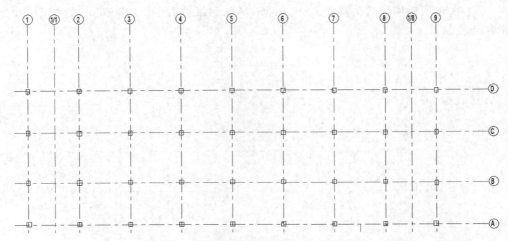

图 6-16　布置 700×700mm 的矩形柱

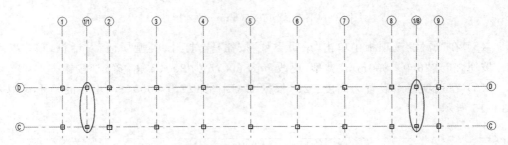

图 6-17　布置 600×600mm 的矩形柱

（11）在"属性"选项板中单击"编辑类型"按钮，打开"类型属性"对话框，单击"复制"按钮，新建"500×500mm"类型，更改 b 为 500，h 为 500，单击"确定"按钮。

（12）在选项栏中设置为高度：2F，根据 CAD 图纸放置 500×500mm 的矩形柱，如图 6-18 所示。

（13）在"属性"选项板中单击"编辑类型"按钮，打开"类型属性"对话框，单击"复制"按钮，新建"400×400mm"类型，更改 b 为 400，h 为 400，单击"确定"按钮。

（14）在选项栏中设置为高度：2F，根据 CAD 图纸放置 400×400mm 的矩形柱，如图 6-19 所示。

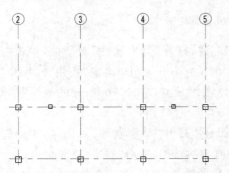

图 6-18　布置 500×500mm 的矩形柱

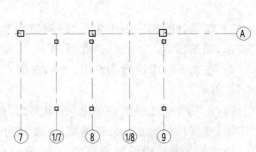

图 6-19　布置 400×400mm 的矩形柱

6.4 创 建 墙

具体操作步骤如下。

（1）单击"建筑"选项卡"构建"面板中的"墙"按钮 ，在"属性"选项板中选择"基本墙 常规－200mm"类型，单击"编辑类型"按钮 ，打开"类型属性"对话框。单击"结构"栏中的"编辑"按钮，打开"编辑部件"对话框。单击"结构"栏"材质"列表中的按钮 ，打开"材质浏览器"对话框，选取"混凝土-现场浇注混凝土"材质，选中"使用渲染外观"复选框，如图 6-20 所示。连续单击"确定"按钮，返回到"类型属性"对话框。

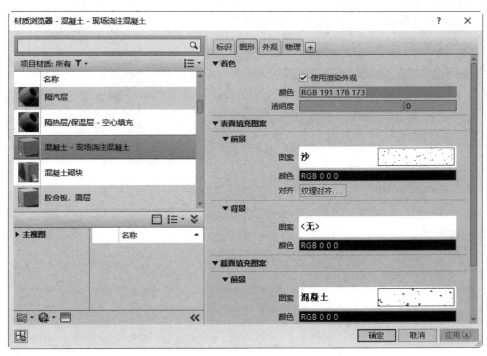

图 6-20 "材质浏览器"对话框

（2）在"功能"下拉列表框中选择"外部"，其他采用默认设置，如图 6-21 所示，单击"确定"按钮。

（3）在"属性"选项板中设置定位线为"面层面：外部"，底部约束为"1F"，顶部约束为"直到标高：2F"，其他采用默认设置，如图 6-22 所示。

（4）根据 CAD 图纸中的墙体轮廓绘制 200mm 厚墙体部分，如图 6-23 所示。

（5）重复"墙体"命令，在"属性"选项板中选择"基本墙 常规－200mm 混凝土"类型，单击"编辑类型"按钮 ，打开"类型属性"对话框，新建"常规－100mm"类型。单击"结构"栏中的"编辑"按钮，打开"编辑部件"对话框，设置结构的厚度为 100，连续单击"确定"按钮，绘制 100mm 厚的隔墙，如图 6-24 所示。

图 6-21 "类型属性"对话框（一）

图 6-22 "属性"选项板

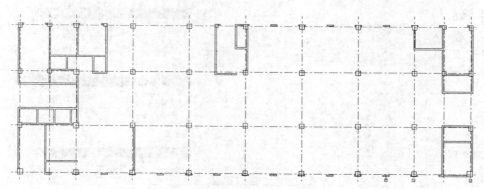

图 6-23 绘制 200mm 厚墙体

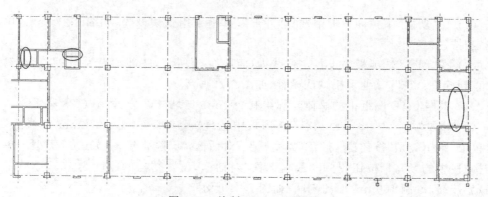

图 6-24 绘制 100mm 厚隔墙

（6）重复"墙体"命令，在"属性"选项板中单击"编辑类型"按钮 ，打开"类型属性"对话框，新建"常规－600mm"类型。单击"结构"栏中的"编辑"按钮，打开"编辑部件"对话框，设置结构的厚度为600，连续单击"确定"按钮。

（7）在"属性"选项板中设置定位线为"面层面：外部"，顶部约束为"未连接"，无连接的高度为1200，根据CAD图纸绘制600mm厚的隔墙，如图6-25所示。

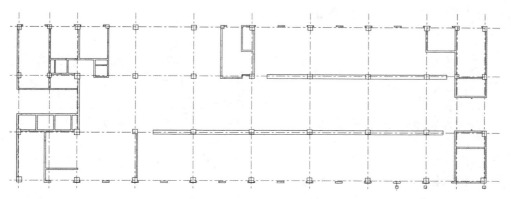

图 6-25　绘制 600mm 厚隔墙

（8）在项目浏览器的"族"→"幕墙竖梃"→"矩形竖梃"节点下双击"50×150mm"选项，打开"类型属性"对话框，新建"100×200mm"类型，设置厚度为"200"，边 2 上的宽度和边 1 上的宽度为"50"，其他采用默认设置，如图 6-26 所示，单击"确定"按钮。

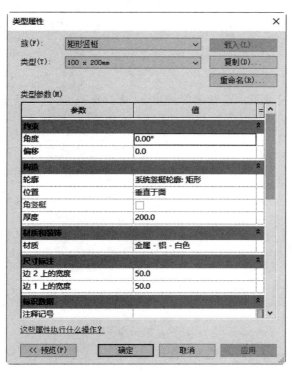

图 6-26　"类型属性"对话框（二）

（9）单击"建筑"选项卡"构建"面板中的"墙"按钮 ，在"属性"选项板中选择"幕墙 店面"类型，单击"编辑类型"按钮 ，打开"类型属性"对话框。设置幕墙嵌板为"系统嵌板：玻璃"，垂直网格的布局为"固定距离"，间距为"800"，水平网格的布局为"固定距离"，间距为"1100"，垂直竖梃的内部类型、边界 1 类型、边界 2 类型都为"矩形竖梃：100×200mm"，水平竖梃的内部类型、边界 1 类型、边界 2 类型都为矩形"竖梃：50×150mm"，其他采用默认设置，如图 6-27 所示，单击"确定"按钮。

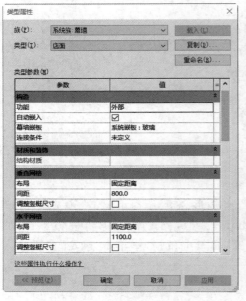

(a) (b)

图 6-27 "类型属性"对话框（三）

（10）在"属性"选项板中设置顶部约束为"直到标高 2F"，根据 CAD 图纸绘制外幕墙，如图 6-28 所示。

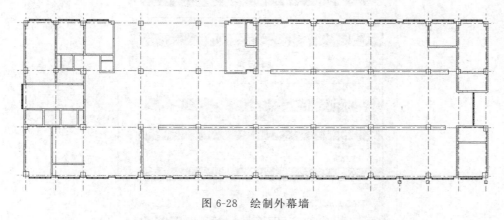

图 6-28 绘制外幕墙

（11）在项目浏览器的"族"→"幕墙竖梃"→"矩形竖梃"节点下双击"30mm 正方形"选项，打开"类型属性"对话框，新建"50mm 正方形"类型，设置厚度为"50"，边 2 上的宽度和边 1 上的宽度为"25"，其他采用默认设置，如图 6-29 所示，单击"确定"按钮。

图 6-29　"类型属性"对话框(四)

(12) 单击"建筑"选项卡"构建"面板中的"墙"按钮 ，在"属性"选项板中选择"幕墙 幕墙"类型，单击"编辑类型"按钮 ，打开"类型属性"对话框。设置垂直网格的布局为"固定距离"，间距为"900"，水平网格的布局为"固定距离"，间距为"1600"，垂直/水平竖梃的内部类型为"无"，边界 1 类型和边界 2 类型为"矩形竖梃：50mm 正方形"，其他采用默认设置，如图 6-30 所示，单击"确定"按钮。

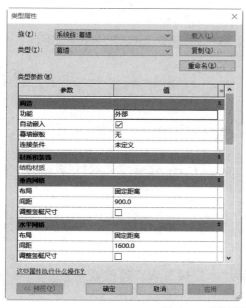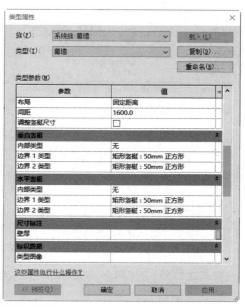

图 6-30　"类型属性"对话框(五)

（13）在"属性"选项板中设置顶部约束为"直到标高 2F"，根据 CAD 图纸绘制玻璃墙，如图 6-31 所示。

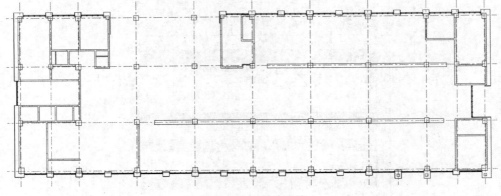

图 6-31　绘制玻璃墙

（14）单击"建筑"选项卡"构建"面板中的"墙"按钮 ，在"属性"选项板中选择"幕墙 店面"类型，单击"编辑类型"按钮 ，打开"类型属性"对话框。新建"内幕墙 200mm"类型，设置幕墙嵌板为"系统嵌板：玻璃"，垂直网格的布局为"固定距离"，间距为"1000"，水平网格的布局为"固定距离"，间距为"1100"，垂直竖梃、水平竖梃的内部类型为"无"，边界 1 类型、边界 2 类型都为"矩形竖梃：100×200mm"，其他采用默认设置，如图 6-32 所示，单击"确定"按钮。

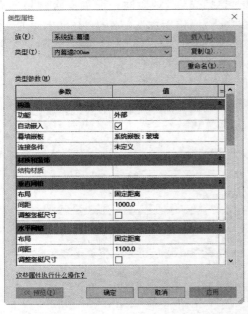

图 6-32　"类型属性"对话框（六）

（15）在"属性"选项板中设置顶部约束为"未连接"，无连接的高度为 3400，根据 CAD 图纸绘制内幕墙，如图 6-33 所示。

（16）在项目浏览器的"族"→"幕墙竖梃"→"矩形竖梃"节点下双击"50×150mm"

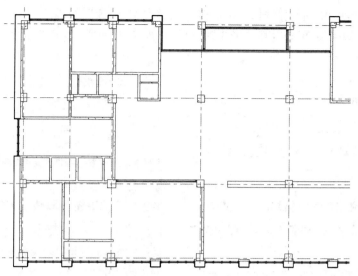

图 6-33　绘制 200mm 内幕墙

选项，打开"类型属性"对话框，新建"50×100mm"类型，设置厚度为"100"，其他采用默认设置，如图 6-34 所示，单击"确定"按钮。

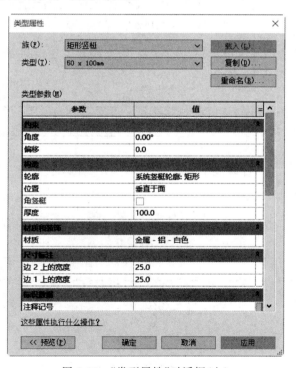

图 6-34　"类型属性"对话框（七）

（17）单击"建筑"选项卡"构建"面板中的"墙"按钮，在"属性"选项板中单击"编辑类型"按钮，打开"类型属性"对话框。新建"内幕墙 100mm"类型，设置幕墙嵌板为"系统嵌板：玻璃"，垂直网格的布局为"固定距离"，间距为"1000"，水平网格的布局为"固定距离",间距为"2000",垂直竖梃、水平竖梃的内部类型为"无",边界 1 类型、边界 2 类型都为"矩形竖梃:50×100mm",其他采用默认设置,如图 6-35 所示,单击"确定"按钮。

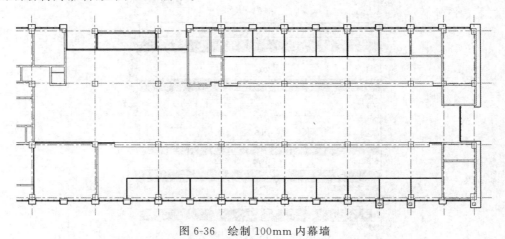

图 6-35 "类型属性"对话框(八)

(18)在"属性"选项板中设置顶部约束为"未连接",无连接高度为 2000,根据 CAD 图纸绘制内幕墙,如图 6-36 所示。

图 6-36 绘制 100mm 内幕墙

6.5 布置门和窗

具体操作步骤如下。

(1)单击"建筑"选项卡"构建"面板中的"门"按钮,打开"修改|放置 门"选项卡。

（2）单击"模式"面板中的"载入族"按钮 ，打开"载入族"对话框，选择 China→"建筑"→"门"→"普通门"→"平开门"→"单扇"文件夹中的"单嵌板木门 20.rfa"族文件，如图 6-37 所示，单击"打开"按钮，载入族文件。

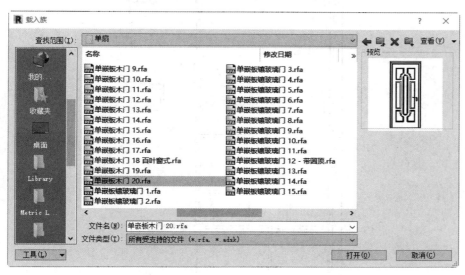

图 6-37 "载入族"对话框（一）

（3）在"属性"选项板中单击"编辑类型"按钮 ，打开"类型属性"对话框，新建"1000×2200mm"类型，更改高度为 2200，宽度为 1000，其他采用默认设置，如图 6-38 所示，单击"确定"按钮。

图 6-38 "类型属性"对话框（一）

（4）根据 CAD 图纸，在如图 6-39 所示的位置放置"1000×2200mm"类型单扇门。

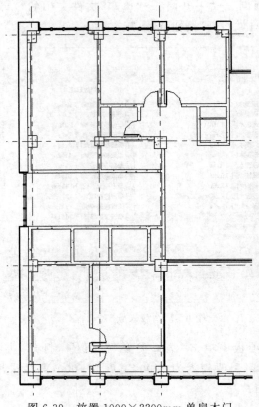

图 6-39　放置 1000×2200mm 单扇木门

（5）在"属性"选项板中单击"编辑类型"按钮 ▦，打开"类型属性"对话框，新建"900×2200mm"类型，更改宽度为 900，其他采用默认设置，单击"确定"按钮。根据 CAD 图纸，在如图 6-40 所示的位置放置 900×2200mm 类型单扇门。

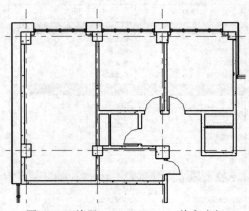

图 6-40　放置 900×2200mm 单扇木门

（6）重复"门"命令，单击"模式"面板中的"载入族"按钮 🔳，打开"载入族"对话框，选择 China→"建筑"→"门"→"普通门"→"平开门"→"双扇"文件夹中的"双面嵌板格栅门 1. rfa"族文件,如图 6-41 所示,单击"打开"按钮,载入族文件。

图 6-41　"载入族"对话框(二)

(7) 在"属性"选项板中选取"双面嵌板格栅门 1 1500×2100mm"类型,单击"编辑类型"按钮 ,打开"类型属性"对话框,新建"1500×2200mm"类型,更改高度为"2200",其他采用默认设置,如图 6-42 所示,单击"确定"按钮。

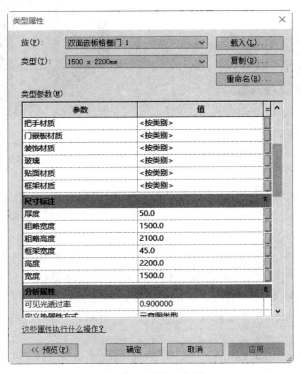

图 6-42　"类型属性"对话框(二)

（8）根据 CAD 图纸放置 1500×2200mm 双扇平开门。采用相同的方法，分别布置 1800×2200mm、1000×2200mm、800×2200mm 的双扇平开门，如图 6-43 所示。

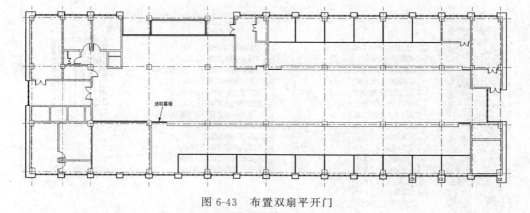

图 6-43　布置双扇平开门

（9）将视图切换至三维视图，选取图 6-43 所示的幕墙，单击控制栏中的"临时隐藏/隔离"按钮 ，打开如图 6-44 所示的下拉菜单，选择"隔离图元"选项，将幕墙隔离，如图 6-45 所示。

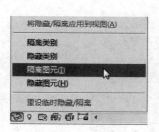

图 6-44　下拉菜单

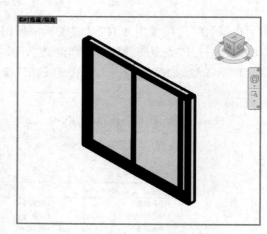

图 6-45　隔离幕墙

（10）单击"插入"选项卡"从库中载入"面板中的"载入族"按钮 ，打开"载入族"对话框，选择 China→"建筑"→"幕墙"→"门窗嵌板"文件夹中的"门嵌板_单开门 1.rfa"族文件，如图 6-46 所示，单击"打开"按钮，载入族文件。

（11）选取幕墙后右击，在打开的如图 6-47 所示的快捷菜单中选择"选择主体上的嵌板"选项。单击幕墙上最左侧嵌板上的"禁止或允许改变图元位置"图标 使之变成 ，然后选取幕墙上最左侧嵌板，如图 6-48 所示。

（12）在"属性"选项板中选择"门嵌板-单开门"类型，将嵌板替换为单开门，如图 6-49 所示。

（13）单击控制栏中的"临时隐藏/隔离"按钮 ，在打开的如图 6-50 所示的下拉菜单中选择"重设临时隐藏/隔离"选项，切换到 1F 楼层平面。

Note

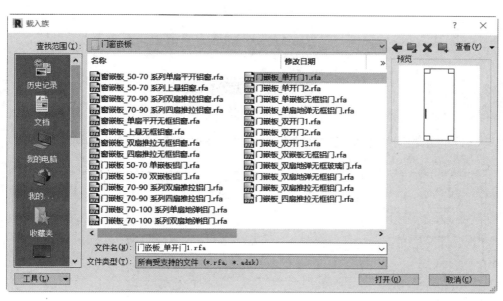

图 6-46 "载入族"对话框(三)

图 6-47 快捷菜单

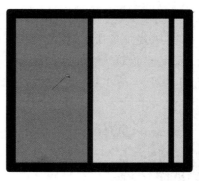

图 6-48 选取嵌板

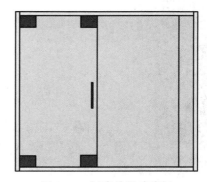

图 6-49 创建单开玻璃门

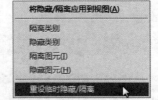

图 6-50 下拉菜单

（14）采用相同的方法，在其他幕墙上创建单开玻璃门，如图 6-51 所示。

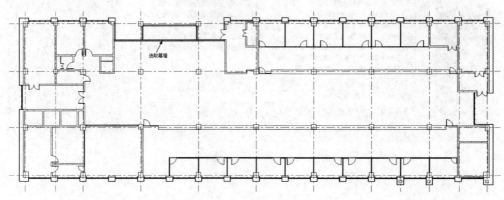

选取幕墙

图 6-51 布置单开玻璃门

（15）重复"门"命令，单击"模式"面板中的"载入族"按钮 ，打开"载入族"对话框，选择 China→"建筑"→"门"→"普通门"→"折叠门"文件夹中的"折叠门-4 块嵌板.rfa"族文件，如图 6-52 所示，单击"打开"按钮，载入族文件。

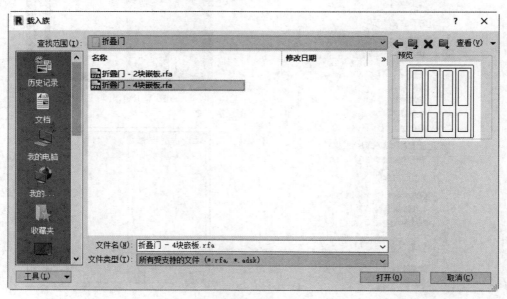

图 6-52 "载入族"对话框（四）

Note

（16）在"属性"选项板中单击"编辑类型"按钮 ，打开"类型属性"对话框，新建"1200×2200mm"类型，更改高度为 2200，其他采用默认设置，单击"确定"按钮。

（17）根据 CAD 图纸放置 1200×2200mm 折叠门，如图 6-53 所示。

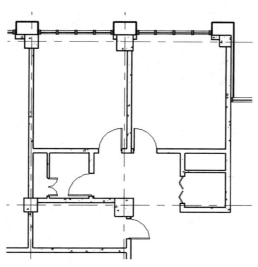

图 6-53 布置折叠门

（18）将视图切换至三维视图，选取图 6-51 所示的幕墙，单击控制栏中的"临时隐藏/隔离"按钮 ，在打开的下拉菜单中选择"隔离图元"选项，将幕墙隔离。

（19）单击"插入"选项卡"从库中载入"面板中的"载入族"按钮 ，打开"载入族"对话框，选择 China→"建筑"→"幕墙"→"门窗嵌板"文件夹中的"门嵌板_双开门3.rfa"族文件，单击"打开"按钮，载入族文件。

（20）选取幕墙上如图 6-54 所示的网格线，单击"修改|幕墙网格"选项卡"幕墙网格"面板中的"添加/删除线段"按钮 ，选取下端的网格线将其删除。采用相同的方法，删除水平网格线，如图 6-55 所示。

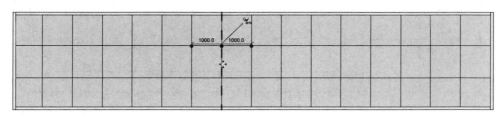

图 6-54 选取网格线

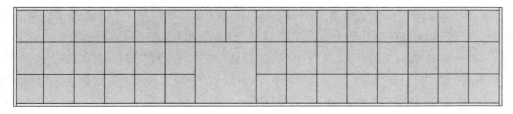

图 6-55 删除网格线

（21）选取幕墙后右击，在打开的快捷菜单中选择"选择主体上的嵌板"选项。单击删除网格线处嵌板上的"禁止或允许改变图元位置"图标 ![icon]，使之变成 ![icon]，然后选取嵌板，如图6-56所示。

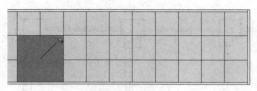

图6-56　选取嵌板

（22）在"属性"选项板中选择"门嵌板-双开门3"类型，将嵌板替换为双开门。采用相同的方法，创建另一个双开门，如图6-57所示。

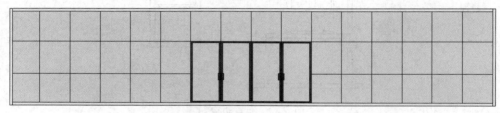

图6-57　创建双开玻璃门

（23）单击控制栏中的"临时隐藏/隔离"按钮 ![icon]，在打开的下拉菜单中选择"重设临时隐藏/隔离"选项，切换到1F楼层平面。

（24）采用相同的方法，在其他幕墙上创建双开玻璃门，如图6-58所示。

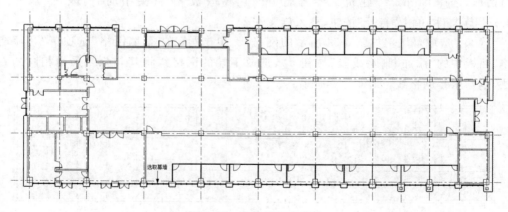

图6-58　布置双开玻璃门

（25）将视图切换至三维视图，选取图6-58所示的幕墙，单击控制栏中的"临时隐藏/隔离"按钮 ![icon]，在打开的下拉菜单中选择"隔离图元"选项，将幕墙隔离。

（26）单击"插入"选项卡"从库中载入"面板中的"载入族"按钮 ![icon]，打开"载入族"对话框，选择China→"建筑"→"幕墙"→"门窗嵌板"文件夹中的"窗嵌板_上悬无框铝窗.rfa"族文件，单击"打开"按钮，载入族文件。

（27）选取幕墙后右击，在打开的快捷菜单中选择"选择主体上的嵌板"选项。单击删除网格线处嵌板上的"禁止或允许改变图元位置"图标 使之变成 ，然后选取嵌板，如图 6-59 所示。

（28）在"属性"选项板中选择"窗嵌板_上悬无框铝窗"类型，将嵌板替换为窗户。采用相同的方法，创建另一个上悬窗，如图 6-60 所示。

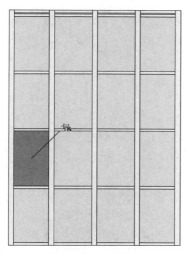

图 6-59　选取嵌板

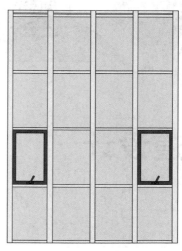

图 6-60　创建窗户

（29）单击控制栏中的"临时隐藏/隔离"按钮 ，在打开的下拉菜单中选择"重设临时隐藏/隔离"选项，切换到 1F 楼层平面。采用相同的方法，在幕墙上布置上悬无框铝窗。

读者可以根据源文件中的 CAD 图纸绘制其他楼层的建筑模型，这里不再一一介绍绘制过程。

第7章

管道设计

知识导引

　　管道设计属于 MEP 中的一部分,通过在项目中放置机械构件,并指定管道附件、管件,然后绘制管道来创建管道系统。

7.1　管道参数设置

　　单击"系统"选项卡 HVAC 面板中的"机械设置"按钮 ↘ ,或单击"管理"选项卡"设置"面板"MEP 设置"下拉列表框中的"机械设置"按钮 ,打开"机械设置"对话框的"管道设置"选项,如图 7-1 所示。可以指定将应用于所有的管道、卫浴和消防等系统的设置。

　　"机械设置"对话框中的"管道设置"选项说明如下。

➢ 为单线管件使用注释比例:指定是否按照"风管管件注释尺寸"参数所指定的尺寸绘制风管管件。修改该设置并不会改变已在项目中放置的构件的打印尺寸。

➢ 管件注释尺寸:指定在单线视图中绘制的管件和附件的打印尺寸。无论图纸比例为多少,该尺寸始终保持不变。

➢ 管道尺寸前缀:指定管道尺寸之前的符号。

➢ 管道尺寸后缀:指定管道尺寸之后的符号。

➢ 管道连接件分隔符:指定当使用两个不同尺寸的连接件时,用来分隔信息的符号。

➢ 管道连接件允差:指定管道连接件可以偏离指定的匹配角度的度数。默认设置为 5°。

图 7-1 "机械设置"对话框

➢ 管道升/降注释尺寸：指定在单线视图中绘制的升/降注释的打印尺寸。无论图纸比例为多少，该尺寸始终保持不变。

➢ 顶部偏平/底部偏平/从顶部设置向上/从顶部设置向下/从底部设置向上/从底部设置向下/中心线：指定部分管件标记中所用的符号，以指示此管件在平面中的偏向及偏移量。

7.1.1 角度设置

在图 7-1 所示的"机械设置"对话框的"管道设置"下方单击"角度"，右侧面板将显示用于指定管件角度的选项，如图 7-2 所示。在添加或修改管道时，Revit 会用到这些角度。

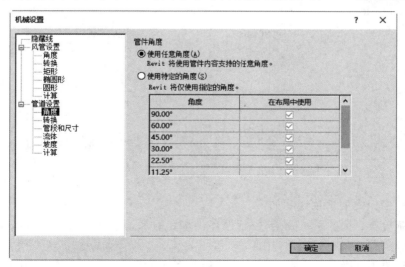

图 7-2 角度设置

"角度"面板中的选项说明如下。

> 使用任意角度：选择此选项，添加或修改管道到任意角度，如图 7-3 所示。
> 使用特定的角度：选择此选项，在列表中指定角度上绘制管道，如图 7-4 所示。

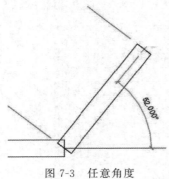

图 7-3　任意角度

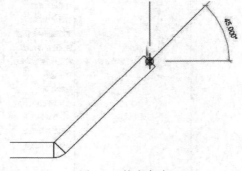

图 7-4　特定角度

7.1.2　转换设置

在图 7-1 所示的"机械设置"对话框的"管道设置"下方单击"转换"，显示转换面板，用于指定"干管"和"支管"系统的布局解决方案使用的参数，如图 7-5 所示。

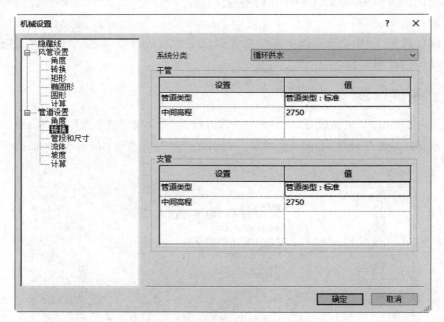

图 7-5　转换设置

"转换"面板中的选项说明如下。

> 系统分类：选择系统分类，包括循环供水和回水、卫生设备、家用热水和冷水、消防和其他系统。
> 管道类型：指定选定系统类别要使用的管道类型。

➤ 中间高程：指定当前标高之上的管道高度。可以输入偏移值或从建议偏移值列表中选择值。

7.1.3 管段和尺寸设置

在图 7-1 所示的"机械设置"对话框的"管道设置"下方单击"管段和尺寸"，显示管段和尺寸面板，用于指定"干管"和"支管"系统使用的参数，如图 7-6 所示。

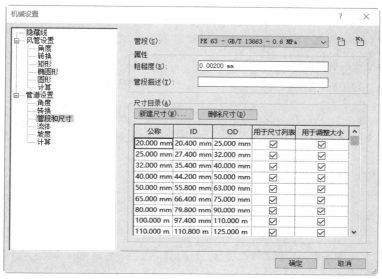

图 7-6 管段和尺寸设置

"管段和尺寸"面板中的选项说明如下。

➤ 管段：在下拉列表框中显示系统中已存在的所有管段。

• "删除管段"按钮 ：单击此按钮，删除当前的管段。如果某个管段正在项目中使用或者选定的管段是项目中指定的唯一管段，则无法删除该管段。

• "新建管段"按钮 ：单击此按钮，打开如图 7-7 所示的"新建管段"对话框，新管段需要一个新的材质、新的规格/类型或者同时提供这两者。当创建材质时，单击 ... 按钮，打开"材质浏览器"对话框，选择材质；当创建规格/类型时，输入规格/类型；管段名称基于材质和规格/类型的信息生成。

➤ 属性：设置管段的属性，包括粗糙度和管段描述。

• 粗糙度：表示管段沿程损失的水力计算。

• 管段描述：在文本框中输入管段描述信息。

➤ 尺寸目录：尺寸目录将列出选定管道的尺寸。无法在此表中编辑"管道尺寸"信息，可以添加和删除管道尺寸，但不能编辑现有管道尺寸的属性。要修改现有尺寸的设置，必须替换该现有管道(删除原始管道尺寸，然后添加具有所需设置的管道尺寸)。

• 新建尺寸：单击此按钮，打开如图 7-8 所示的"添加管道尺寸"对话框，输入公称直径、内径和外径值指定新的管道尺寸，单击"确定"按钮，新添加的管道尺寸则显示在尺寸列表中。

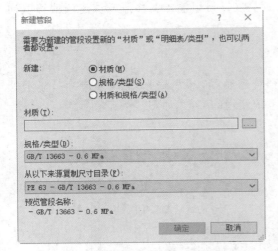

图 7-7　"新建管段"对话框

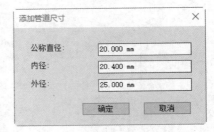

图 7-8　"添加管道尺寸"对话框

- 删除尺寸：单击此按钮，删除选择的管道尺寸。
- 用于尺寸列表：在整个 Revit 的各列表中显示所选尺寸。取消选中对应的尺寸复选框，该尺寸将不在列表中出现。
- 用于调整大小：通过 Revit 尺寸调整算法，基于计算的系统流量来确定管道尺寸。取消选中对应的尺寸复选框，该尺寸将不能用于调整大小的算法。

7.1.4　流体设置

在图 7-1 所示的"机械设置"对话框的"管道设置"下方单击"流体"，打开流体面板，显示项目中可用的流体表，如图 7-9 所示。

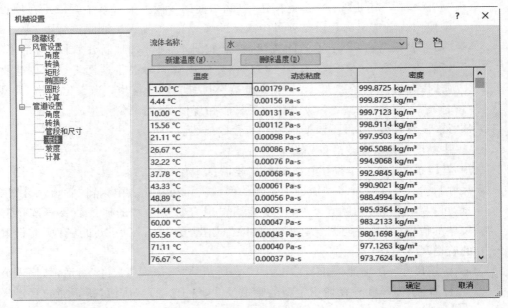

图 7-9　流体设置

"流体"面板中的选项说明如下。

➤ 流体名称：在下拉列表框中显示系统中已存在的流体。流体会根据选取的流体名称在列表中分组显示。

➤ "添加流体"按钮 ：单击此按钮，打开如图 7-10 所示的"新建流体"对话框，输入新流体名称，流体名称在项目中必须是唯一的。

➤ "删除流体"按钮 ：在"流体名称"下拉列表框中选择一种流体，单击此按钮，流体即从项目中删除。如果该流体正在项目中使用或者是项目中指定的唯一流体，则无法删除该流体。

➤ 新建温度：单击此按钮，打开如图 7-11 所示的"新建温度"对话框，为新温度指定温度、粘度和密度，单击"确定"按钮，新温度将添加到所选流体中。对于选定的流体类型，温度必须是唯一的。

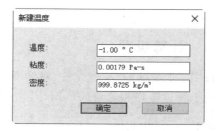

图 7-10 "新建流体"对话框　　　　图 7-11 "新建温度"对话框

➤ 删除温度：在列表中选择一个温度，单击此按钮，将从选定的流体类型中删除此温度。

7.1.5 坡度设置

在图 7-1 所示的"机械设置"对话框的"管道设置"下方单击"坡度"，打开坡度面板，显示项目中可用的坡度值表，如图 7-12 所示。

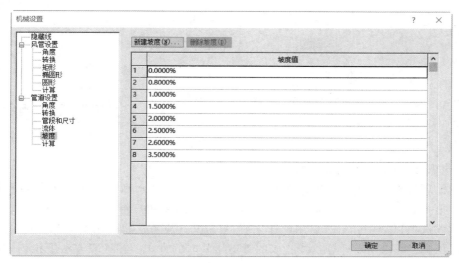

图 7-12 坡度设置

"坡度"面板中的选项说明如下。

➢ 新建坡度：单击此按钮，打开如图 7-13 所示的"新建坡度"对话框，输入坡度值，单击"确定"按钮，新添加的坡度值将添加到列表中。如果输入的坡度值大于 45°，则会显示一个警告。

➢ 删除坡度：在列表中选择一个坡度，单击此按钮，打开如图 7-14 所示的提示对话框。单击"是"按钮，坡度值即从项目中删除。默认的 0 坡度值不能删除。

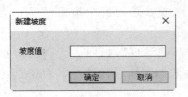

图 7-13　"新建坡度"对话框

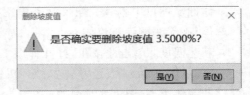

图 7-14　提示对话框

7.1.6　计算设置

在图 7-1 所示的"机械设置"对话框的"管道设置"下方单击"计算"，打开计算面板，显示用于管道压降和流量的可用计算方法列表，如图 7-15 所示。

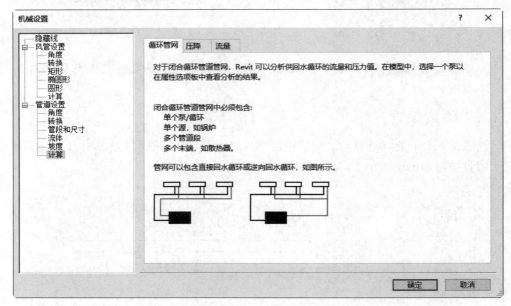

图 7-15　计算设置

"计算"面板中的选项说明如下。

➢ 循环管网：对于闭合循环管网，Revit 可以分析供水和回水循环的流量和压降值。启用此选项以在后台进程中执行分析，以便用户继续在模型中工作。清除该选项以禁用分析。启用此选项后，自定义计算方法将使用 Colebrook 公式。

➢ 压降：可以指定计算直线管段的管道压降时的方法。在计算方法下拉列表框中选择计算方法后，计算方法的详细信息将显示在格式文本字段。

> 流量：可以指定当卫浴装置单位转换到流量时要使用的计算方法。

7.2　绘　制　管　道

7.2.1　管道布管系统配置

单击"系统"选项卡"卫浴和管道"面板中的"管道"按钮，在"属性"选项板中单击"编辑类型"按钮，打开如图 7-16 所示的"类型属性"对话框，单击"布管系统配置"栏中的"编辑"按钮，打开如图 7-17 所示的"布管系统配置"对话框。

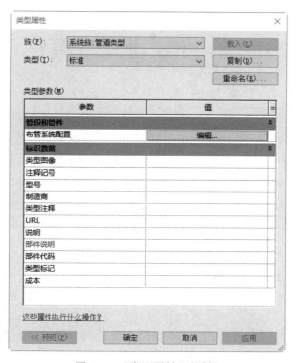

图 7-16　"类型属性"对话框

一个布管系统配置中可以添加多个管段。各个零件类型的部分可以添加多个管件（弯头、连接、四通、过渡件、活接头、管帽等）。

"布管系统配置"对话框中的选项说明如下。

> 管段和尺寸：单击此按钮，打开"机械设置"对话框的"管段和尺寸"面板，添加或删除管段、修改其属性，或者添加或删除可用的尺寸。
> 载入族：单击此按钮，打开"载入族"对话框，选取需要的管件，将其载入当前项目中。
> "向上移动行"按钮 /"向下移动行"按钮 ：选取行，单击此按钮，调整行的位置。
> "添加行"按钮 ：选取行，单击此按钮，在选取行下方生成新行。
> "删除行"按钮 ：选取行，单击此按钮，删除选取的行。

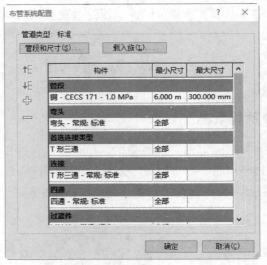

图 7-17　"布管系统配置"对话框

7.2.2　绘制水平管道

（1）单击"系统"选项卡"卫浴和管道"面板中的"管道"按钮 ，打开"修改|放置 管道"选项卡和选项栏，如图 7-18 所示。

图 7-18　"修改|放置 管道"选项卡和选项栏

"修改|放置 管道"选项卡和选项栏中的选项说明如下。

➤ "对正"按钮 ：单击此按钮，打开"对正设置"对话框，设置水平和垂直方向的对正和偏移。

➤ "自动连接"按钮 ：在开始或结束风管管段时，可以自动连接构件。该选项对于连接不同高程的管段非常有用。但是，当沿着与另一条风管相同的路径以不同偏移量绘制风管时，应取消"自动连接"，以避免生成意外连接。

➤ "继承高程"按钮 ：继承捕捉到的图元的高程。

➤ "继承大小"按钮 ：继承捕捉到的图元的大小。

➤ "添加垂直"按钮 ：使用当前坡度值来倾斜管道连接。

➤ "更改坡度"按钮 ：不考虑坡度值来倾斜管道连接。

➤ "禁用坡度"按钮 ：绘制不带坡度的管道。

➤ "向上坡度"按钮 ：绘制向上倾斜的管道。

➤ "向下坡度"按钮 ：绘制向下倾斜的管道。

➤ 坡度值：指定绘制倾斜管道时的坡度值。

➤ "显示坡度工具提示"按钮 ：在绘制倾斜管道时显示坡度信息。

➤ 直径：指定管道的直径。

➤ 中间高程：指定管道相对于当前标高的垂直高程。

➤ "锁定/解锁指定高程"按钮 ［锁定］/［解锁］：锁定后，管段会始终保持原高程，不能连接处于不同高程的管段。

（2）在"属性"选项板中选择所需的管道类型，默认只有"管道类型 标准"，或者选择所需的系统类型。

（3）在选项栏的"直径"下拉列表框中选择管道尺寸，也可以直接输入所需的尺寸，这里设置直径为150。

（4）在选项栏或"属性"选项板中输入中间高程，这里采用默认的中间高程。

（5）在"属性"选项板中设置水平对正和竖直对正，如图7-19所示；也可以在"对正设置"对话框中设置水平和垂直方向的对正和偏移。

（6）在绘图区域中适当位置单击指定管道的起点，移动鼠标到适当位置单击确定管道的终点，完成一段管道的绘制，如图7-20所示。完成后，按 Esc 键退出管道绘制。

图 7-19 "属性"选项板

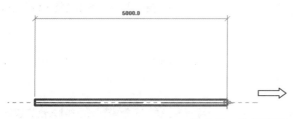

图 7-20 绘制管道

7.2.3 绘制垂直管道

（1）单击"系统"选项卡"卫浴和管道"面板中的"管道"按钮 ，在选项栏中输入管道的管径为 150mm 和中间高程值 2750mm，绘制一段管道。

（2）在选项栏中输入中间高程值为 0（只要中间高程值与步骤（1）中的高程值不一样即可），单击"应用"按钮 应用，在变高程的地方自动生成一段立管，如图7-21所示。

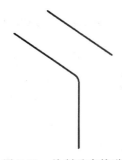

图 7-21 绘制垂直管道

7.2.4 绘制倾斜管道

（1）单击"系统"选项卡"卫浴和管道"面板中的"管道"按钮 ，在选项卡中单击"向上坡度"按钮 和"显示坡度工具提示"按钮 ，在"坡度值"下拉列表框中选择坡度值为 1.5000%，如图7-22所示。

（2）在绘图区域中适当位置单击指定管道的起点，移动鼠标到适当位置单击确定管道的终点，绘制一段倾斜的管道并显示管道信息，如图7-23所示。

图 7-22　选项卡设置

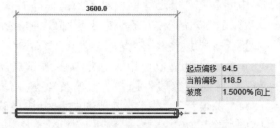

图 7-23　绘制倾斜管道

（3）选取上步绘制的倾斜管道,管道上显示端点高程和坡度值,如图 7-24 所示。

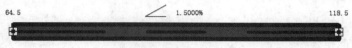

图 7-24　选取倾斜管道

（4）单击管道任意一端的高程,输入大于或小于初始值的值作为偏移,然后按 Enter 键,坡度值根据输入的高程进行更改,如图 7-25 所示。

图 7-25　更改高程

（5）单击管道上的坡度值,输入新坡度值,然后按 Enter 键,坡度值发生变化时,参照端点仍然保持其当前高程不变,如图 7-26 所示。

图 7-26　更改坡度

（6）参照端点一般为绘制原始管道时使用的起点。单击"切换参照端点"按钮 ,以切换坡度的参照端点,如图 7-27 所示。

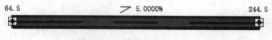

图 7-27　切换参照端点

7.2.5　绘制平行管道

可以向包含管道和弯头的现有管道管路中添加平行管道。

（1）单击"系统"选项卡"卫浴和管道"面板中的"平行管道"按钮 ,打开"修改|放置平行管道"选项卡,如图 7-28 所示。

（2）在选项卡中输入水平数为 4,水平偏移为 400,其他采用默认设置。

（3）在绘图区域中,将光标移动到现有管道以高亮显示一段管段。将光标移动到现有管道的任一侧时,将显示平行管道的轮廓,如图 7-29 所示。

（4）按 Tab 键选取整个管道管路。

（5）单击放置平行管道,如图 7-30 所示,按 Esc 键退出平行管道的绘制。

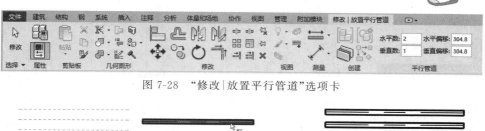

图 7-28　"修改|放置平行管道"选项卡

图 7-29　显示平行管道　　　　　　　图 7-30　平行管道

7.2.6　绘制软管

（1）单击"系统"选项卡"卫浴和管道"面板中的"软管"按钮 ，打开"修改|放置 软管"选项卡和选项栏，如图 7-31 所示。

图 7-31　"修改|放置 软管"选项卡和选项栏

（2）在"属性"选项板中选择所需的风管类型，默认的为圆形软管，设置软管样式，如图 7-32 所示。

系统提供了 8 种软管样式，包括单线、圆形、椭圆形、软管、软管 2、曲线、单线 45 和未定义，如图 7-33 所示。通过选取不同的样式，可以改变软管在平面视图中的显示。

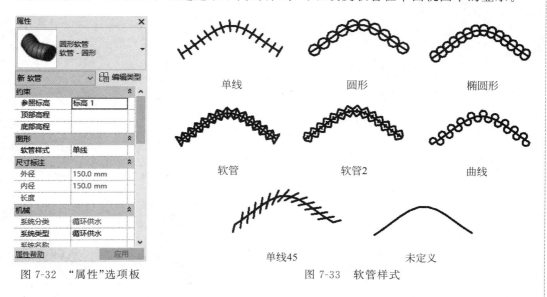

图 7-32　"属性"选项板　　　　　图 7-33　软管样式

（3）在选项栏中输入直径和中间高程。

（4）在绘图区域中适当位置单击指定软管的起点，沿着希望软管经过的路径拖曳管道端点,单击管道弯曲所在位置的各个点,最后指定管道的端点,如图 7-34 所示。完成后,按 Esc 键退出软管的绘制。

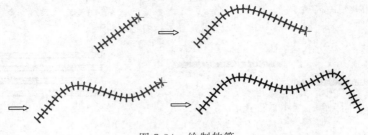

图 7-34　绘制软管

（5）选取软管,软管上显示控制柄,如图 7-35 所示,使用顶点、修改切点和连接件控制柄来调整软风管的布线。

① 顶点:沿着软管的走向分布,可以用它来修改软管弯曲位置处的点。

② 修改切点:出现在软管的起点和终点处,可以用它来调整首个和最后一个弯曲处的切点。

图 7-35　控制柄

③ 连接件:出现在软管的两端点,可以用它来重新定位软管的端点。可以通过它将软管连接到另一个构件,或断开软管与另一个构件的连接。

（6）在软管管段上右击,打开如图 7-36 所示的快捷菜单,然后单击"插入顶点"选项,根据需要添加顶点,如图 7-37 所示。

图 7-36　快捷菜单

图 7-37　插入顶点

（7）拖曳顶点，调整软管的布线，如图7-38所示。在软管管段上右击，打开如图7-36所示的快捷菜单，单击"删除顶点"选项，在软管上单击要删除的顶点，结果如图7-39所示。

图7-38 调整软管 图7-39 删除顶点

7.3 管 件

水管的三通、四通、弯头等都属于管件。

7.3.1 自动添加管件

1. 绘制弯头

单击"系统"选项卡"卫浴和管道"面板中的"管道"按钮 ，在绘制管道时直接改变方向，在改变方向的地方会自动生成弯头，如图7-40所示。

图7-40 生成弯头

2. 绘制管道三通

（1）单击"系统"选项卡"卫浴和管道"面板中的"管道"按钮 ，在选项栏中输入直径和中间高程值，绘制一段主管道。

（2）在选项栏中输入支管的管径和中间高程值，移动光标到主管道合适位置的中心处，单击确定支管的起点，移动光标到适当位置单击确定支管的终点，在主管和支管的连接处会自动生成三通，如图7-41所示。

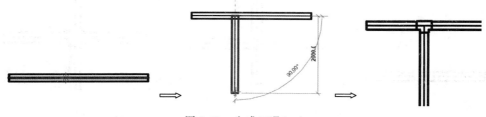

图7-41 生成三通（一）

（3）也可以在选项栏中输入支管的管径和中间高程值，先在支管的终点处单击，再拖到鼠标至与之相交的管道中心线处单击生成三通，如图 7-42 所示。

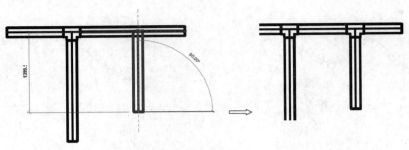

图 7-42　生成三通（二）

3. 绘制管道四通

方法一：

（1）绘制完三通后，选择三通，单击三通处的"四通"图标 ✚，三通变成四通。

（2）单击"系统"选项卡"卫浴和管道"面板中的"管道"按钮，移动光标到四通的连接处，捕捉四通的端点为管道起点，移动光标到适当位置单击确定终点，完成管道的绘制，如图 7-43 所示。

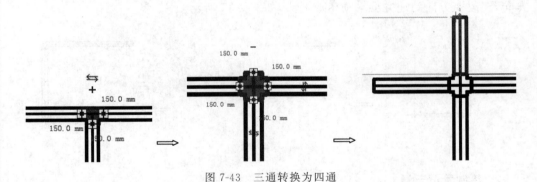

图 7-43　三通转换为四通

方法二：

单击"系统"选项卡"卫浴和管道"面板中的"管道"按钮，先绘制一根管道，然后再绘制另一根管道与之相交，注意两根管道的中间高程一致，第二根管道横贯第一根管道，可以自动生成四通，如图 7-44 所示。

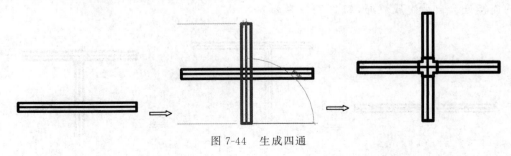

图 7-44　生成四通

7.3.2 手动添加管件

（1）单击"系统"选项卡"卫浴和管道"面板中的"管件"按钮 ，打开"修改|放置 管件"选项卡和选项栏，如图 7-45 所示。

图 7-45 "修改|放置 管件"选项卡和选项栏

"修改|放置 管件"选项栏中的选项说明如下。

➢ 放置后旋转：选中此复选框，构件放置在视图中后会进行旋转。

（2）在"属性"选项板中选择所需的管件类型，设置管件的尺寸以及高程，如图 7-46 所示。

（3）在视图中单击放置管件，如图 7-47 所示。

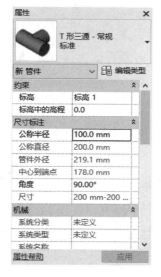

图 7-46 "属性"选项板

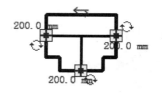

图 7-47 风管管件

（4）如果在现有风管中放置管件，应将光标移到要放置管件的位置，然后单击管道放置管件，如图 7-48 所示。绘制管件的大小取决于管道的大小，如图 7-49 所示。

图 7-48 选取管件

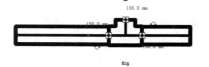

图 7-49 放置管件

（5）从图7-47和图7-49中可以看出，管件提供了一组可用于在视图中修改管件的控制柄。

① 管件尺寸显示在各个支架的连接件的附近。可以单击该尺寸，并输入值以指定大小，如图7-50所示。如果尺寸显示为灰色，则不能更改。

② 当管件的旁边出现蓝色的风管管件控制柄时，加号 ╋ 表示可以升级该管件。例如，弯头可以升级为T形三通，T形三通可以升级为四通，如图7-51所示。减号 ━ 表示可以删除该支架以使管件降级。

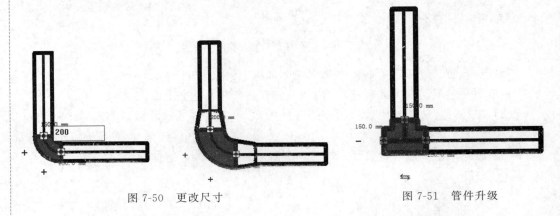

图7-50　更改尺寸　　　　　　　　　　　　图7-51　管件升级

③ 单击"翻转管件"按钮 ⇆，在系统中水平或垂直翻转该管件，以便根据气流确定管件的方向。

④ 单击"旋转"按钮 ↻，可以修改管件的方向。每次单击"旋转"按钮 ↻，都将使管件旋转90°，如图7-52所示。

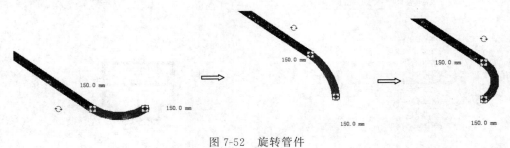

图7-52　旋转管件

7.4　管路附件

管道的各种阀门、仪表都属于管路附件。

（1）单击"系统"选项卡"卫浴和管道"面板中的"管件附件"按钮 ，打开"修改|放置 管道附件"选项卡和选项栏，如图7-53所示。

（2）在"属性"选项板中选择所需的管道管件类型和高程，如图7-54所示。

（3）在视图中单击放置管道附件，如图7-55所示。

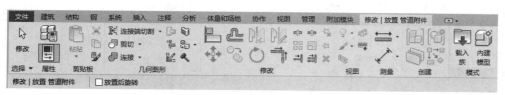

图 7-53　"修改|放置 管道附件"选项卡和选项栏

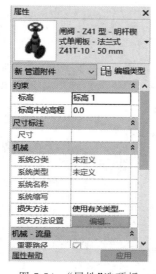

图 7-54　"属性"选项板

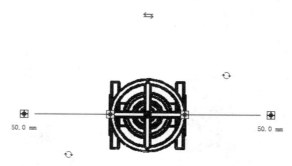

图 7-55　管道附件

（4）如果在现有管道中放置附件，可以将光标移到要放置附件的位置，然后单击管道的中心线放置管道附件，如图 7-56 所示，附件会自动调整其高程，直到与管道匹配为止，如图 7-57 所示。

图 7-56　捕捉风管端点

图 7-57　放置附件

7.5　添加隔热层

（1）按 Tab 键一次或多次可高亮显示要添加隔热层的管道。

（2）单击"修改|管道"选项卡"管道隔热层"面板中的"添加隔热层"按钮，打开"添加管道隔热层"对话框，在对话框中设置隔热层类型为"矿棉"，输入厚度为 25mm，如图 7-58 所示。

图 7-58　"添加管道隔热层"对话框

（3）单击"确定"按钮，对所选的管道添加隔热层。

（4）选取添加隔热层的管道，单击"修改|管道"选项卡"管道隔热层"面板中的"编辑隔热层"按钮 ，打开如图 7-59 所示的"属性"选项板。

（5）在"属性"选项板中单击"编辑类型"按钮 ，打开如图 7-60 所示的"类型属性"对话框。单击"复制"按钮，打开"名称"对话框，输入名称为"纤维玻璃"，如图 7-61 所示，单击"确定"按钮。

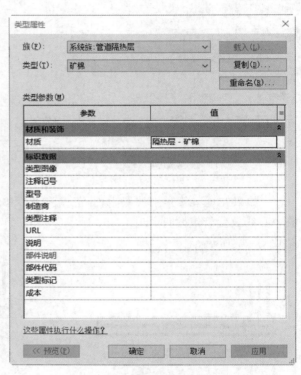

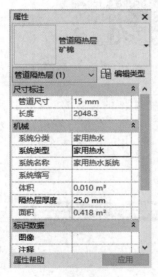

图 7-59　"属性"选项板

图 7-60　"类型属性"对话框

图 7-61　"名称"对话框

（6）此时系统返回到"类型属性"对话框，在"材质"栏中单击 按钮，打开"材质浏览器"对话框，选择"隔热层-纤维玻璃"材质，其他采用默认设置，如图 7-62 所示。连续单击"确定"按钮。

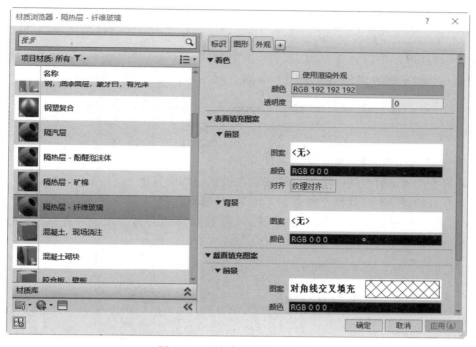

图 7-62　"材质浏览器"对话框

（7）在"属性"选项板中设置隔热层厚度为 30mm，单击"应用"按钮，完成管道隔热层的编辑。

（8）选取添加隔热层的管道，单击"修改|管道"选项卡"管道隔热层"面板中的"删除隔热层"按钮 ，打开如图 7-63 所示的"删除管道隔热层"对话框，单击"是"按钮，删除隔热层。

图 7-63　"删除管道隔热层"对话框

7.6　管道标注

管道标注包括管径标注、高程标注和坡度标注。

7.6.1　管径标注

管径标注有两种方式，一种是在绘制管道时添加管径标注，一种是完成管道绘制后再进行管径标注。

1. 在绘制管道时添加管径标注

（1）单击"系统"选项卡"卫浴和管道"面板中的"管道"按钮 ，打开"修改|放置 管

Note

道"选项卡和选项栏,单击"在放置时进行标记"按钮 。

（2）在视图中绘制管道,系统在绘制的管道上自动添
加管径标注,如图 7-64 所示。

2.完成管道绘制后再进行管道标注

（1）单击"注释"选项卡"标记"面板中的"按类别标记"

图 7-64　自动添加管径标注

按钮 ,在选项栏中设置方向为"水平",选中"引线"复选
框,设置引线的放置方式为"附着端点",如图 7-65 所示。

| 水平 ∨ | 标记... | ☑引线 | 附着端点 | ∨ | ⊢─┤ 12.7 mm |

图 7-65　选项栏

"按类别标记"选项栏中的选项说明如下。

➤ 附着端点:引线的一个端点被固定在被标记的图元上。

➤ 自由端点:引线的两个端点都不固定,可随意调整。

（2）移动光标到要标注的水平管道,单击确认标注位置,即可完成管径标注,如
图 7-66 所示。

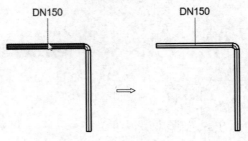

图 7-66　标注水平管径

（3）在选项栏中设置放置方向为"垂直",其他采用默认设置,移动光标到要标注的
水平管道,单击确认标注位置,即可完成管径标注,如图 7-67 所示。

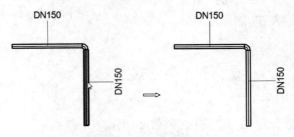

图 7-67　标注垂直管径

（4）在选项栏中设置引线的放置方式为"自由端点",指定引线的放置点,完成管径
标注,如图 7-68 所示。

（5）在选项栏中单击"标记"按钮 标记... ,打开如图 7-69 所示的"载入的标记和符号"
对话框,可以在对话框中设置管道/管道占位符标记。如果缺少需要的标记,可单击"载
入族"按钮,打开"载入族"对话框,载入需要的标记。

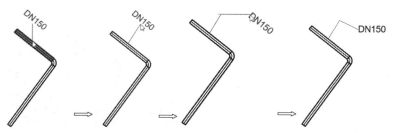

图 7-68　自由端点标注管径

图 7-69　"载入的标记和符号"对话框

7.6.2　高程标注

（1）单击"注释"选项卡"尺寸标注"面板中的"高程点"按钮 ，打开如图 7-70 所示的"修改|放置尺寸标注"选项卡和选项栏。

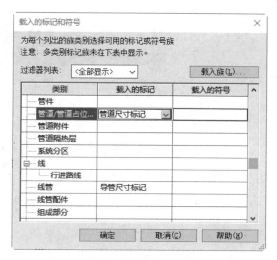

图 7-70　"修改|放置尺寸标注"选项卡和选项栏

（2）在"属性"选项板中选择高程点类型，如图 7-71 所示。

（3）单击"编辑类型"按钮 ，打开如图 7-72 所示的"类型属性"对话框，用户可以通过该对话框设置相应的参数。

"类型属性"对话框中的主要选项说明如下。

➤ 随构件旋转：选中此复选框，高程点随构件旋转。

➤ 引线箭头：在该下拉列表框中选择引线端点样式。

➤ 符号：在该下拉列表框中选择高程点的符号标头的外观。

➤ 文字距引线的偏移：指文字与引线之间的偏移，如图 7-73 所示。

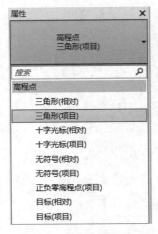

图 7-71　选择高程点类型

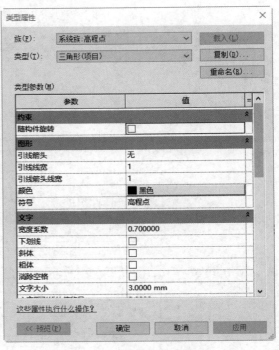

图 7-72　"类型属性"对话框

➤ 文字与符号的偏移：指文字与符号之间的偏移。正值将文字向引线的方向移动，负值将文字向远离引线的方向移动，如图 7-74 所示。

图 7-73　文字距引线的偏移示意图

图 7-74　文字与符号的偏移示意图

（4）选取管道进行高程标注。其中，标注管道两侧高程时，系统默认显示的是管道中心高程；标注管道中心高程时，系统默认显示的是管道顶部外侧高程，如图 7-75 所示。

（5）可以在选项栏中选择显示高程的方式，包括"顶部高程""底部高程""顶部高程和底部高程"，如图 7-76 所示。

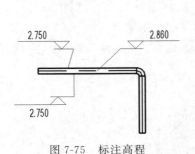

图 7-75　标注高程

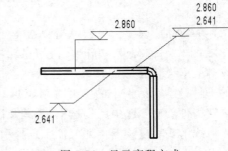

图 7-76　显示高程方式

7.6.3 坡度标注

(1) 单击"注释"选项卡"尺寸标注"面板中的"高程点 坡度"按钮 ,打开如图7-77所示的"修改|放置尺寸标注"选项卡和选项栏。

图7-77 "修改|放置尺寸标注"选项卡和选项栏

(2) 选取管道的放置坡度标注,如图7-78所示。

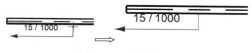

图7-78 坡度标注

(3) 从图7-78中可以看出,管道的坡度标注不符合要求。在"属性"选项板中单击"编辑类型"按钮 ,打开如图7-79所示的"类型属性"对话框。单击"单位格式"栏中的 `1235 / 1000` 按钮,打开"格式"对话框,设置单位为"百分比",舍入为"3个小数位",单位符号为"％",其他采用默认设置,如图7-80所示。单击"确定"按钮,坡度标注如图7-81所示。

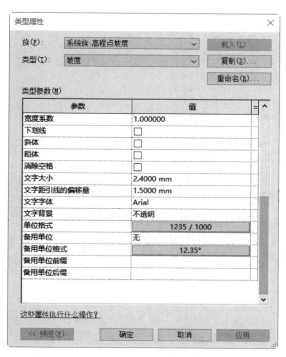

图7-79 "类型属性"对话框

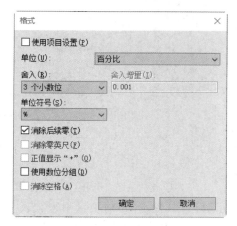

图7-80 "格式"对话框

（4）在选项栏中输入相对参照的偏移为 7mm，单击"修改高程点坡度方向"图标 ↓↑，修改坡度标注的位置如图 7-82 所示。

1.5%

图 7-81　坡度标注

1.5%

图 7-82　修改坡度标注

7.7　实例——创建给排水系统

7.7.1　创建卫生系统

（1）在主页上单击"模型"→"新建"按钮 ，打开"新建项目"对话框，在"样板文件"下拉列表框中选择"机械样板"，单击"确定"按钮，新建项目文件。

（2）单击"插入"选项卡"链接"面板中的"链接 Revit"按钮 ，打开"导入/链接 RVT"对话框，选取"居室.rvt"文件，设置定位为"自动-原点到原点"，如图 7-83 所示。单击"打开"按钮，将建筑模型链接到项目文件中，如图 7-84 所示。

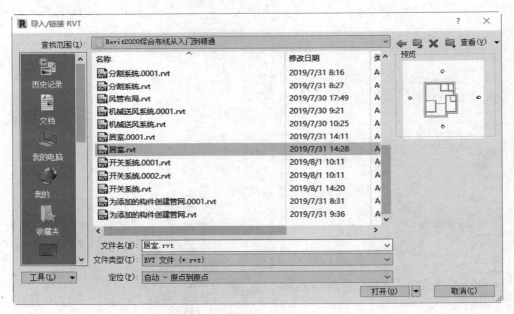

图 7-83　"导入/链接 RVT"对话框

（3）单击"系统"选项卡"卫浴和管道"面板中的"卫浴装置"按钮 🛋，打开 Revit 提示对话框，提示"当前项目中未载入卫浴装置族，是否要现在载入？"，单击"是"按钮。

（4）此时系统打开"载入族"对话框，选择 China→MEP→"卫生器具"→"洗脸盆"文件夹中的"洗脸盆-椭圆形.rfa"族文件，单击"打开"按钮，载入文件。

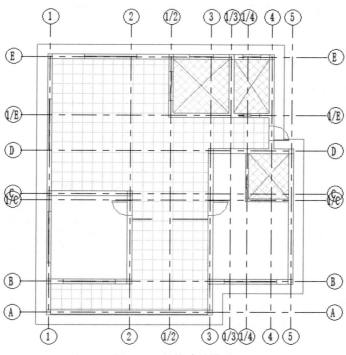

图 7-84 链接建筑模型

（5）在视图中沿卫生间墙体显示洗脸盆，在适当位置单击放置洗脸盆，如图 7-85所示。

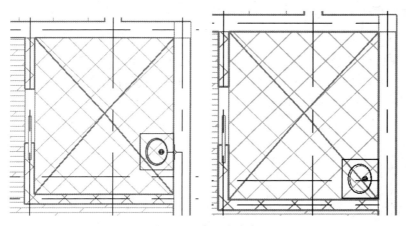

图 7-85 放置洗脸盆

（6）继续单击"载入族"按钮 ，打开"载入族"对话框，选择 China→MEP→"卫生器具"→"大便器"文件夹中的"坐便器-冲洗阀-壁挂式.rfa"族文件，单击"打开"按钮，载入文件。

（7）在视图中沿卫生间墙体显示坐便器，按空格键调整放置方向，在适当位置单击放置坐便器，如图 7-86 所示。

（8）选取上面布置的洗脸盆和坐便器，单击"修改|卫浴装置"选项卡"创建系统"面

板中的"管道"按钮，打开"创建管道系统"对话框，输入系统名称为"卫生系统"，如图 7-87 所示。单击"确定"按钮，创建卫生系统。

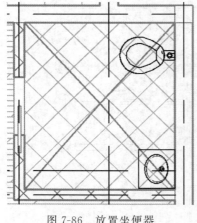

图 7-86　放置坐便器

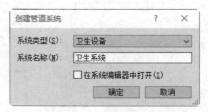

图 7-87　"创建管道系统"对话框

（9）单击"修改|管道系统"选项卡"布局"面板中的"生成布局"按钮，打开"生成布局"选项卡和选项栏，如图 7-88 所示。

图 7-88　"生成布局"选项卡和选项栏

（10）在选项卡的"坡度值"下拉列表框中选择坡度值为 0.8000％，设置解决方案类型为"管网"，单击"下一个解决方案"按钮，在所建议的布线解决方案中循环，以选择一个最适合该平面的解决方案，如图 7-89 所示。

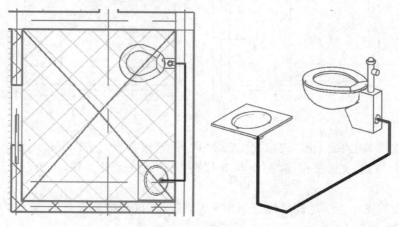

图 7-89　解决方案

（11）单击"完成布局"按钮 ，生成如图 7-90 所示的卫生系统。

（12）选取视图中用于连接垂直管道和坐便器后面卫生设备干管的弯头，如图 7-91 所示。

（13）单击弯头上方的加号 ✚，将管件升级为 T 形三通，如图 7-92 所示。

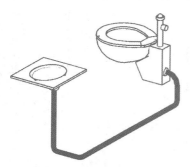

图 7-90　卫生系统　　　　　图 7-91　选取弯管　　　　　图 7-92　T 形三通

7.7.2　创建家用冷水系统

（1）选取上面布置的洗脸盆和坐便器，单击"修改|卫浴装置"选项卡"创建系统"面板中的"管道"按钮 ，打开"创建管道系统"对话框，选择系统类型为"家用冷水"，输入系统名称为"家用冷水系统"，如图 7-93 所示。单击"确定"按钮，创建冷水系统。

（2）单击"修改|管道系统"选项卡"布局"面板中的"生成布局"按钮，打开"生成布局"选项卡和选项栏。

（3）在选项卡的"坡度值"下拉列表框中选择坡度值为 0.8000%，设置解决方案类型为"管网"，单击"下一个解决方案"按钮，在所建议的布线解决方案中循环，以选择一个最适合该平面的解决方案，如图 7-94 所示。

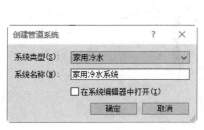

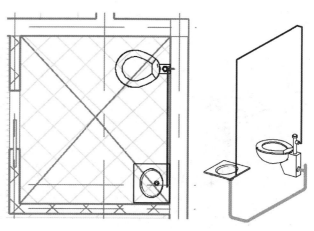

图 7-93　"创建管道系统"对话框　　　　图 7-94　解决方案

（4）单击"生成布局"选项卡中的"编辑布局"按钮，选取水平管段，显示移动图标，如图 7-95 所示。

（5）拖到移动图标，调整水平管段的位置，如图 7-96 所示。

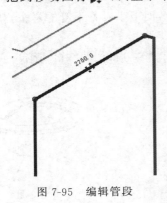

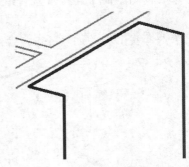

图 7-95　编辑管段　　　　　　　　　　图 7-96　移动水平管段

（6）单击"完成布局"按钮，生成冷水系统，设置详细程度为"精细"，如图 7-97 所示。

（7）从图 7-97 中可以看出，冷水系统并不完整，管道没有连接到洗脸盆。单击"系统"选项卡"卫浴和管道"面板中的"管道"按钮，捕捉洗脸盆上的出水口，在选项栏中设置直径为 15mm，更改中间高程，绘制出水管管段，如图 7-98 所示。

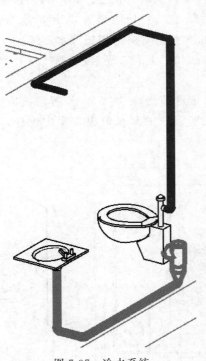

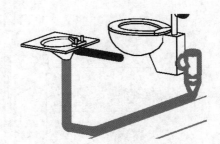

图 7-97　冷水系统　　　　　　　　　　图 7-98　绘制出水管段

提示：系统默认蓝色管道为冷水管道，红色管道为热水管道。

（8）选取管道，拖曳管道的控制点，调整管道的长度，如图 7-99 所示。

（9）单击"系统"选项卡"卫浴和管道"面板中的"管道"按钮，捕捉上步调整管道

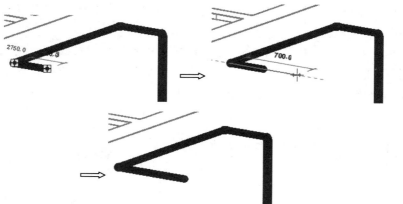

图 7-99 调整管道长度

的端点绘制竖直干管,如图 7-100 所示。

7.7.3 创建家用热水系统

（1）单击"系统"选项卡"卫浴和管道"面板中的"卫浴装置"按钮，打开"修改|放置 卫浴装置"选项卡。单击"载入族"按钮，打开"载入族"对话框，选择 China→MEP→"卫生器具"→"浴盆"文件夹中的"浴盆-亚克力.rfa"族文件，单击"打开"按钮，载入文件。

（2）在视图中沿卫生间墙体显示浴盆，按空格键调整放置方向，在适当位置单击放置浴盆，如图 7-101 所示。

（3）选取上面布置的洗脸盆和浴盆，单击"修改|卫浴装置"选项卡"创建系统"面板中的"管道"按钮，打开"创建管道系统"对话框。选择系统类型为"家用热水"，输入系统名称为"家用热水系统"，如图 7-102 所示。单击"确定"按钮，创建热水系统。

图 7-100 绘制竖直干管

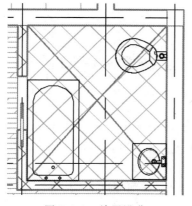

图 7-101 放置浴盆

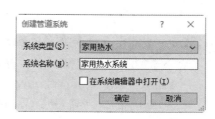

图 7-102 "创建管道系统"对话框

（4）单击"修改|管道系统"选项卡"布局"面板中的"生成布局"按钮，打开"生成布局"选项卡和选项栏。

（5）在选项卡的"坡度值"下拉列表框中选择坡度值为0.8000%，设置解决方案类型为"管网"，单击"下一个解决方案"按钮，在所建议的布线解决方案中循环，以选择一个最适合该平面的解决方案，如图7-103所示。

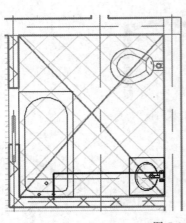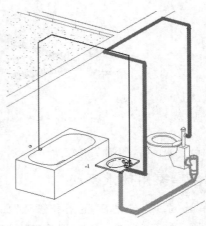

图7-103　解决方案

（6）从图7-103中可以看出，热水系统的管网和冷水系统管网之间有干涉。单击"设置"按钮，打开"管道转换设置"对话框，设置干管和支管偏移为3050，如图7-104所示。单击"确定"按钮，结果如图7-105所示。

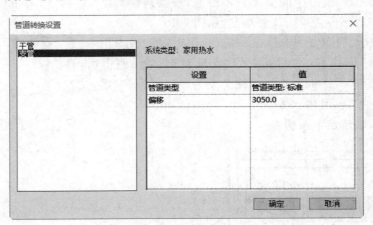

图7-104　"管道转换设置"对话框

提示：当热水管道和冷水管道水平敷设时，热水管道布置在冷水管道的上方，且间距不宜小于300mm；当热水管道和冷水管道垂直敷设时，冷水管道应在热水管道的右侧。

（7）单击"完成布局"按钮，生成热水系统，设置详细程度为"精细"，如图7-106所示。

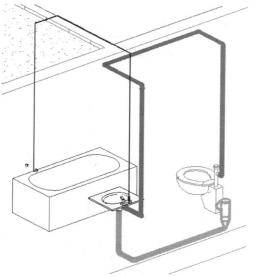

图 7-105 调整热水管道高度

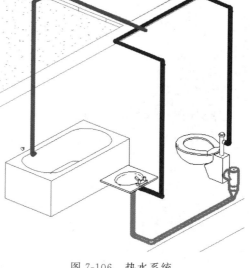

图 7-106 热水系统

（8）采用绘制冷水系统管道的方法绘制热水管道，设置管道直径为 15mm，如图 7-107 所示。

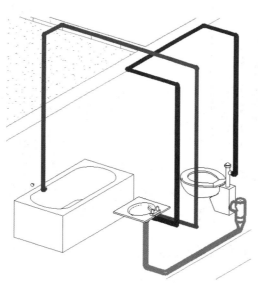

图 7-107 绘制热水管道

7.7.4 将构件连接到管道系统

使用"连接到"命令添加构件并在新构件与现有系统之间创建管道。

（1）在视图中选取浴盆，单击"修改|卫浴装置"选项卡"布局"面板中的"连接到"按钮 ，打开"选择连接件"对话框，选取卫生设备类型，如图 7-108 所示。

（2）在视图中选择要连接到的管道，如图 7-109 所示。

7-4

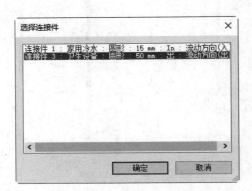

图 7-108 "选择连接件"对话框

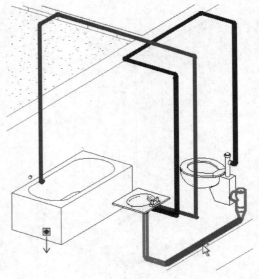

图 7-109 选取管道

（3）系统提示没有足够的空间放置所需管件，如图 7-110 所示。单击"取消"按钮。

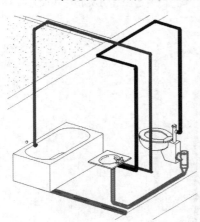

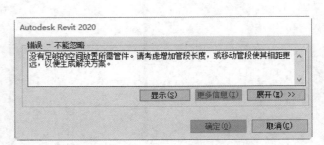

图 7-110 不能生成解决方案

7.7.5 为添加的构件创建管道

（1）在模型中选择卫生系统中的构件或管道，打开如图 7-111 所示的"管道系统"选项卡。

图 7-111 "管道系统"选项卡

（2）单击"管道系统"选项卡"系统工具"面板中的"编辑系统"按钮 ，打开如图 7-112 所示的"编辑管道系统"选项卡。系统默认激活"添加到系统"按钮 。

图 7-112　"编辑管道系统"选项卡

（3）在视图中将光标放置在构件（浴盆）上时高亮显示构件（浴盆），如图 7-113 所示，单击要添加到系统的构件（浴盆），再单击"完成编辑系统"按钮 ，将构件（浴盆）添加到卫生系统中。

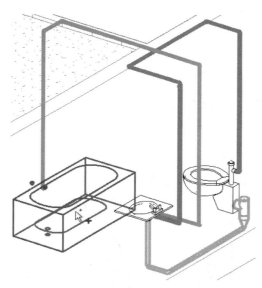

图 7-113　高亮显示构件

（4）选取上步添加到系统的构件（浴盆），单击"修改|风道末端"选项卡"布局"面板中的"生成布局"按钮 ，打开如图 7-114 所示的"选择系统"对话框，选择"卫生系统"，单击"确定"按钮。

图 7-114　"选择系统"对话框

（5）此时系统打开"生成布局"选项卡，并生成解决方案。单击"下一个解决方案"按钮 ，循环显示管网方案，选择合适的解决方案，如图 7-115 所示。

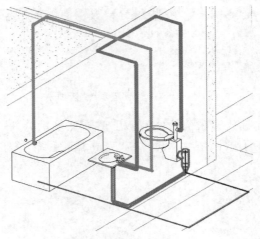

图 7-115   合适的解决方案

（6）在"生成布局"选项卡中设置坡度值为 1.0000%，单击"完成布局"按钮 ，根据规格将布局转换为刚性管网，如图 7-116 所示。

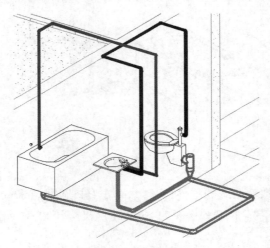

图 7-116   生成管网

某服务中心消防给水系统

知识导引

消防系统是现代建筑中必不可少的一部分。现代化的建筑物,其电气设备的种类与数量大大增加,内部陈设与装修材料大多是易燃的,这是火灾发生频率增加的一个因素。楼梯和电梯等如同一座座烟囱,拔火力很强,会使火势迅速扩散,这样使得处于高处的人员及物资在火灾发生时疏散较为困难。

本章以某便民服务中心的一层为例,介绍消防喷淋系统和消火栓系统的创建方法。首先链接建筑模型,然后导入 CAD 图纸,再以 CAD 图纸为参考布置管道、设备和喷头等创建消防给水系统。

8.1 绘 图 准 备

本工程中室内消火栓用水量为 20L/s,室外消火栓用水量为 20L/s,自动喷水灭火系统用水量为 30L/s,室内外消防总用水量为 70L/s。室外消防用水由基地供水管网直接供给;室内消火栓系统由消防泵抽吸消防水池中水供给,喷淋系统由喷淋泵抽吸消防水池中水供给;消火栓给水泵与喷淋泵均设于地下室水泵房内。本建筑所在地块内各单体建筑消防供水按一次火灾考虑,消火栓及喷淋系统均设置两条供水管接至室外。

8.1.1 链接模型

（1）在主页中单击"模型"→"新建"按钮 ，打开"新建项目"对话框，在"样板文件"下拉列表框中选择"机械样板"，单击"确定"按钮，新建机械样板文件，系统自动切换视图到"楼层平面：1-机械"。

（2）单击"插入"选项卡"链接"面板中的"链接 Revit"按钮 ，打开"导入/链接RVT"对话框，在"定位"下拉列表框中选择"自动-原点到原点"选项，其他采用默认设置，如图8-1所示。单击"打开"按钮，将建筑模型链接至项目文件中，如图8-2所示。

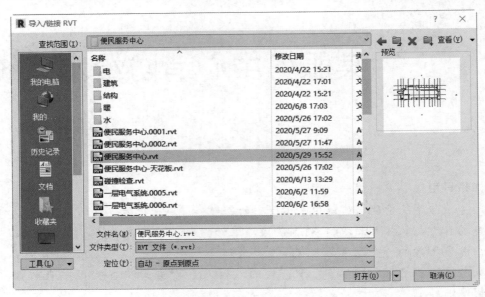

图 8-1 "导入/链接 RVT"对话框

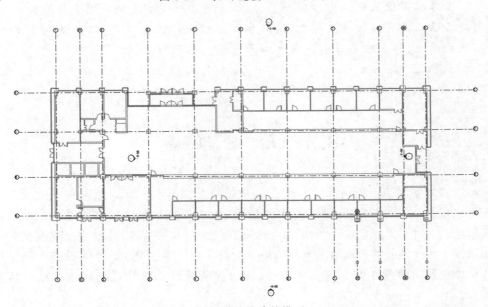

图 8-2 链接建筑模型

（3）将视图切换至"东-机械立面"视图，发现绘图区域中包含两套标高，一套是机械样板文件中自带的标高，另一套是链接模型的标高，如图 8-3 所示。

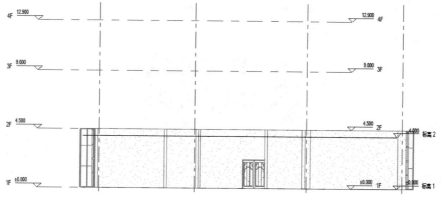

图 8-3　立面视图

（4）选取机械样板自带的标高 1 和标高 2，按 Delete 键，打开警告对话框，提示各视图将被删除，如图 8-4 所示。单击"确定"按钮，删除自带的平面和标高。

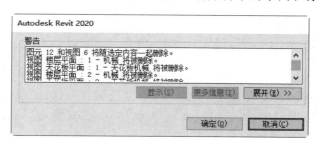

图 8-4　警告对话框

（5）单击"协作"选项卡"坐标"面板"复制/监视" 下拉列表框中的"选择链接"按钮 ，在视图中选择链接模型，打开如图 8-5 所示的"复制/监视"选项卡。

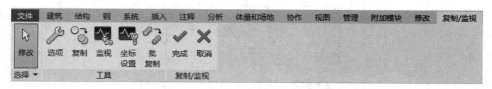

图 8-5　"复制/监视"选项卡

（6）单击"工具"面板中的"复制"按钮 ，在立面视图中选择所有标高，单击"完成"按钮 ，完成标高复制。

（7）单击"视图"选项卡"创建"面板"平面视图" 下拉列表框中的"楼层平面"按钮 ，打开"新建楼层平面"对话框，选取所有的标高，如图 8-6 所示。单击"确定"按钮，平面视图名称显示在项目浏览器中。

（8）单击快速访问工具栏中的"保存"按钮 ，将项目文件进行保存，并复制一份以便创建电气系统、暖通系统和消防给水系统。

图 8-6 "新建楼层平面"对话框

8.1.2 管道属性配置

（1）单击"系统"选项卡"卫浴和管道"面板中的"管道"按钮 ，在"属性"选项板中单击"编辑类型"按钮 ，打开"类型属性"对话框，新建"消防给水管"类型。单击"布管系统配置"栏中的"编辑"按钮 编辑... ，打开"布管系统配置"对话框，设置管段为"钢塑复合-CECS 125"，最小尺寸为 15mm，最大尺寸为 150mm，其他采用默认设置，如图 8-7所示。连续单击"确定"按钮。

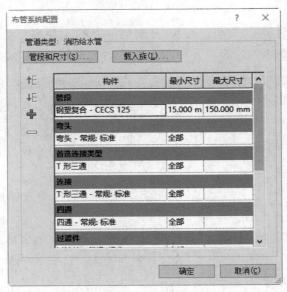

图 8-7 "布管系统配置"对话框

（2）单击"视图"选项卡"图形"面板中的"可见性/图形"按钮，打开"楼层平面：1F 的可见性/图形替换"对话框，选择"过滤器"选项卡，如图 8-8 所示。

图 8-8 "过滤器"选项卡

提示：如果"楼层平面：1F 的可见性/图形替换"对话框中的选项不可用，需要在"属性"选项板中设置视图样板为"无"。

（3）单击"添加"按钮 ，打开如图 8-9 所示的"添加过滤器"对话框，单击"编辑/新建"按钮 ，打开如图 8-10 所示的"过滤器"对话框。单击"新建"按钮，打开"过滤器名称"对话框，输入名称为"消防给水管"，如图 8-11 所示。

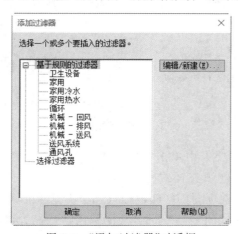

图 8-9 "添加过滤器"对话框

Note

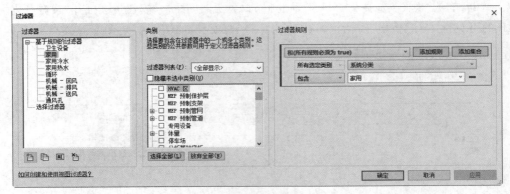

图 8-10　"过滤器"对话框

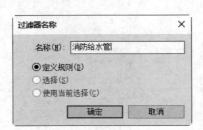

图 8-11　"过滤器名称"对话框

（4）单击"确定"按钮，返回到"过滤器"对话框中，在"过滤器列表"列表框中选中与管道有关的选项，在"过滤器规则"选项区中设置过滤条件为"系统名称""包含""消防"，如图 8-12 所示，单击"确定"按钮，在"楼层平面：1F 的可见性/图形替换"对话框中添加消防给水管。

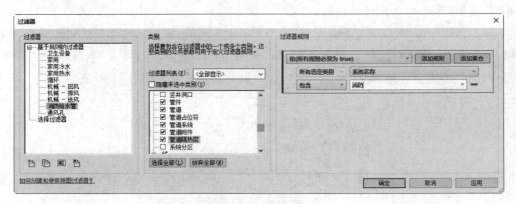

图 8-12　设置过滤条件

（5）在图 8-8 所示选项卡中单击"投影/表面"列表下"填充图案"单元格中的"替换"按钮 **替换...**，打开"填充样式图形"对话框，在"填充图案"下拉列表框中选择"实体填充"，单击"颜色"选项，打开"颜色"对话框，选择红色，如图 8-13 所示。单击"确定"按钮，返回到"填充样式图形"对话框，其他采用默认设置，如图 8-14 所示。连续单击"确定"按钮。

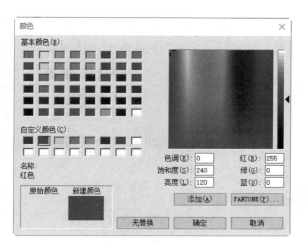

图 8-13　"颜色"对话框

图 8-14　"填充样式图形"对话框

（6）采用相同的方法，在"三维视图：3D 的可见性/图形替换"对话框的"过滤器"选项卡中添加消防给水管。

8.2　喷　淋　系　统

本工程内设置自动喷水灭火系统。一层层高超过 8m 的门厅按非仓库类高大净空场所设计，设计喷水强度为 6L/(min·m²)，作用面积 260m²；其余设置场所为中危险级 I 级，设计喷水强度为 6L/(min·m²)，作用面积 160m²。一层车库设计危险等级为中危险级 II 级，设计喷水强度为 8L/(min·m²)，作用面积 160m²。水力报警阀设置于设备机房中；其显示信号接至防灾中心并启动喷淋泵。水力报警阀安装喷头数不超过 800 个，采用下垂型喷头；喷头动作温度均为 68℃。

8.2.1　导入 CAD 图纸

（1）单击"插入"选项卡"导入"面板中的"链接 CAD"按钮，打开"链接 CAD 格式"对话框，选择"一层喷淋平面图"，设置定位为"自动-中心到中心"，放置于为"1F"，选中"定向到视图"复选框，导入单位为"毫米"，其他采用默认设置，如图 8-15 所示。单击"打开"按钮，导入 CAD 图纸，如图 8-16 所示。

（2）单击"修改"选项卡"修改"面板中的"对齐"按钮，在建筑模型中单击①轴线，然后单击链接的 CAD 图纸中的①轴线，将①轴线对齐；接着在建筑模型中单击 A 轴线，然后单击链接的 CAD 图纸中的 A 轴线，将 A 轴线对齐，此时，CAD 文件与建筑模型重合，如图 8-17 所示。

（3）单击"修改"选项卡"修改"面板中的"锁定"按钮，选择 CAD 图纸，将其锁定，以免在布置管道和设备的过程中移动图纸，产生混淆。

8-3

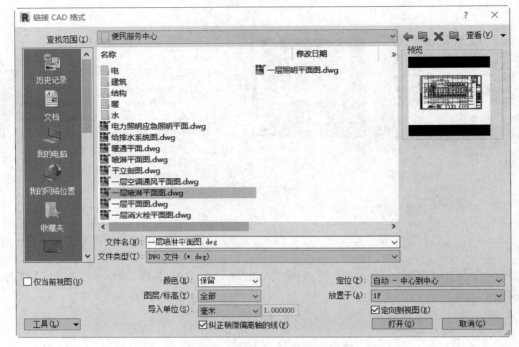

图 8-15 "链接 CAD 格式"对话框

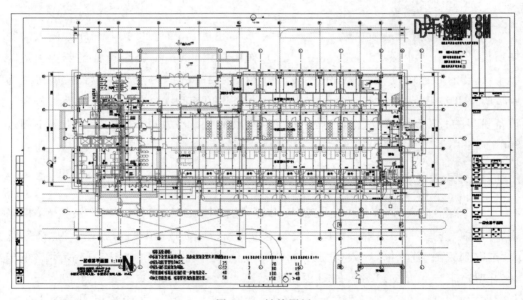

图 8-16 链接图纸

（4）选取图纸，打开"修改｜一层喷淋平面图"选项卡，单击"查询"按钮 ，在图纸中选取要查询的图形，打开如图 8-18 所示的"导入实例查询"对话框，单击"在视图中隐藏"按钮，将选取的图层隐藏。采用相同的方法，隐藏其他的图形，整理后的图形如图 8-19 所示。

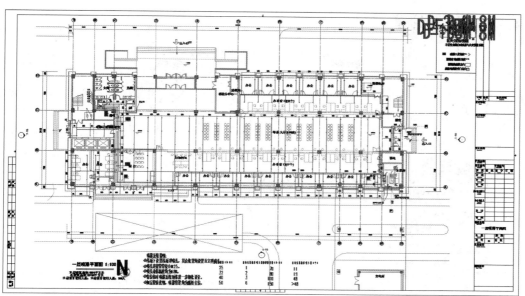

图 8-17　对齐图纸

图 8-18　"导入实例查询"对话框

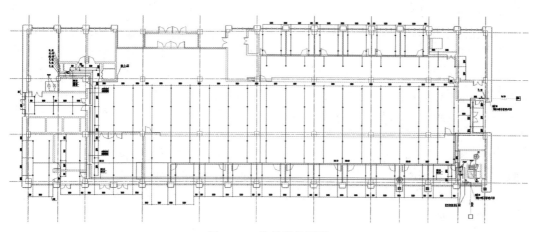

图 8-19　整理后的图形

8.2.2 布置管道

（1）单击"系统"选项卡"卫浴和管道"面板中的"管道"按钮 ，在"属性"选项板中设置系统类型为"湿式消防系统"，其他采用默认设置，如图 8-20 所示。

（2）在选项栏中设置直径为 150mm，中间高程为−500，根据 CAD 图纸绘制接室外喷淋增压环管的管道，如图 8-21 所示。

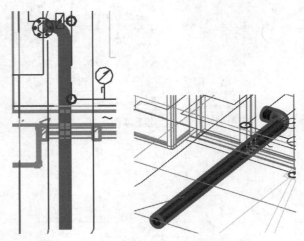

图 8-20 "属性"选项板　　　　　图 8-21 绘制接室外喷淋增压环管的管道

提示：如果生成的管道不显示真实大小，应在控制栏中将详细程度更改为"精细"。

（3）在选项栏中设置直径为 150mm，中间高程为 3800mm，捕捉上步绘制的管道端，根据 CAD 图纸绘制直径为 150mm 的干管，系统自动生成立管，如图 8-22 所示。

（4）将视图切换至三维视图，在选项栏中设置直径为 150mm，中间高程为 0mm，捕捉上步绘制的管道端点，单击选项栏中的"应用"按钮 应用，创建立管，如图 8-23 所示。

（5）因为此立管是通向其他楼层的管道，所以这里要将弯头更改为三通。选取弯头，单击"T 形三通"图标 **+**，将弯头转为三通，如图 8-24 所示。

（6）采用相同的方法，根据 CAD 图纸绘制另一套给水管道，如图 8-25 所示。

（7）在选项栏中设置中间高程为 3800mm，根据 CAD 图纸和标注的管径绘制配水管，如图 8-26 所示。

（8）因为主配水管和配水管的高程一样，左侧的配水管和右侧的配水管之间直接连接会穿过主配水管，所以此处布置的配水管要避让主配水管。在选项栏中设置直径为 150mm，中间高程为 4300mm，捕捉两侧配水管的端点，系统自动在主配水管上方绘制配水管，如图 8-27 所示。

（9）将图 8-27 中所示的弯头更改为 T 形三通，然后捕捉三通另一侧端点绘制管道连接配水管，如图 8-28 所示。

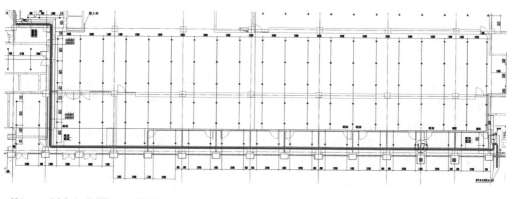

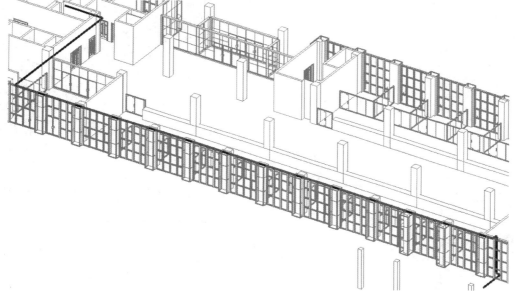

图 8-22 绘制配水管和立管

图 8-23 绘制立管

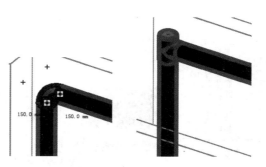

图 8-24 弯头转为三通

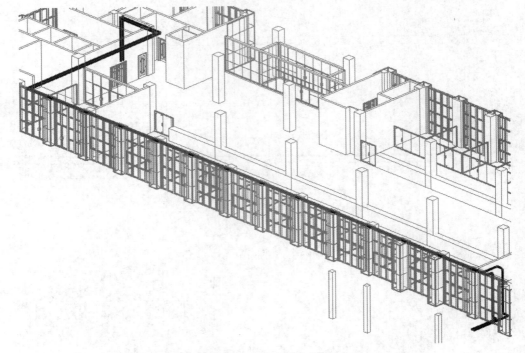

图 8-25　另一套给水管道

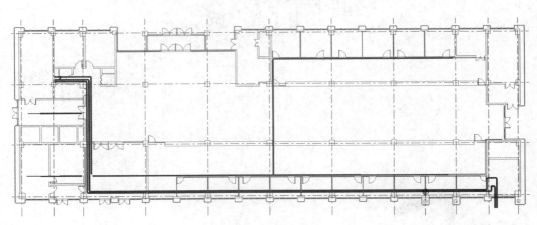

图 8-26　绘制配水管

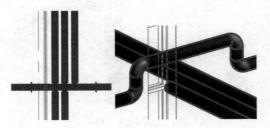

图 8-27　创建避让管

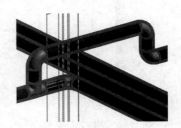

图 8-28　绘制连接管道

（10）采用相同的方法，创建另一处的配水管道与干管之间的避让管道，如图 8-29 所示。

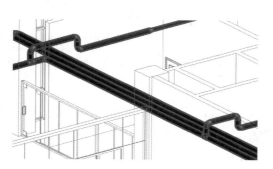

图 8-29　绘制避让管道

（11）在选项栏中设置直径为 25，中间高程为 3800，根据 CAD 图纸绘制各配水支管，如图 8-30 所示。

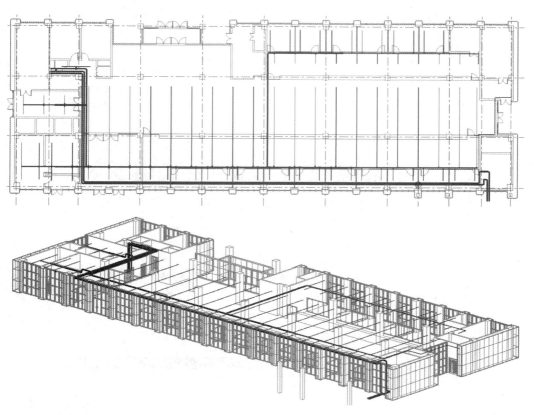

图 8-30　绘制配水支管

（12）将视图切换至三维视图，在选项栏中输入直径为 25，中间高程为 1500，捕捉最末端端点，单击"应用"按钮 应用 ，向下绘制直径为 25mm 的试水管，如图 8-31 所示。

（13）在"属性"选项板中单击"编辑类型"按钮 ，打开"类型属性"对话框，单击"布管系统配置"栏中的"编辑"按钮 编辑... ，打开"布管系统配置"对话框，单击"管段和尺寸"按钮，打开"机械设置"对话框。在"管段"下拉列表框中选择"钢塑复合-CECS 125"，单击"新建尺寸"按钮，打开"添加管道尺寸"对话框，输入公称直径、内径和外径，如图8-32所示。单击"确定"按钮，返回到"机械设置"对话框，新建的尺寸添加到列表中，如图8-33所示。

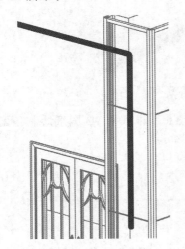

图8-31　绘制试水管

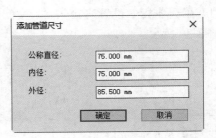

图8-32　"添加管道尺寸"对话框

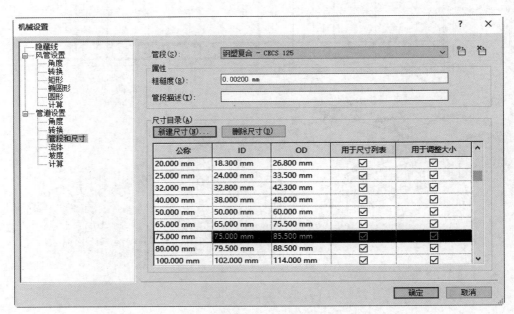

图8-33　"机械设置"对话框

（14）在选项栏中输入直径为75，中间高程为0，捕捉最末端端点，单击"应用"按钮 应用 ，删除变径管，在试水管的下方绘制直径为75mm的排水立管，如图8-34所示。

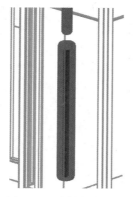

图 8-34　绘制排水立管

8.2.3　布置设备及附件

（1）单击"系统"选项卡"卫浴和管道"面板中的"喷头"按钮，打开如图 8-35 所示的提示对话框，询问是否载入喷头，单击"是"按钮，打开"载入族"对话框。选择 China→"消防"→"给水和灭火"→"喷淋头"文件夹中的"喷淋头-ZST 型-闭式-下垂型.rfa"族文件，如图 8-36 所示，单击"打开"按钮，载入文件。

图 8-35　提示对话框

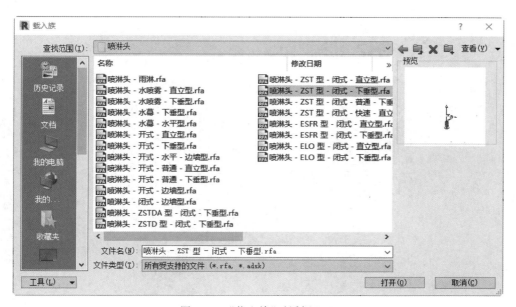

图 8-36　"载入族"对话框（一）

8-5

（2）在"属性"选项板中选择"喷淋头-ZST 型-闭式-下垂型 ZSTX-20-68℃"，设置标高中的高程为"3400"，如图 8-37 所示。

（3）根据 CAD 图纸，在分支管处放置喷头。

（4）选取喷头，在打开的"修改|喷头"选项卡中单击"连接到"按钮，然后选取分支管，系统自动创建连接喷头和分支管的短立管和连接件；再选取短立管和连接件，将管径更改为 25mm，如图 8-38 所示。

图 8-37　"属性"选项板

图 8-38　创建短立管

（5）采用上述方法，根据 CAD 图纸布置其他分支管上的喷头，并创建喷头与分支管之间的短立管，如图 8-39 所示。

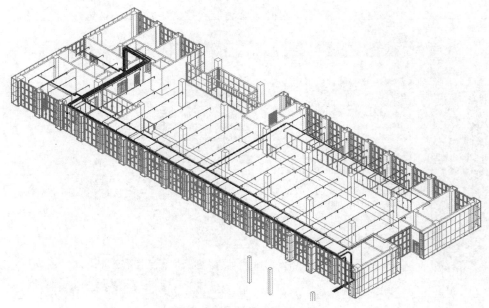

图 8-39　布置喷头和短立管

（6）单击"系统"选项卡"卫浴和管道"面板中的"管路附件"按钮 ，打开"修改|放置 管道附件"选项卡。单击"模式"面板中的"载入族"按钮 ，打开"载入族"对话框，选择 China→"消防"→"给水和灭火"→"阀门"文件夹中的"湿式报警阀-ZSFZ 型-100-200mm-法兰式.rfa"族文件，如图 8-40 所示。单击"打开"按钮，载入文件。

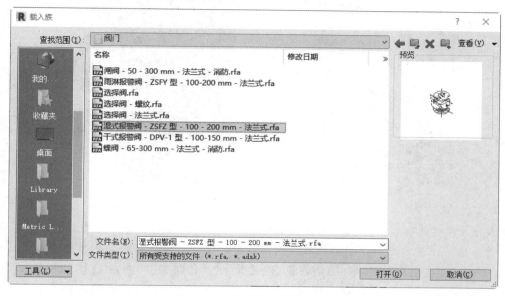

图 8-40　"载入族"对话框（二）

（7）在"属性"选项板中选择"湿式报警阀-ZSFZ 型-100-200mm-法兰式 150mm"，移动光标到立管上，当湿式报警阀与管道平行并高亮显示管道主线时（图 8-41）单击，将湿式报警阀放置在立管上，如图 8-42 所示。

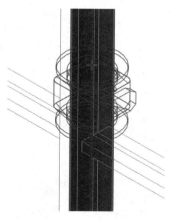

图 8-41　选取立管

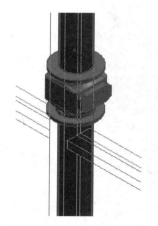

图 8-42　放置湿式报警阀

（8）选取上步放置的湿式报警阀，在"属性"选项板中更改标高中的高程为"1200"，单击"旋转"按钮 ，可以调整方向，如图 8-43 所示。

提示：报警阀组安装的位置应符合设计要求。当设计无要求时，报警阀组应安

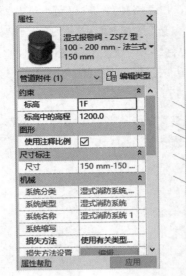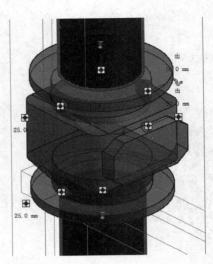

图 8-43　调整湿式报警阀

装在便于操作的明显位置,距室内地面高度宜为 1.2m,两侧与墙的距离不应小于 0.5m;正面与墙的距离不应小于 1.2m,报警阀组凸出部位之间的距离不应小于 0.5m。

(9) 单击"系统"选项卡"卫浴和管道"面板中的"管路附件"按钮 ，打开"修改|放置 管道附件"选项卡。单击"模式"面板中的"载入族"按钮 ，打开"载入族"对话框,选择 China→"消防"→"给水和灭火"→"阀门"文件夹中的"蝶阀-65-300mm-法兰式-消防.rfa"族文件,如图 8-44 所示。单击"打开"按钮,载入文件。

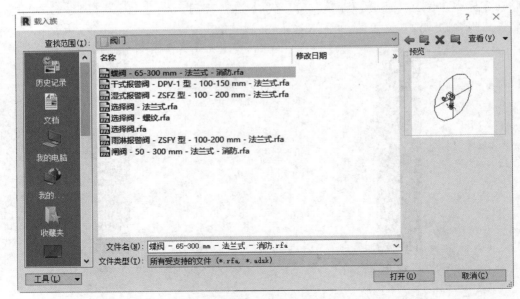

图 8-44　"载入族"对话框(三)

(10) 在"属性"选项板中选择"蝶阀-65-300mm-法兰式-消防 150mm",移动光标到立管上,当蝶阀与管道平行并高亮显示管道主线时单击,将蝶阀放置在湿式报警阀的下方,如图 8-45 所示。

（11）选取上步放置的蝶阀,单击"旋转"按钮 ,调整方向,使其与湿式报警阀方向一致,如图 8-46 所示。

图 8-45　放置蝶阀

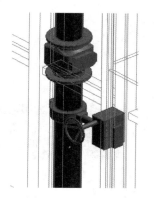

图 8-46　调整蝶阀

（12）采用相同的方法,在另一根立管上布置报警阀组和蝶阀,如图 8-47 所示。

（13）单击"系统"选项卡"卫浴和管道"面板中的"管路附件"按钮 ,打开"修改|放置 管道附件"选项卡。单击"模式"面板中的"载入族"按钮 ,打开"载入族"对话框,选择 China→"消防"→"给水和灭火"→"附件"文件夹中的"水流指示器-100-150mm-法兰式.rfa"族文件,如图 8-48 所示。单击"打开"按钮,载入文件。

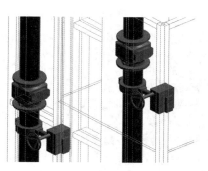

图 8-47　布置报警阀组和蝶阀

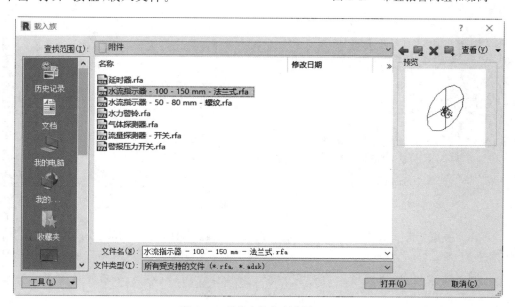

图 8-48　"载入族"对话框（四）

（14）在"属性"选项板中选择"水流指示器-100-150mm-法兰式 150mm"，将水流指示器放置在水平配水管上，如图 8-49 所示。

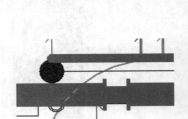

图 8-49　放置水流指示器

（15）单击"系统"选项卡"卫浴和管道"面板中的"管路附件"按钮 ，打开"修改|放置 管道附件"选项卡。单击"模式"面板中的"载入族"按钮 ，打开"载入族"对话框，选择源文件中的"喷淋系统-信号阀.rfa"族文件，如图 8-50 所示。单击"打开"按钮，载入文件。

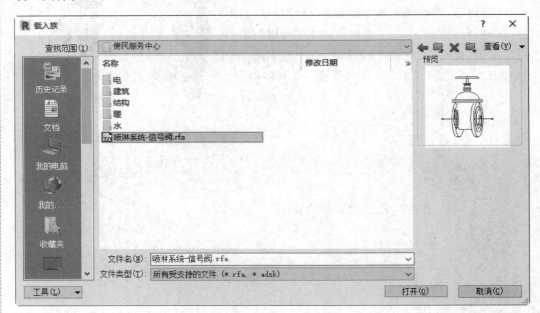

图 8-50　"载入族"对话框（五）

（16）根据 CAD 图纸将信号阀放置在水流指示器的前方大于 300mm 的配水管上，如图 8-51 所示。

提示：根据《自动喷水灭火系统施工及验收规范》，水流指示器和信号阀的安装应符合下列要求。

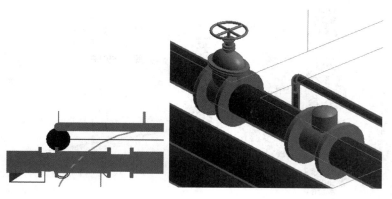

图 8-51　放置信号阀

① 水流指示器的安装应在管道试压和冲洗合格后进行,水流指示器的规格、型号应符合设计要求。

② 水流指示器应使电气元件部位竖直安装在水平管道上侧,其动作方向和水流方向一致,安装后的水流指示器桨片、膜片应动作灵活,不应与管壁发生碰擦。

③ 信号阀应安装在水流指示器前的管道上,与水流指示器之间的距离不应小于 300mm。

④ 压力开关、信号阀、水流指示器的引出线应用防止套管锁定。

(17) 单击“系统”选项卡“机械”面板中的“机械设备”按钮 ,打开“修改|放置 机械设备”选项卡。单击“模式”面板中的“载入族”按钮 ,打开“载入族”对话框,选择 China→“消防”→“给水和灭火”→“附件”文件夹中的“水力警铃.rfa”族文件,单击“打开”按钮,载入文件。

(18) 在“属性”选项板中设置标高中的高程为“1800”,根据 CAD 图纸选取墙体放置水力警铃,如图 8-52 所示。

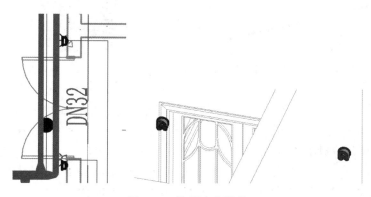

图 8-52　放置水力警铃

(19) 为了方便绘制管道,先将建筑模型隐藏。选取报警阀,单击 20.0mm 出水口上的“创建管道”图标 ,绘制报警阀出水口上的水平管道,如图 8-53 所示。此时选项栏中显示中间高程为 1023.0mm。

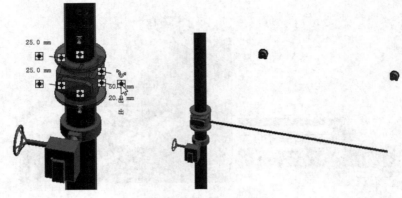

图 8-53 绘制水平管道

（20）选取水力警铃，单击 20mm 进水口上的"创建管道"图标 ，在选项栏中输入中间高程为 1023.0mm（即报警阀出水口的高度），单击"应用"按钮 应用 ，绘制立管。继续绘制水平管道与报警阀出水口上的水平管道相连，如图 8-54 所示。

（21）采用相同的方法，绘制另一个报警阀与水力警铃的连接管道，如图 8-55 所示。

图 8-54 绘制水力警铃与报警阀组的连接管道   图 8-55 报警阀与水力警铃的连接管道

☎ **注意：**

根据《自动喷水灭火系统》规范，水力警铃的安装应符合下列规定。

① 水力警铃应设在有人值班的地点附近。

② 与报警阀的连接管道，管径为 20mm，总长不宜大于 20m。

（22）单击"系统"选项卡"卫浴和管道"面板中的"管路附件"按钮，打开"修改|放置 管道附件"选项卡。单击"模式"面板中的"载入族"按钮 ，打开"载入族"对话框，选择源文件中的"末端试水装置.rfa"族文件，单击"打开"按钮，载入文件。

（23）将压力表放置在试水管路上，拖动管道的控制点调整位置和长度，如图 8-56 所示。

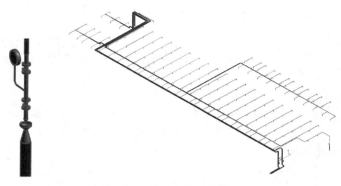

图 8-56　放置末端试水装置

Note

8.3　消火栓系统

本工程中消火栓给水系统消防用水由 3：2 比例式减压阀减压后供给,阀后压力为 0.7MPa。地下水泵房设 410m³ 混凝土消防水池一座,屋顶水箱间设置消防水箱一只, 储存 18m³ 消防水量,同处设置消防、喷淋增压稳压设备各一套,可满足喷淋系统及消 火栓系统最不利点压力要求。

建筑物内每层设置单栓自救式消防卷盘组合型消火栓箱,内配 ϕ65 室内消火栓, ϕ65/25m 衬胶水龙带及 ϕ19 水枪各一副,JPS0.8-19 型自救式消防卷盘一套,启泵按钮 一只。部分楼层设置减压孔板,采用栓后固定接口内安装,栓口用水压力不大于 0.50MPa。

8.3.1　导入 CAD 图纸

(1) 在 1F 平面视图中,将一层喷淋平面图隐藏。

(2) 单击"插入"选项卡"导入"面板中的"链接 CAD"按钮 ，打开"链接 CAD 格 式"对话框。选择"一层消火栓平面图",设置定位为"自动-中心到中心",放置于为 "1F",选中"定向到视图"复选框,导入单位为"毫米",其他采用默认设置。单击"打开" 按钮,导入 CAD 图纸。

(3) 单击"修改"选项卡"修改"面板中的"对齐"按钮 ，在建筑模型中单击①轴 线,然后单击链接的 CAD 图纸中的①轴线,将①轴线对齐;接着在建筑模型中单击 A 轴线,然后单击链接的 CAD 图纸中的 A 轴线,将 A 轴线对齐,此时,CAD 文件与建筑 模型重合,如图 8-57 所示。

(4) 单击"修改"选项卡"修改"面板中的"锁定"按钮 ，选择 CAD 图纸,将其锁 定,以免在布置管道和设备的过程中移动图纸,产生混淆。

(5) 单击"视图"选项卡"图形"面板中的"可见性/图形"按钮 ，打开"楼层平面: 1F 的可见性/图形替换"对话框,在"导入的类别"选项卡中展开一层消火栓平面图的图 层,取消选中带"jps-"前缀图层外的其他图层,如图 8-58 所示。单击"确定"按钮,整理

8-6

283

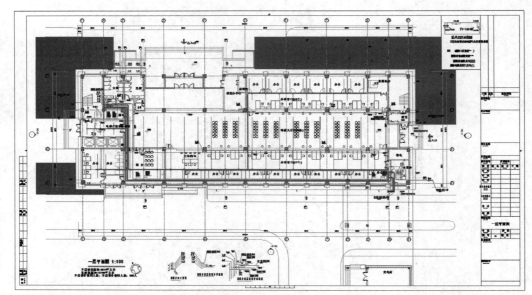

图 8-57　对齐图纸

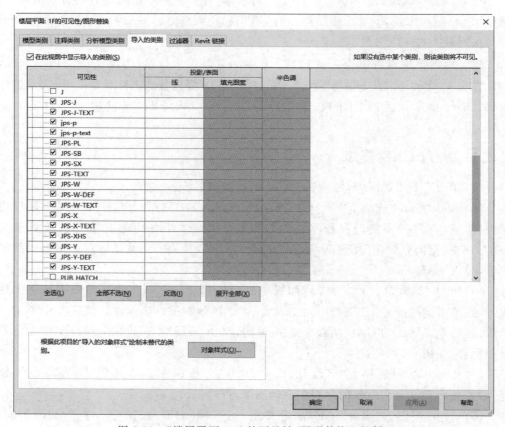

图 8-58　"楼层平面：1F 的可见性/图形替换"对话框

后的图形如图 8-59 所示。

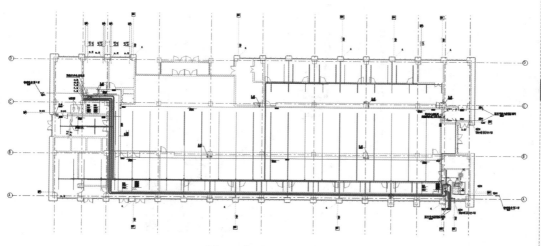

图 8-59　整理后的图形

8.3.2　布置管道

（1）单击"系统"选项卡"卫浴和管道"面板中的"管道"按钮 ，在"属性"选项板中设置系统类型为"其他消防系统"，其他采用默认设置，如图 8-60 所示。

（2）在选项栏中设置直径为 150mm，中间高程为 200，根据 CAD 图纸绘制接室外喷淋增压环管的管道，如图 8-61 所示。

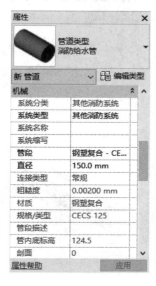

图 8-60　"属性"选项板

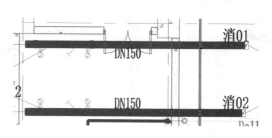

图 8-61　绘制接室外喷淋增压环管的管道

（3）在选项栏中设置直径为 150mm，中间高程为 3600mm，捕捉上步绘制的管道端，根据 CAD 图纸绘制直径为 150mm 的竖管，如图 8-62 所示。

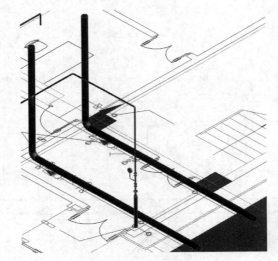

图 8-62　绘制竖管

（4）在选项栏中设置直径为 150mm，中间高程为 3600mm，捕捉上步绘制的管道端点，根据 CAD 图纸绘制管道，如图 8-63 所示。

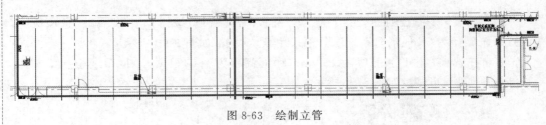

图 8-63　绘制立管

（5）将视图切换至三维视图。消火栓系统的管网要形成一个环状管网，放大如图 8-64 所示的视图，选取水平弯头，单击"T 形三通"图标 ✚，将弯头转换为三通，如图 8-65 所示。

图 8-64　放大视图

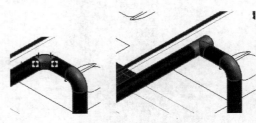

图 8-65　弯头转换成三通

（6）单击"系统"选项卡"卫浴和管道"面板中的"管道"按钮，捕捉上步创建的三通端点，水平绘制管道直至另一根水平管道的中心线，系统自动在连接处生成三通，如图 8-66 所示。

图 8-66　绘制连接管道

8-8

8.3.3　布置设备及附件

（1）单击"系统"选项卡"模型"面板"构件"下拉列表框中的"放置构件"按钮 ，打开"载入族"对话框，选择 China→"消防"→"建筑"→"消防柜"文件夹中的"单栓室内消火栓箱.rfa"族文件，如图 8-67 所示，单击"打开"按钮。

（2）此时系统打开如图 8-68 所示的"指定类型"对话框，选取"800×650×240mm-明装"和"800×650×240mm-暗装"两种类型，单击"确定"按钮。

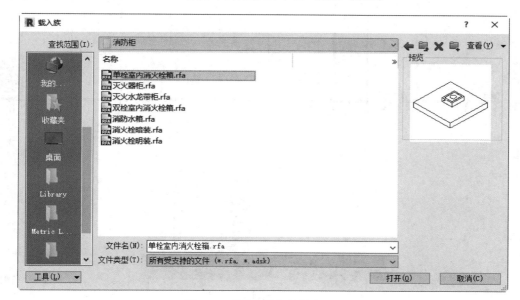

图 8-67　"载入族"对话框（一）

（3）在"属性"选项板中设置标高中的高程为"1100"，在选项卡中单击"放置在垂直面上"按钮 ，根据 CAD 图纸在结构柱的旁边放置明装的消火栓箱，如图 8-69 所示。

（4）从图 8-69 中可以看出，左上角的消火栓箱放置的位置不正确。单击"系统"选项卡"工作平面"面板中的"参照平面"按钮 ，在视图中 03 号消火栓箱处绘制水平参照平面，如图 8-70 所示。

（5）选取 03 号消火栓箱，打开"修改|机械设备"选项卡，单击"放置"面板中的"拾取新的"按钮 ，将消火栓箱放置在参照平面上，如图 8-71 所示。

图 8-68 "指定类型"对话框

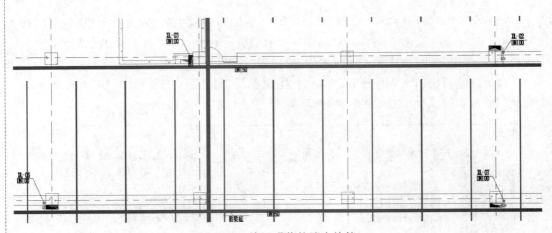

图 8-69 放置明装的消火栓箱

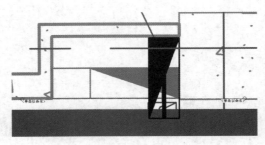

图 8-70 绘制参照平面

（6）单击"系统"选项卡"模型"面板"构件"下拉列表框中的"放置构件"按钮，在"属性"选项板中选择"800×650×240mm-暗装"类型，设置标高中的高程为 1100，在选项卡中单击"放置在垂直面上"按钮，根据 CAD 图纸在墙体中放置暗装的消火栓箱，如图 8-72 所示。

（7）单击"系统"选项卡"卫浴和管道"面板中的"管路附件"按钮，打开"修改|放置 管道附件"选项卡。单击"模式"面板中的"载入族"按钮，打开"载入族"对话框，选择 China→MEP→"卫浴附件"→"过滤器"文件夹中的"Y 型过滤器-50-500mm-法兰式.rfa"族文件，如图 8-73 所示。单击"打开"按钮，载入文件。

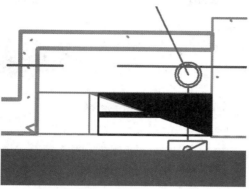

图 8-71　调整消火栓箱的放置主体

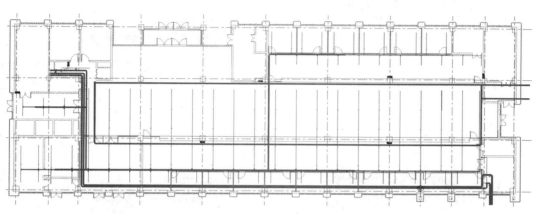

图 8-72　放置暗装的消火栓箱

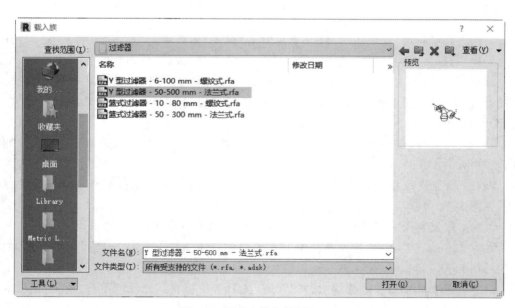

图 8-73　"载入族"对话框(二)

（8）在"属性"选项板中选择"Y 型过滤器-50-500mm-法兰式 150mm"，移动光标到水平管上，当过滤器与管道平行并高亮显示管道主线时（图 8-74），单击将过滤器放置在水平管上。单击"翻转管件"图标 ⇔，调整过滤器的方向，如图 8-75 所示。

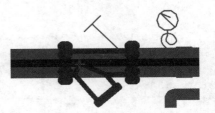

图 8-74　选取水平管道

（9）重复利用"管路附件"按钮 ，单击"模式"面板中的"载入族"按钮 ，打开"载入族"对话框，选择"比例式减压阀.rfa"族文件，单击"打开"按钮，载入文件。减压阀放置在水平管道上，如图 8-76 所示。

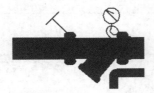

图 8-75　放置过滤器　　　　　　　图 8-76　放置减压阀

（10）重复利用"管路附件"按钮 ，单击"模式"面板中的"载入族"按钮 ，打开"载入族"对话框，选择"压力表.rfa"族文件，单击"打开"按钮，载入文件。

（11）在"属性"选项板中单击"编辑类型"按钮 ，打开"类型属性"对话框，新建"压力表-150"类型，更改公称半径为 75mm，公称直径为 150mm，其他采用默认设置，如图 8-77 所示。

（12）单击"确定"按钮，将压力表放置在过滤器和减压阀两端的水平管道上，如图 8-78 所示。

（13）分别选取压力表、比例阀和过滤器，单击"旋转"图标 ，调整各管道附件位置，如图 8-79 所示。

（14）重复利用"管路附件"按钮 ，在"属性"选项板中选择"蝶阀-65-300mm-法兰式-消防 150mm"类型，将其放置在压力表的两侧。单击"旋转"图标 ，调整位置，如图 8-80 所示。

（15）选取减压阀和过滤器之间的管道，按 Delete 键将其删除。单击"系统"选项卡"卫浴和管道"面板中的"软管"按钮 ，在选项栏中设置直径为 150mm，中间高程为 200mm，分别捕捉减压阀和过滤器端点绘制软管。

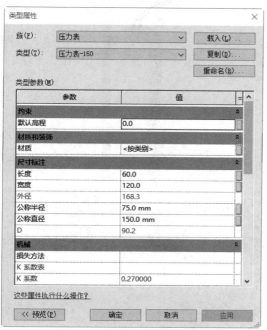

图 8-77　"类型属性"对话框

图 8-78　放置压力表

图 8-79　调整管道附件的位置

图 8-80　放置蝶阀

（16）单击"系统"选项卡"卫浴和管道"面板中的"管道"按钮 ，捕捉消火栓箱上方 150mm 的水平管道的轴线，然后在选项栏中设置直径为 100mm，中间高程为 600mm，单击"应用"按钮，继续绘制水平管道，如图 8-81 所示。

（17）选取消火栓箱，单击"创建管道"图标 ，绘制管道，在选项栏中输入中间高程为 600mm，单击"应用"按钮，绘制立管。继续绘制水平管道与直径为 100mm 的管道相交，如图 8-82 所示。

（18）采用相同的方法，根据 CAD 图纸绘制与消火栓箱相连的支管，如图 8-83 所示。

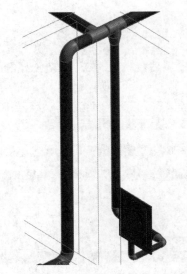

图 8-81　绘制直径为 100mm 的支管　　　　图 8-82　绘制直径为 60mm 的支管

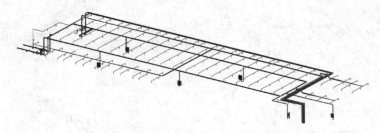

图 8-83　与消火栓箱相连的支管

（19）重复利用"管路附件"按钮，在"属性"选项板中选择"蝶阀-65-300mm-法兰式-消防 65mm"类型，将其放置在消火栓箱的支管上。单击"旋转"图标，调整其位置，如图 8-84 所示。

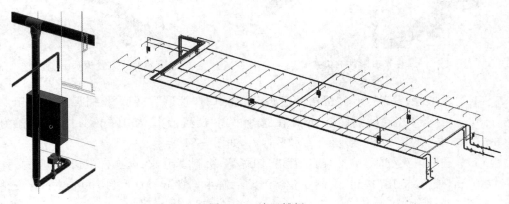

图 8-84　放置蝶阀

读者可以根据源文件中的 CAD 图纸绘制其他楼层的消防给水系统，这里不再一一介绍绘制过程。

第9章

风管设计

知识导引

　　本章使用风管工具来创建风管,然后将风道构件和机械设备放置在项目中。可以使用自动系统创建工具创建风管布线布局,以连接送风和回风系统构件。

9.1　负　荷　计　算

9.1.1　地理位置

地理位置是通过使用全局坐标为模型指定真实世界的位置。

Revit 使用地理位置的方式如下:

(1) 定义模型在地球表面上的位置;

(2) 为使用这些位置的视图(如日光研究和漫游)生成与位置相关的阴影;

(3) 为用于热负荷、冷负荷和能量分析的天气信息提供基础支持。

单击"管理"选项卡"项目位置"面板中的"地点"按钮 ,打开"位置、气候和场地"对话框,如图 9-1 所示。

1. "位置"选项卡

"位置"选项卡如图 9-1 所示,用于指定模型的地理位置。

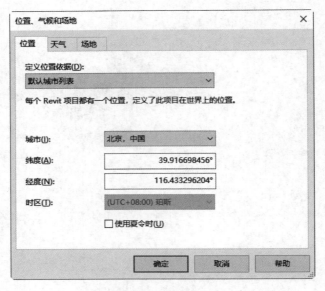

图 9-1 "位置、气候和场地"对话框

> 定义位置依据：可以从下拉列表框中选择默认城市列表或 Internet 映射服务。
>   • 默认城市列表：从城市列表中选择主要城市，或直接输入经度和纬度。
>   • Internet 映射服务：使用交互式地图选择位置，或输入街道地址。

2．"天气"选项卡

"天气"选项卡如图 9-2 所示，可以调整用于执行热负荷和冷负荷分析的气候数据。

图 9-2 "天气"选项卡

> 使用最近的气象站：默认情况下，Revit 将使用《2007 ASHRAE 手册》中列出的
>   离项目位置最近的气象站。

> 制冷设计温度：Revit 将使用最近的或选中的气象站，以填充"制冷设计温度"表。
  - 干球温度：通常称为空气温度，是由暴露在空气中但不受到直接的日光照射和不接触湿气的温度计所测量的温度。
  - 湿球温度：是在恒压下使水蒸发到空气中直至空气饱和，通过这种冷却方式空气可能达到的温度。湿球温度与干球温度之差越小，相对湿度越大。
  - 平均日较差：为每日最高和最低温度之差的平均值。
> 加热设计温度：是指在典型气候的一年中至少99%的时间内的最低户外干球温度。
> 晴朗数：平均值为1.0。

3. "场地"选项卡

"场地"选项卡如图9-3所示，用于创建命名位置（场地），以管理场地上及相对于其他建筑物的模型的方向和位置。

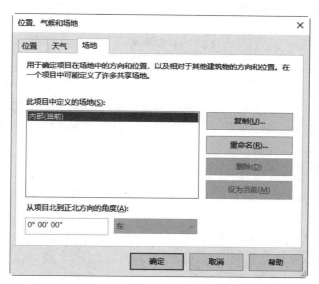

图9-3 "场地"选项卡

> 此项目中定义的场地：列出项目中定义的所有命名位置。默认情况下，项目存在命名为"内部"的场地。
> 复制：单击此按钮，复制选中的命名位置，并分配指定的名称。
> 重命名：单击此按钮，重命名选中的命名位置。
> 删除：单击此按钮，删除选中的命名位置。
> 设为当前：当前表示具有焦点和用作项目共享坐标的命名位置。
> 从项目北到正北方向的角度：这里显示当"项目基点"从当前命名位置的正北向旋转时的度数和旋转方向。

9.1.2 建筑/空间类型设置

Revit 为建筑和空间参数提供了默认的明细表和设置，用来计算热负荷和冷负荷。

单击"管理"选项卡"设置"面板"MEP 设置" 下拉列表框中"建筑/空间类型设置"按钮 ,打开如图 9-4 所示的"建筑/空间类型设置"对话框。在该对话框中可创建、复制、重命名或删除建筑/空间类型。

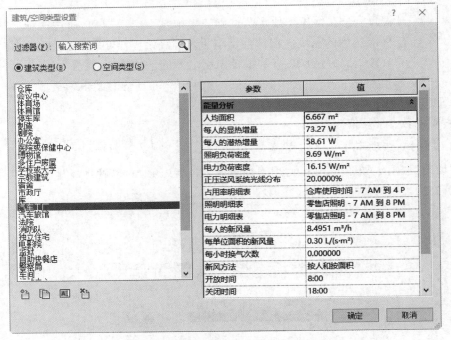

图 9-4 "建筑/空间类型设置"对话框

"建筑/空间类型设置"对话框中主要选项说明如下。

➤ 建筑类型：指不同功能的建筑，如仓库、会议中心、体育馆等，每种建筑类型的能量分析参数不一样。

➤ 空间类型：指建筑内的不同空间，如办公室的封闭区域或开放区域、中庭的前三层和后三层，每种空间的能量分析参数不一样。

➤ 人均面积：每人使用的单位面积。

➤ 每人的显热增量：温度升高或降低而不改变其原来相态所需吸收或放出的热量。

➤ 每人的潜热增量：在温度不发生变化时吸收或放出的热量。

➤ 照明负荷密度：每平方米照明灯具散发的热量。

➤ 电力负荷密度：每平方米设备的散热量。

➤ 正压送风系统光线分布：吊顶空间内吸收照明灯具散发的热量的百分比。

➤ 占用率明细表：建筑/空间内保持加热/制冷设定点的时间段。

➤ 照明明细表：显示发生照明增量的时间。

➤ 电力明细表：显示发生设备增量的时间。

➤ 开放时间：建筑开放的时间点。

➤ 关闭时间：建筑关闭的时间点。

可以为模型中的某个建筑类型和个别空间选择占用率明细表、照明明细表和电力明细表进行设置。单击占用率明细表/照明明细表/电力明细表栏，然后单击 按钮，打开如图 9-5 所示的"明细表设置"对话框。可以修改默认的明细表，也可以基于现有的默认明细表创建新的明细表。

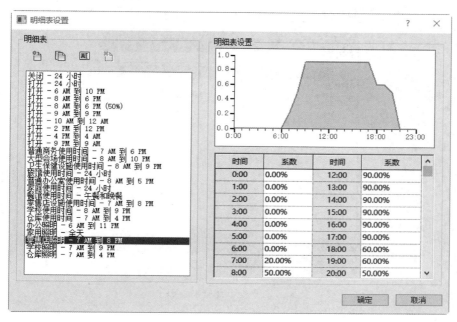

图 9-5　"明细表设置"对话框

9.1.3　空间

可以将空间放置到建筑模型的所有区域中，以进行精确的热负荷和冷负荷分析。

空间是通过识别链接建筑模型中的房间边界来进行放置的，所以在进行空间放置前，应先对模型中的房间边界进行设置。选取链接的模型，单击"属性"选项板中的"编辑类型"按钮，打开"类型属性"对话框，选中"房间边界"复选框，其他采用默认设置，如图 9-6 所示，单击"确定"按钮。

（1）单击"分析"选项卡"空间和分区"面板中的"空间"按钮，打开"修改|放置 空间"选项卡和选项栏，如图 9-7 所示。

"修改|放置 空间"选项栏中的选项说明如下。

➢ "自动放置空间"按钮：单击此按钮，在当前标高上的所有闭合边界区域中放置房间。

➢ "高亮显示边界"按钮：如果要查看房间边界图元，则选中此按钮，Revit 将以金黄色高亮显示所有房间边界图元，并显示一个警告对话框。

➢ "在放置时进行标记"按钮：如果要随房间显示房间标记，则选中此按钮；如果要在放置房间时忽略房间标记，则取消选中此按钮。

➢ 上限：指定将从其测量房间上边界的标高。如果要向标高 1 楼层平面添加一个

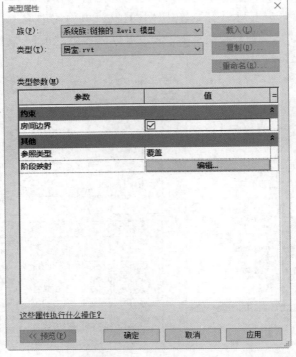

图 9-6 "类型属性"对话框

图 9-7 "修改|放置 空间"选项卡和选项栏

房间,并希望该房间从标高 1 扩展到标高 2 或标高 2 上方的某个点,则可将"上限"指定为"标高 2"。

➤ 偏移:输入房间上边界距该标高的距离。输入正值表示向"上限"标高上方偏移,输入负值表示向其下方偏移。

➤ 按钮:指定所需房间的标记方向,分别有水平、垂直和模型三种方向。

➤ 引线:指定房间标记是否带有引线。

➤ 空间:可以选择"新建"选项创建新的空间,或者从列表中选择一个现有空间。

(2)"属性"选项板中包含空间标记、使用体积的空间标记和使用面积的空间标记类型,这里选取空间标记类型如图 9-8 所示。

(3)在绘图区将光标放置在封闭的区域中,此时空间高亮显示,如图 9-9 所示。单击放置空间标记,如图 9-10 所示。

(4)单击"自动放置空间"按钮,系统自动创建空间,并提示自动创建空间的数量,如图 9-11 所示。

图 9-8 "属性"选项板

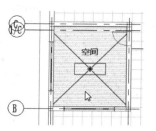

图 9-9 预览空间

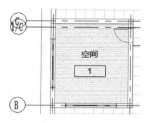

图 9-10 放置空间

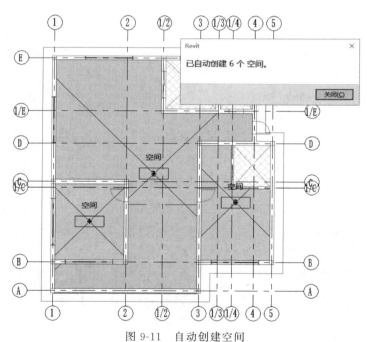

图 9-11 自动创建空间

（5）单击"分析"选项卡"空间和分区"面板中的"空间 分隔符"按钮，打开"修改｜放置 空间分隔"选项卡，默认激活"线"按钮，绘制分隔线，将空间分隔成两个或多个小空间，如图 9-12 所示。

（6）选取空间名称进入编辑状态，此时空间以红色显示。双击空间名称，在文本框中输入空间名称为"卧室"，如图 9-13 所示。

（7）单击"分析"选项卡"空间和分区"面板中的"空间命名"按钮，打开如图 9-14 所示的"空间命名"对话框，指定空间的命名方式，一般选择"名称和编号"命名方式。

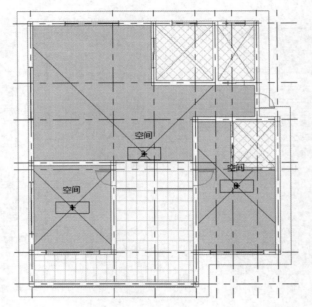

图 9-12　分隔空间

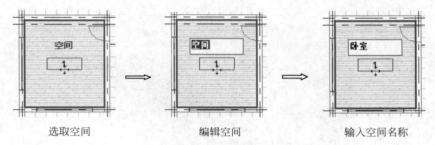

选取空间　　　　　　　　编辑空间　　　　　　　　输入空间名称

图 9-13　更改空间名称

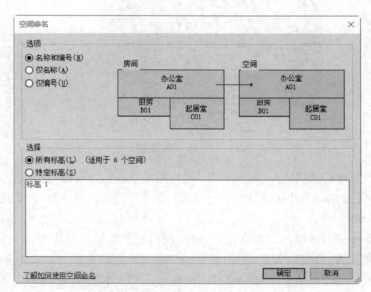

图 9-14　"空间命名"对话框

9.1.4 分区

创建分区可定义有共同环境和设计需求的空间。MEP 项目始终至少有一个分区，即默认分区。空间最初放置在项目中时，会添加到默认分区中。在使用链接模型时，所有分区（和空间）都必须在主体（本地）文件中。

将空间指定给（添加到）分区后，分区将以所指定的空间为边界，这时分区将不能移动。与空间不同，无边界分区不会捕捉有边界区域。但是，可以根据设计需要将无边界分区移动到有边界区域上。

由于分区是空间的集合，因此通常先将空间放置到模型中，然后再创建分区。但也可以根据具体的环境先创建分区，然后将空间指定给所创建的分区。

（1）单击"分析"选项卡"空间和分区"面板中的"分区"按钮 ▦，打开如图 9-15 所示的"编辑分区"选项卡。

图 9-15 "编辑分区"选项卡

（2）系统默认激活"添加空间"按钮 ▦，在视图中选取空间，单击"完成编辑分区"按钮 ✔，将选中的空间添加到同一分区，如图 9-16 所示。

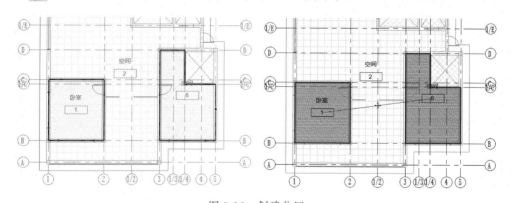

图 9-16 创建分区

注意：分区不能在立面视图或三维视图中显示，但可以在剖面视图中查看。

（3）选取分区，单击"修改|HVAC 区"选项卡中的"编辑分区"按钮 ▦，打开如图 9-15 所示的"编辑分区"选项卡，对分区进行添加空间或删除空间操作。

（4）单击"视图"选项卡"窗口"面板中的"用户界面"按钮 ▦，在打开的列表中选中"系统浏览器"选项或按 F9 键，打开"系统浏览器"对话框。

（5）在视图选项中选择"分区"选项，在分区列表中显示当前项目的分区信息，单击分区名称展开列表，可查看分区中所包含的空间，如图 9-17 所示。

图 9-17 "系统浏览器"对话框

9.1.5 热负荷与冷负荷

（1）单击"分析"选项卡"报告和明细表"面板中的"热负荷和冷负荷"按钮 ，打开如图 9-18 所示的"热负荷和冷负荷"对话框。

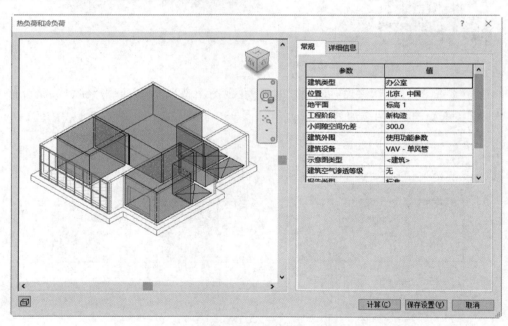

图 9-18 "热负荷和冷负荷"对话框

"热负荷和冷负荷"对话框中的选项说明如下。

➤ "预览"窗格：显示建筑的分析模型。可以通过缩放、旋转和平移模型来检查每个分区和空间，尤其是间隙（即其中没有放置空间的区域）。如果找到间隙，则必须解决它们。

➤ "线框"按钮 ／"着色"按钮 ：将分析模型显示为线框/着色。

➤ "常规"选项卡：包含可直接影响加热和制冷分析的项目信息。

　　• 建筑类型：在下拉列表框中指定建筑的类型。

- 位置：指定模型的地理位置，该位置决定在计算负荷时所使用的气候和温度。
- 地平面：指定用作建筑地面标高参照的标高，此标高下的表面被视为地下表面。
- 工程阶段：指定构造的阶段以用于分析。
- 小间隙空间允差：指定将视为小间隙空间的区域的允差。
- 建筑外围：指定用于确定建筑物围护结构的方法，包括使用功能参数和标示外部图元两种方法。
- 建筑设备：指定建筑的加热和制冷系统。
- 示意图类型：指定建筑的构造类型。单击 按钮，打开如图9-19所示的"示意图类型"对话框，可以在其中指定建筑的材质和隔热层。

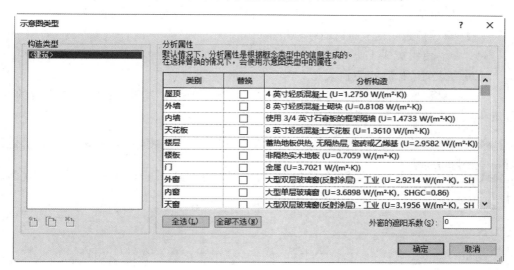

图9-19　"示意图类型"对话框

- 建筑空气渗透等级：指定通过建筑外围漏隙进入建筑的新风的估计量。
- 报告类型：指定在热负荷和冷负荷报告中提供的信息层次，包括简单、标准和详细。
- 使用负荷信用：允许以负数形式记录加热或制冷"信用"负荷。例如，从一个分区通过隔墙进入另一个分区的热可以是负数负荷/信贷。
- "详细信息"选项卡：包含可直接影响加热和制冷分析的空间和分区信息。
- 空间/分析表面：用于查看分析模型，以检查建筑模型中的体积，确认各平面已被正确识别。
- 分区和空间列表：建筑模型中各空间和分区的层级列表。可以通过该列表识别分区与其控制的空间之间的关系。可以选择一个或多个空间或分区，以便在预览窗格中查看选择对象或显示选定空间或分区的相关信息。
- "高亮显示"按钮 ：在分析模型中显示选定的分区或空间。
- "隔离"按钮 ：在分析模型中只显示选定的空间。

- "显示相关警告"按钮 ：显示与分析模型中所选空间相关的警告消息。
- 空间信息：从列表中选择一个或多个空间后，将显示以下空间信息。这些空间信息会影响热负荷和冷负荷分析。
  ① 空间类型：指定选定空间的空间类型。
  ② 构造类型：指定选定空间的构造类型。
  ③ 人员：指定选定空间的人员负荷。
  ④ 电气数据：指定选定空间的照明和电力负荷。
- 分区信息：从列表中选择一个或多个分区后，将显示以下分区信息。这些分区信息会影响热负荷和冷负荷分析。
  ① 设备类型：指定选定分区的加热和制冷设备的类型。
  ② 加热信息：指定选定分区的加热设定点、加热空气温度和湿度设定点。
  ③ 制冷信息：指定选定分区的制冷设定点、制冷空气温度和除湿设定点。
  ④ 新风信息：显示新风的计算结果。

➢ 计算：使用集成工具执行热负荷和冷负荷分析。

➢ 保存设置：保存参数设置。

（2）在对话框中设置各个参数。参数设置完成后，单击"计算"按钮，根据设置的参数进行计算并生成负荷报告，如图 9-20 所示。

| 1 - 机械 | 负荷报告 (1) ✕ |

Project Summary

位置和气候	
项目	项目名称
地址	请在此处输入地址
计算时间	2020年6月19日 9:25
报告类型	标准
纬度	39.92°
经度	116.43°
夏季干球温度	36 °C
夏季湿球温度	28 °C
冬季干球温度	-11 °C
平均日较差	9 °C

Building Summary

输入	
建筑类型	办公室
面积 (m²)	103
体积 (m³)	276.25
计算结果	
峰值总冷负荷 (kW)	23
峰值制冷时间(月和小时)	七月 15:00
峰值显热冷负荷 (kW)	21
峰值潜热冷负荷 (kW)	1
最大制冷能力 (kW)	23
峰值制冷风量 (m³/h)	5,711.8
峰值热负荷 (kW)	17
峰值加热风量 (m³/h)	2,720.1
校验和	
冷负荷密度 (W/m²)	221.24
冷流体密度 (L/(s·m²))	15.36
冷流体/负荷 (L/(s·kW))	69.44
制冷面积/负荷 (m²/kW)	4.52
热负荷密度 (W/m²)	161.74
热流体密度 (L/(s·m²))	7.32

图 9-20　负荷报告

9.2　风　管　设　置

单击"系统"选项卡 HVAC 面板中的"机械设置"按钮 ，或单击"管理"选项卡"设置"面板"MEP 设置"下拉列表框中的"机械设置"按钮 ，打开"机械设置"对话框的"风管设置"选项，如图 9-21 所示。指定默认的风管类型、尺寸和设置参数。

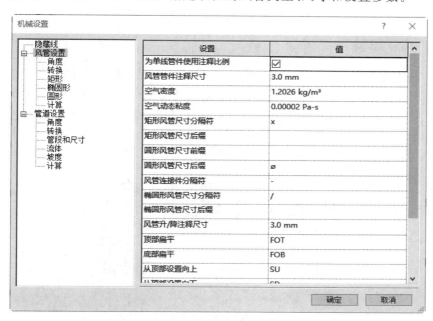

图 9-21　"机械设置"对话框

该对话框中常用的参数介绍如下。

> 为单线管件使用注释比例：指定是否按照"风管管件注释尺寸"参数所指定的尺寸绘制风管管件。修改该设置时并不会改变已在项目中放置的构件的打印尺寸。

> 风管管件注释尺寸：指定在单线视图中绘制的管件和附件的打印尺寸。无论图纸比例为多少，该尺寸始终保持不变。

> 空气密度：用于确定风管尺寸和压降。

> 空气动态粘度：用于确定风管尺寸。

> 矩形风管尺寸分隔符：指定用于显示矩形风管尺寸的符号。例如，如果使用 x，则高度为 12 英寸、深度为 12 英寸的风管将显示为 $12'' \times 12''$。

> 矩形风管尺寸后缀：指定附加到矩形风管的风管尺寸后的符号。

> 圆形风管尺寸前缀：指定前置在圆形风管的风管尺寸的符号。

> 圆形风管尺寸后缀：指定附加到圆形风管的风管尺寸后的符号。

> 风管连接件分隔符：指定用于在两个不同连接件之间分隔信息的符号。

> 椭圆形风管尺寸分隔符：指定用于显示椭圆形风管尺寸的符号。

➤ 椭圆形风管尺寸后缀：指定附加到椭圆形风管的风管尺寸后的符号。

➤ 风管升/降注释尺寸：指定在单线视图中绘制的升/降注释的打印尺寸。无论图纸比例为多少，该尺寸始终保持不变。

9.3 绘制风管

"风管"工具可用来在项目中绘制管网，以连接风口和机械设备。

9.3.1 风管布管系统设置

（1）单击"系统"选项卡 HVAC 面板中的"风管"按钮 ，在"属性"选项板中单击"编辑类型"按钮 ，打开如图 9-22 所示的"类型属性"对话框。在"类型"下拉列表框中有 4 种风管类型，包括半径弯头/T 形三通、半径弯头/接头、斜接弯头/T 形三通和斜接弯头/接头。

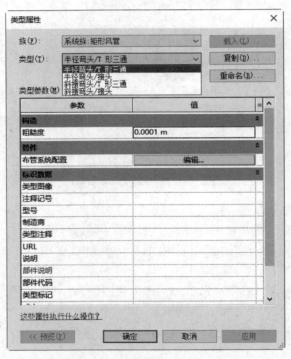

图 9-22 "类型属性"对话框

（2）单击"布置系统配置"栏中的"编辑"按钮 编辑... ，打开如图 9-23 所示的"布管系统配置"对话框，在该对话框中可以设置管道的连接方式。设置好以后，连续单击"确定"按钮。

"布管系统配置"对话框中的选项说明如下。

➤ 弯头：设置风管改变方向时所用弯头的默认类型，在其下拉列表框中选取弯头类型，如图 9-24 所示。

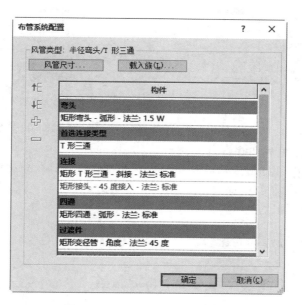

图 9-23　"布管系统配置"对话框

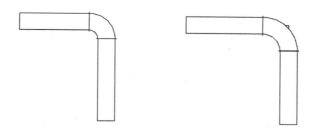

矩形弯头-弧形-法兰：1.0w　　　矩形弯头-平滑半径-法兰：标准

图 9-24　弯头类型

- ➤ 首选连接类型：设置风管支管连接的默认类型。
- ➤ 连接：设置风管接头的类型。
- ➤ 四通：设置风管四通的默认类型。
- ➤ 过渡件：设置风管变径的默认类型。
- ➤ 多形状过渡件：设置不同轮廓风管间（圆形、矩形和椭圆形）的默认连接方式。
- ➤ 活接头：设置风管活接头的默认连接方式。
- ➤ 管帽：设置风管堵头的默认类型。

9.3.2　绘制水平风管

"风管"工具可用来在项目中绘制管网，以连接风道末端和机械设备。

（1）单击"系统"选项卡 HVAC 面板中的"风管"按钮 ，打开"修改│放置 风管"选项卡和选项栏，如图 9-25 所示。

"修改│放置 风管"选项卡和选项栏中的选项说明如下。

图 9-25 "修改|放置 风管"选项卡和选项栏

➢ "对正"按钮 ⤢：单击此按钮，打开如图 9-26 所示的"对正设置"对话框，设置水平对正、水平偏移和垂直对正。

- 水平对正：以风管的"中心""左"或"右"侧作为参照，将各风管部分的边缘水平对齐，如图 9-27 所示。

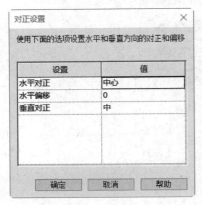

图 9-26 "对正设置"对话框

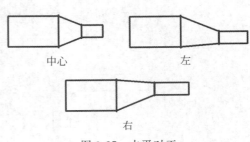

图 9-27 水平对正

- 水平偏移：用于指定在绘图区域中的单击位置与风管绘制位置之间的偏移。
- 垂直对正：以风管的"中""底"或"顶"作为参照，将各风管部分边缘垂直对齐。

➢ "自动连接"按钮 ⫸：在开始或结束风管管段时，可以自动连接构件上的捕捉。该选项对于连接不同高程的管段非常有用。但是，当沿着与另一条风管相同的路径以不同偏移量绘制风管时，应取消"自动连接"，以避免生成意外连接。

➢ "继承高程"按钮 ⤨：继承捕捉到的图元的高程。

➢ "继承大小"按钮 ⫿：继承捕捉到的图元的大小。

➢ 宽度：指定矩形或椭圆形风管的宽度。

➢ 高度：指定矩形或椭圆形风管的高度。

➢ 中间高程：指定风管相对于当前标高的垂直高程。

➢ "锁定/解锁指定高程"按钮 🔒/🔓：锁定后，管段会始终保持原高程，不能连接处于不同高程的管段。

（2）在"属性"选项板中选择所需的风管类型，默认的有圆形风管、矩形风管和椭圆形风管，这里选择"矩形风管 半径弯头/T 形三通"类型。

（3）在选项栏的"宽度"和"高度"下拉列表框中选择风管尺寸，也可以直接输入所需的尺寸，这里设置宽度和高度为 1000。

（4）在选项栏或"属性"选项板中输入中间高程，这里采用默认的中间高程。

（5）在"属性"选项板中设置水平对正和垂直对正，如图9-28所示；也可以在"对正设置"对话框中设置水平和垂直方向的对正和偏移。

图9-28　"属性"选项板

（6）在绘图区域中适当位置单击指定风管的起点，移动鼠标到适当位置单击确定风管的终点，完成一段风管的绘制。继续移动鼠标在适当位置单击绘制下一段风管，系统自动在连接处采用弯头连接。完成后，按 Esc 键退出风管的绘制，结果如图 9-29 所示。

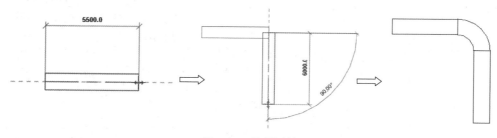

图9-29　绘制风管

9.3.3　绘制垂直风管

（1）单击"系统"选项卡"卫浴和管道"面板中的"管道"按钮![icon]，在选项栏中输入矩形管道的宽度、高度和中间高程值，绘制一段水平风管。

（2）在选项栏中输入中间高程值（只要中间高程值与步骤（1）中的高程值不同即可），单击"应用"按钮![应用]，在变高程的地方自动生成一段立管，如图9-30所示。

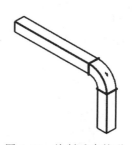

图9-30　绘制垂直管道

9.3.4 绘制软风管

（1）单击"系统"选项卡 HVAC 面板中的"软风管"按钮 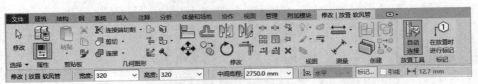，打开"修改｜放置 软风管"选项卡和选项栏，如图 9-31 所示。

图 9-31　"修改｜放置 软风管"选项卡和选项栏

（2）在"属性"选项板中选择所需的风管类型，默认的有圆形软风管和矩形软风管，这里选择"矩形软风管 软管-矩形"类型。

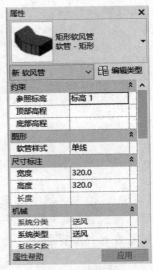

（3）在"属性"选项板中设置软管样式、宽度和高度，如图 9-32 所示。系统提供了 8 种软风管样式，通过选取不同的样式，可以改变软风管在平面视图中的显示。

（4）在绘图区域中适当位置单击指定软风管的起点，沿着希望软风管经过的路径拖曳风管端点，单击风管弯曲所在位置的各个点，单击风道末端、风管管段或机械设备上的连接件，以指定软风管的端点。完成后，按 Esc 键退出软风管的绘制，结果如图 9-33 所示。

（5）选取软风管，软风管上显示控制柄，如图 9-34 所示，使用顶点、修改切点和连接件控制柄来调整软风管的布线。

图 9-32　"属性"选项板

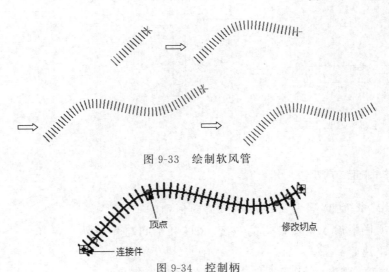

图 9-33　绘制软风管

图 9-34　控制柄

➢ 顶点：出现在软风管的长度旁，可以用它来修改风管弯曲位置处的点。

➢ 修改切点：出现在软风管的起点和终点处，可以用它来调整第一个弯曲处和第二个弯曲处的切点。

➢ 连接件：出现在软风管的各个端点处，可以用它来重新定位风管的端点。可以通过它将软风管连接到另一个机械构件，或断开软风管与系统的连接。

（6）在软风管管段上右击，打开如图 9-35 所示的快捷菜单，然后单击"插入顶点"选项，根据需要添加顶点，如图 9-36 所示。

图 9-35　快捷菜单

图 9-36　插入顶点

（7）拖曳顶点，调整软风管的布线，如图 9-37 所示。在软风管管段上右击，打开如图 9-35 所示的快捷菜单，单击"删除顶点"选项，在软风管上单击要删除的顶点，结果如图 9-38 所示。

图 9-37　调整软风管布线

图 9-38　删除顶点

9.4　风管构件

可以将弯头、T 形三通、管帽等放置在风管系统中。

9.4.1　插入风管管件

在视图中，很少将风管管件作为独立构件添加，通常将其添加到现有的管网中。

（1）单击"系统"选项卡 HVAC 面板中的"风管管件"按钮 ，打开"修改|放置 风管管件"选项卡和选项栏，如图 9-39 所示。

图 9-39 "修改|放置 风管管件"选项卡和选项栏

（2）在"属性"选项板中选择所需的风管管件类型，设置管件的尺寸以及高程，如图 9-40 所示。

（3）在视图中单击放置风管管件，如图 9-41 所示。

图 9-40 "属性"选项板

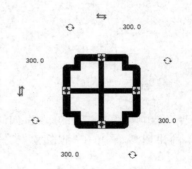

图 9-41 风管管件

（4）如果在现有风管中放置管件，应将光标移到要放置管件的位置，然后单击风管以将管件捕捉到风管端点处的连接件，如图 9-42 所示。管件会自动调整其高程和大小，直到与风管匹配为止，如图 9-43 所示。

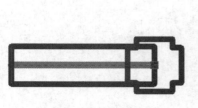

图 9-42 捕捉风管端点

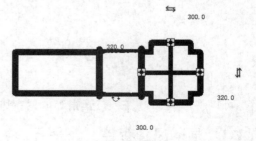

图 9-43 放置管件

（5）从图 9-41 和图 9-43 中可以看出，风管管件提供了一组可用于在视图中修改管件的控制柄。

① 风管管件尺寸显示在各个支架的连接件的附近。可以单击该尺寸，并输入值以指定大小，如图 9-44 所示。在必要时会自动创建过渡件。

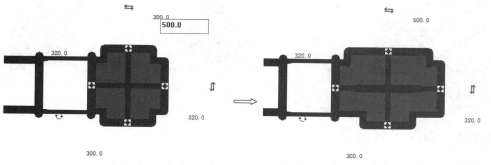

图 9-44　更改尺寸

② 单击"翻转管件"按钮 ⇳，在系统中水平或垂直翻转该管件，以便根据气流确定管件的方向，如图 9-45 所示。

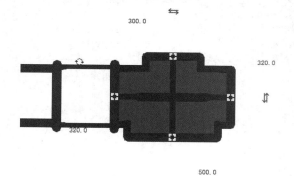

图 9-45　翻转管件

③ 当管件的旁边出现蓝色的风管管件控制柄时，加号 ✚ 表示可以升级该管件。例如，弯头可以升级为 T 形三通，T 形三通可以升级为四通，如图 9-46 所示。减号 ━ 表示可以删除该支架以使管件降级。

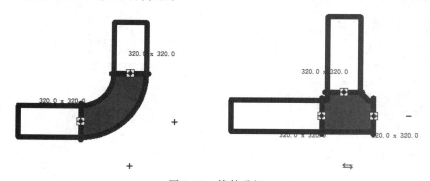

图 9-46　管件升级

④ 单击"旋转"按钮 ↻ ，可以修改管件的方向。每次单击"旋转"按钮 ↻ ，都将使管件旋转 90°，如图 9-47 所示。

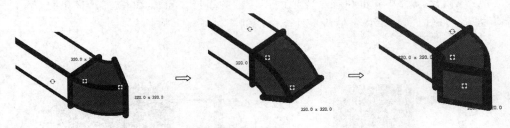

图 9-47　旋转管件

9.4.2　插入风管附件

可以在平面、剖面、立面和三维视图中添加风管附件，如排烟阀。

（1）单击"系统"选项卡 HVAC 面板中的"风管附件"按钮 ，打开"修改 | 放置 风管附件"选项卡，如图 9-48 所示。

图 9-48　"修改 | 放置 风管附件"选项卡

（2）在"属性"选项板中选择所需的风管附件类型和高程，如图 9-49 所示。

（3）在视图中单击放置风管附件，如图 9-50 所示。

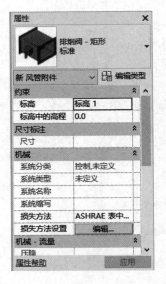

图 9-49　"属性"选项板

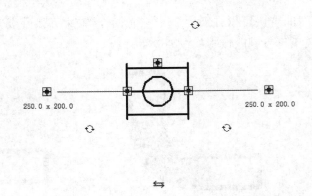

图 9-50　风管附件

（4）如果在现有风管中放置附件，应将光标移到要放置附件的位置，然后单击风管以将附件捕捉到风管端点处的连接件，如图 9-51 所示。附件会自动调整其高程，直到与风管匹配为止，如图 9-52 所示。

图 9-51　捕捉风管端点处的连接件

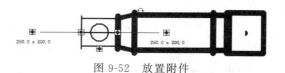

图 9-52　放置附件

9.4.3　插入风道末端

利用风道末端命令可以添加风口、格栅或散流器。

（1）单击"系统"选项卡 HVAC 面板中的"风道末端"按钮 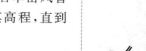，打开"修改|放置 风道末端装置"选项卡，如图 9-53 所示。

图 9-53　"修改|放置 风道末端装置"选项卡

（2）在"属性"选项板中选择所需的风道末端类型，如图 9-54 所示。

图 9-54　选择类型

（3）单击"风道末端安装到风管上"按钮，在风管上的适当位置单击放置风道末端，如图 9-55 所示。

（4）对于不需要安装在风管上的末端，取消激活"风道末端安装到风管上"按钮，需要在"属性"选项板中设定其偏移值，在风管上单击放置风管末端，系统自动根据风管末端的位置匹配相应的风管与主风管连接，如图 9-56 所示。

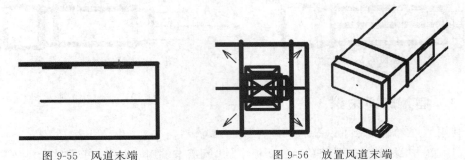

图 9-55　风道末端　　　　　　　图 9-56　放置风道末端

9.4.4　将风管转换为软风管

（1）绘制一段风管并添加风管末端，如图 9-57 所示。

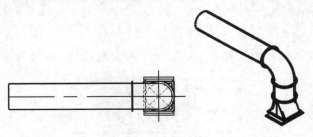

图 9-57　绘制风管

（2）在项目浏览器中展开"视图（规程）"→"机械"→HVAC→"楼板平面"节点，然后双击要在其中将风管转换为软风管的机械视图。

（3）单击"系统"选项卡 HVAC 面板中的"转换为软风管"按钮，在选项栏中输入长度值，即软风管管段的长度。如果输入的长度大于选项栏上指定的"最大长度"值，将显示警告。

（4）选择与所要转换的风管相连接的风口，这里选取视图中的风管末端，该风管段将转换为软风管段，如图 9-58 所示。

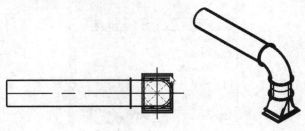

图 9-58　转换为软风管

9.4.5　添加管帽

1．将管帽添加到风管

选取风管，打开如图9-59所示的"修改|风管"选项卡，单击"编辑"面板中的"管帽开放端点"按钮 ，管帽将添加到所选图元的所有开放端点。

图9-59　"修改|风管"选项卡

2．将管帽添加到风管管网

选取风管管网，单击"修改|风管"选项卡"编辑"面板中的"管帽开放端点"按钮 ，管帽将被添加到所选管网的所有开放端点。

9.5　风管隔热层和内衬

可以对风管添加隔热层和内衬。

9.5.1　添加隔热层

（1）在视图中绘制一段风管，或者打开已经绘制好的风管，如图9-60所示。

（2）选取风管，打开如图9-59所示的"修改|风管"选项卡，单击"编辑"面板中的"添加隔热层"按钮 ，打开如图9-61所示的"添加风管隔热层"对话框。

图9-60　风管

图9-61　"添加风管隔热层"对话框

（3）在对话框中的"隔热层类型"下拉列表框中选择隔热层的材质，单击"编辑类型"按钮 ，打开"类型属性"对话框，编辑隔热层类型。

（4）在"厚度"文本框中输入隔热层的厚度，单击"确定"按钮，对风管添加隔热层，如图9-62所示。

9.5.2　新建隔热层类型

（1）在项目浏览器中选取"族"→"管道隔热层"→

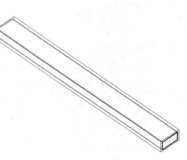

图9-62　添加隔热层

"管道隔热层"节点下的任意一种隔热层类型,右击,打开如图 9-63 所示的快捷菜单。

(2) 在打开的快捷菜单中单击"复制"选项,复制隔热层类型,选取复制后的隔热层类型后右击,在打开的快捷菜单中单击"重命名"选项,更改名称为"泡沫",如图 9-64 所示。

图 9-63　快捷菜单

图 9-64　新建泡沫隔热层类型

(3) 在新建的泡沫隔热层类型上右击,在打开的快捷菜单中单击"类型属性"选项,打开"类型属性"对话框。在"材质"栏中单击 按钮,打开"材质浏览器"对话框,在材质库中选取"AEC 材质"→"塑料"中的"聚氨酯泡沫"材质,单击"将材质添加到文档中"按钮 ,将"聚氨酯泡沫"材质添加至项目材质列表中并选取,如图 9-65 所示。连续单击"确定"按钮,完成泡沫隔热层类型的创建。

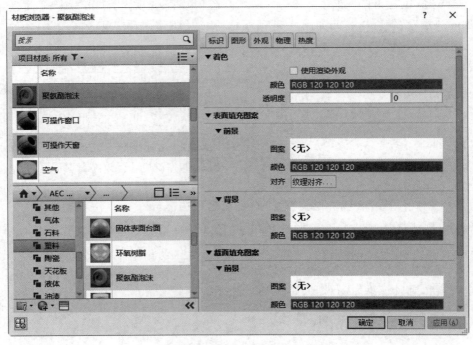

图 9-65　"材质浏览器"对话框

9.5.3 编辑隔热层

（1）选取添加隔热层的管道，单击"修改|管道"选项卡"管道隔热层"面板中的"编辑隔热层"按钮 ，打开如图 9-66 所示的"属性"选项板。

（2）在"属性"选项板中单击"编辑类型"按钮 ，打开如图 9-67 所示的"类型属性"对话框，单击"复制"按钮，打开"名称"对话框，输入名称为"岩棉"，如图 9-68 所示。

图 9-66 "属性"选项板

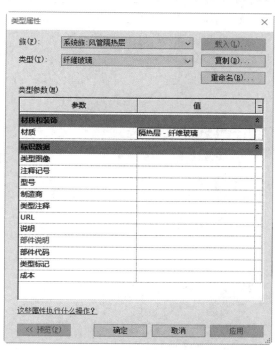

图 9-67 "类型属性"对话框

（3）单击"确定"按钮，返回到"类型属性"对话框，在"材质"栏中单击 按钮，打开"材质浏览器"对话框，在材质库中选取"AEC 材质"→"塑料"中的"岩棉"材质，单击"将材质添加到文档中"按钮 ，将"岩棉"材质添加至项目材质列表中并选取，连续单击"确定"按钮。

（4）在"属性"选项板中设置隔热层厚度为 30mm，单击"应用"按钮，完成风管隔热层的编辑。

（5）选取添加隔热层的风管，单击"修改|管道"选项卡"风管隔热层"面板中的"删除隔热层"按钮 ，打开如图 9-69 所示的"删除风管隔热层"对话框，单击"是"按钮，删除风管隔热层。

图 9-68 "名称"对话框

图 9-69 "删除风管隔热层"对话框

风管内衬的添加、创建以及编辑方法和隔热层的相同,这里不再一一进行介绍。

9.6 添加风管颜色

一个完整的空调风系统包括送风系统、回风系统、排风系统等,为了区分不同的系统,可以设置不同的风管颜色,使不同系统的风管在项目中显示不同的颜色。

风管颜色的设置是为了在视觉上区分系统风管和各个附件,因此应在每个需要区分系统的视图中分别设置。

(1) 单击"视图"选项卡"图形"面板中的"可见性/图形"按钮,打开"楼层平面:1-机械的可见性/图形替换"对话框,选择"过滤器"选项卡,如图 9-70 所示。

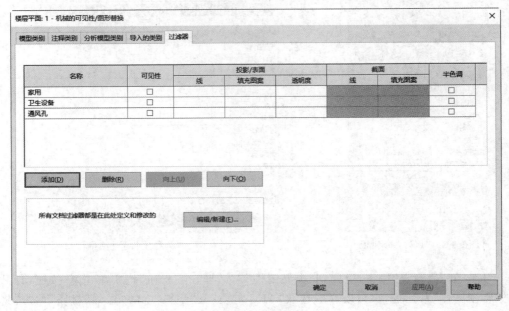

图 9-70 "过滤器"选项卡

(2) 单击"添加"按钮 ,打开如图 9-71 所示的"添加过滤器"对话框;单击"编辑/新建"按钮 ,打开如图 9-72 所示的"过滤器"对话框;单击"新建"按钮 ,打开"过滤器名称"对话框,输入名称为"送风风管",如图 9-73 所示。

(3) 单击"确定"按钮,返回到"过滤器"对话框中,在"过滤器"列表框中选中与风管有关的选项,在"过滤器规则"选项区中设置过滤条件为系统名称、包含、送风,如图 9-74 所示。单击"确定"按钮,返回到"添加过滤器"对话框中,选取送风系

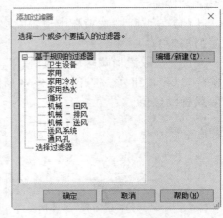

图 9-71 "添加过滤器"对话框

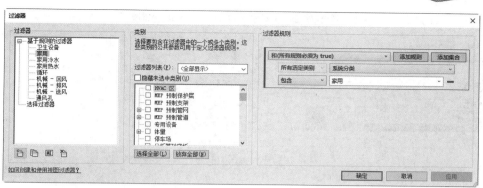

图 9-72　"过滤器"对话框

统,单击"确定"按钮,在"可见性/图形替换"对话框中添加送风系统。

（4）单击"投影/表面"列表下"填充图案"单元格中的"替换"按钮 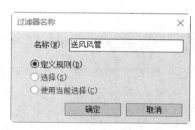 ,打开"填充样式图形"对话框,在"填充图案"下拉列表框中选择"实体填充",单击"颜色"选项,打开"颜色"对话框,选择蓝色。单击"确定"按钮,返回到"填充样式图形"对话框,其他采用默认设置,如图 9-75 所示。单击"确定"按钮。

图 9-73　"过滤器名称"对话框

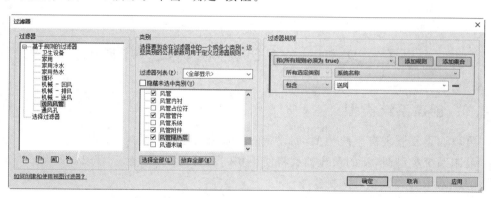

图 9-74　设置过滤条件

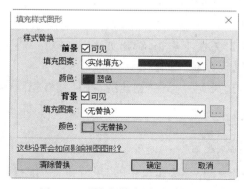

图 9-75　"填充样式图形"对话框

（5）采用相同的方法，继续添加排风管道和回风管道，如图 9-76 所示。

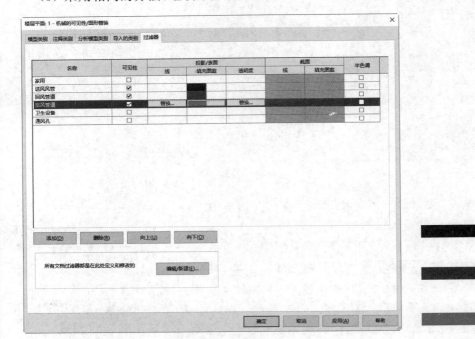

图 9-76 设置排风管道和回风管道

9.7 实例——创建机械送风系统

9.7.1 创建系统类型

可以通过复制现有系统类型，创建新的风管或管道系统类型。

复制系统类型时，新的系统类型将使用相同的系统分类。然后可以修改副本，而不会影响原始系统类型或其实例。

（1）新建一机械项目文件，参照 7.7.1 节，链接居室建筑模型。

（2）在项目浏览器中的"族"→"风管系统"→"风管系统"节点下选择"送风"选项，右击，在弹出的快捷菜单中单击"复制"命令，如图 9-77 所示，新建"送风 2"系统。

（3）在新建的"送风 2"系统上右击，弹出如图 9-77 所示的快捷菜单，单击"重命名"命令，输入名称为"机械送风系统"，如图 9-78 所示。

机械送风系统是从"送风"系统类型创建的，并且具有相同的系统分类。

9.7.2 创建送风系统

可以创建风管系统以调整和分析项目中的管网。

（1）单击"系统"选项卡 HVAC 面板中的"风管末端"按钮 ，打开"修改|放置 风道末端装置"选项卡和选项栏，如图 9-79 所示。

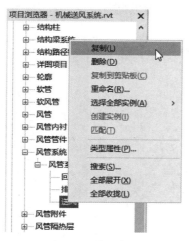

图 9-77　快捷菜单

图 9-78　更改名称

图 9-79　"修改|放置 风道末端装置"选项卡和选项栏

（2）在"属性"选项板中选择风道末端装置的类型和参数，如果没有合适的，可以单击"载入族"按钮，打开"载入族"对话框，选择 China→MEP→"风管附件"→"风口"文件夹中的"散流器-圆形.rfa"族文件，如图 9-80 所示，单击"打开"按钮，将其载入到当前项目中。

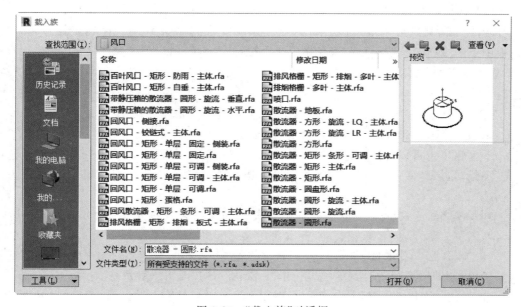

图 9-80　"载入族"对话框

（3）在"属性"选项板中选择"散流器-圆形 D205"，设置标高中的高程为 3000，其他采用默认设置，如图 9-81 所示。

（4）在平面视图中适当位置单击放置散流器，如图 9-82 所示，按 Esc 键退出风管末端命令。

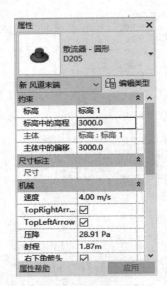

图 9-81 "属性"选项板

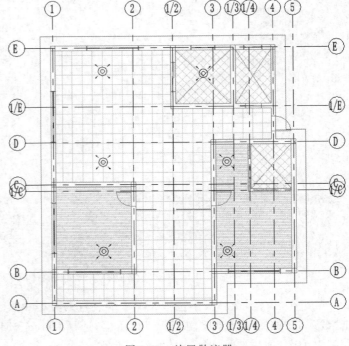

图 9-82 放置散流器

（5）选择图 9-82 中所示的任意一个散流器，在打开的"修改│风道末端"选项卡的"创建系统"面板中单击"风管"按钮 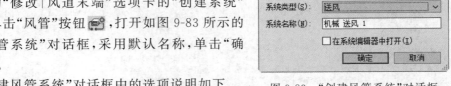，打开如图 9-83 所示的"创建风管系统"对话框，采用默认名称，单击"确定"按钮。

"创建风管系统"对话框中的选项说明如下。

图 9-83 "创建风管系统"对话框

> 系统类型：在视图中选择的风道末端的类
型将决定可以将其指定给哪个类型的系统。对于风管系统，默认的系统类型包括"送风""回风""排风"。如果选择了送风风道末端，"系统类型"将自动设置为"送风"。

> 系统名称：系统唯一标识。系统会提供一个系统名称建议，也可以输入一个名称。

（6）选取上步创建的"机械 送风 1"风管系统，打开如图 9-84 所示的"风管系统"选项卡。单击"编辑系统"按钮 ，打开如图 9-85 所示的"编辑风管系统"选项卡。

（7）单击"添加到系统"按钮 ，在视图中选取其余的五个散流器，单击"完成编辑系统"按钮 ，完成机械送风系统的创建。

图 9-84　"风管系统"选项卡

图 9-85　"编辑风管系统"选项卡

9.7.3　生成布局设置

9-3

　　无论何时在平面视图中选择系统，都可以使用"生成布局"工具为管网指定坡度和布线参数、查看不同的布局解决方案以及手动修改系统的布局解决方案。

　　(1) 选取上步创建的机械送风系统，单击"修改|风道末端"选项卡"布局"面板中的"生成布局"按钮 或"生成占位符"按钮 ，打开如图 9-86 所示的"生成布局"选项卡和选项栏。

图 9-86　"生成布局"选项卡和选项栏

　　(2) 默认生成如图 9-87 所示的布局。

　　提示：布局路径以单线显示，其中绿色布局线代表支管，蓝色布局线代表干管。

　　(3) 单击"修改布局"面板中的"从系统中删除"按钮 ，在视图中选择要删除的构件将其删除，此时构件显示成灰色，布局和解决方案也随之更新。

　　(4) 单击"修改布局"面板中的"添加到系统"按钮 ，可以添加之前从布局中删除的构件。该构件不再显示为灰色，布局和解决方案也随之更新。

　　(5) 单击"修改布局"面板中的"放置基准"按钮 ，将基准控制放置在布局中开发管道连接所在的位置，放置基准后，布局和解决方案即随之更新。

　　注意：可以将基准控制与构件放置在同一标高上，也可以放置在不同标高上。基准控制类似于临时基准构件，建议在放置基准控制后再对其进行修改。也可以使用基准控制在一个或多个标高上创建更小的子部件布局。

　　(6) 单击"编辑布局"按钮 ，通过重新定位各布局线或合并各布局线来修改布局。首先选择要合并的布局线，然后拖曳其弯头/端点控制，直到该控制捕捉到相邻的

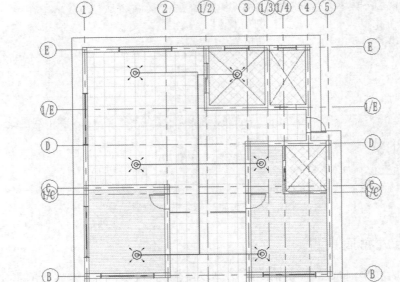

图 9-87　生成布局

布局线。修改后的布局线将自动被删除，并添加其他布局线，以表示对与修改后的布局线相关联的构件的物理连接。所有与修改后的布局线相关联的构件都保持其初始位置不变。通过合并布局线，可以重新定义布局。

注意：只有相邻的布局线才能合并。但是，无法修改连接到系统构件的布局线，因为必须通过它们将构件连接到布局。

（7）要修改布局，应单击并选择要重新定位或合并的布局线，如图 9-88 所示。选取 ✛ 并拖动，使右侧布局线与左侧布局线重合，如图 9-89 所示。

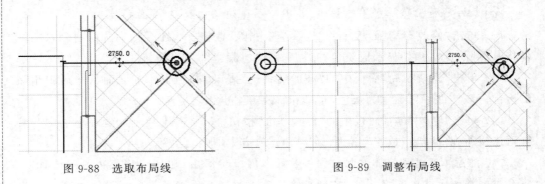

图 9-88　选取布局线　　　　　　　　　图 9-89　调整布局线

使用下列控制。

➢ ✛ 平移控制：以将整条布局线沿着与该布局线垂直的轴移动。如果需要维持系统的连接，将自动添加其他线。

> 连接控制：**T**表示 T 形三通，**十**表示四通。通过这些连接控制，可以在干管和支管分段之间将 T 形三通或四通连接向左右或上下移动。

> ✤ 弯头/端点控制：可以使用该控制移动两条布局线之间的交点或布局线的端点。

☞ **注意**：一次操作最多只能将一条布局线移到 T 形三通或四通管件处。

（8）单击"解决方案"按钮 ，在选项栏上选择"解决方案类型"和建议的解决方案，如图 9-90 所示。每个布局解决方案均包含一个干管（蓝色）和一个支管（绿色）。解决方案类型包括：管网、周长、交点和自定义。

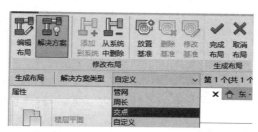

图 9-90 "生成布局"选项卡和选项栏

> 管网：该解决方案围绕为风管系统选择的构件创建一个边界框，然后基于沿着边界框中心线的干管分段提出解决方案，其中支管与干管分段形成 90°角，如图 9-91 所示。

> 周长：该解决方案围绕为系统选定的构件创建一个边界框，并提出 5 个可能的布线解决方案，如图 9-92 所示。在选项栏中输入的嵌入值用于确定边界框和构件之间的偏移。

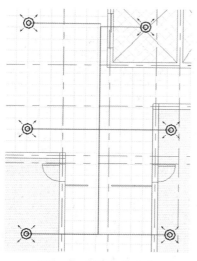

图 9-91 管网解决方案

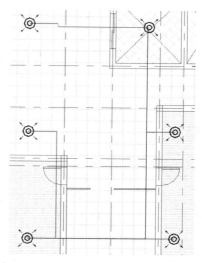

图 9-92 周长解决方案

> 交点：该解决方案是基于从系统构件的各个连接件延伸出的一对虚拟线作为可能布线而创建的，如图 9-93 所示。解决方案的可能接合处是从构件延伸出的多条线的相交处。

➤ 自定义：根据用户需要调整布局线，如图 9-94 所示。

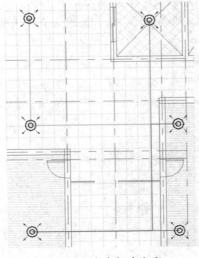

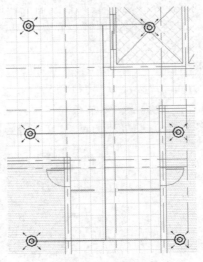

图 9-93　交点解决方案　　　　　　　　　图 9-94　自定义布局

（9）单击"上一个解决方案"按钮 ◀ 或"下一个解决方案"按钮 ▶ ，循环显示所建议的布线解决方案。

（10）在这里选择"管网"解决方案，单击"设置"按钮 设置... ，打开如图 9-95 所示的"风管转换设置"对话框，在对话框中指定干管的风管类型为"圆形风管：T 形三通"，偏移为 3400；指定支管的风管类型为"圆形风管：T 形三通"，偏移为 3400，其他采用默认设置。

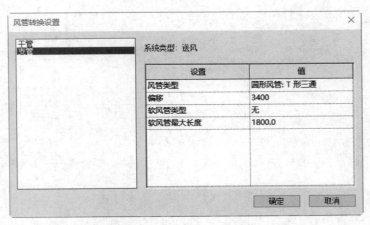

图 9-95　"风管转换设置"对话框

（11）单击"完成布局"按钮 ✔ ，根据规格将布局转换为刚性管网，如图 9-96 所示。

9.7.4　将构件连接到风管系统

使用"连接到"工具，可以自动将构件添加到系统中，并在新构件与现有系统之间创建管网。

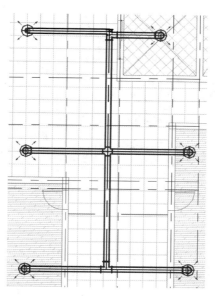

图 9-96 创建管网

（1）单击"系统"选项卡"机械"面板中的"机械设备"按钮 ，在打开的选项卡中再单击"载入族"按钮，打开"载入族"对话框，选择 China→MEP→"空气调节"→"组合式空调机组"文件夹中的"AHU-吊装式-1000-3000 CMH. rfa"族文件，如图 9-97 所示，单击"打开"按钮，将其载入到当前项目中。

图 9-97 "载入族"对话框

（2）在"属性"选项板中选择"AHU-吊装式-1000-3000 CMH 1000 CMH"类型，设置标高中的高程为"3400"，其他采用默认设置，如图 9-98 所示。然后将空调机组放置在如图 9-99 所示的位置。

Note

图 9-98　"属性"选项板

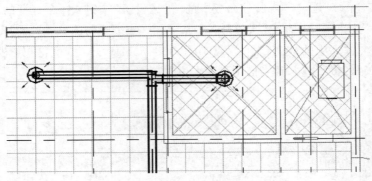

图 9-99　放置新构件

（3）选取上一步添加的新构件，单击"修改|风道末端"选项卡"布局"面板中的"连接到"按钮，打开"选择连接件"对话框，选择"连接件 4：送风：矩形：235×248：送风出口：流动方向"选项，如图 9-100 所示，单击"确定"按钮。

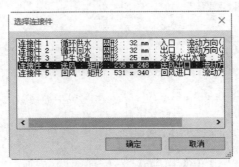

图 9-100　"选择连接件"对话框

（4）在图中拾取主风管以连接到构件，如图9-101所示。

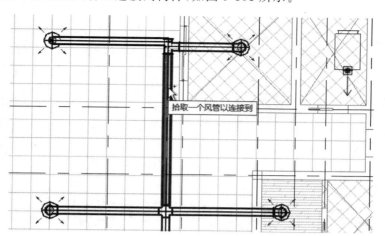

拾取一个风管以连接到

图9-101　拾取风管

（5）新构件自动添加到系统中，并生成管网，如图9-102所示。

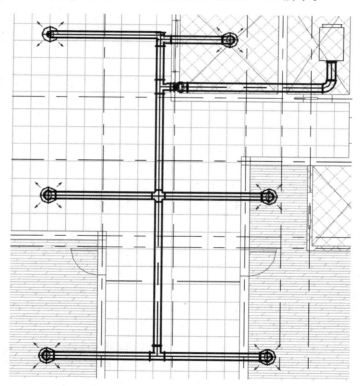

图9-102　生成管网

第**10**章

某服务中心通风空调系统

知识导引

本章以某服务中心一层为例，介绍创建通风空调系统的操作方法。首先在建筑模型的基础上导入 CAD 图纸，然后以 CAD 图纸为参考布置风管、设备等创建通风空调系统。

10.1 绘 图 准 备

在进行系统创建之前，先导入 CAD 图纸，然后进行风管属性配置。

10.1.1 导入 CAD 图纸

10-1

（1）在主页中单击"模型"→"打开"按钮 打开…，打开"打开"对话框，选取上一章链接模型的"一层通风空调系统.rvt"文件，单击"打开"按钮，打开文件。

（2）在项目浏览器中双击"楼层平面"节点下的 1F，将视图切换到 1F 楼层平面视图。

（3）单击"插入"选项卡"导入"面板中的"链接 CAD"按钮 ，打开"链接 CAD 格式"对话框，选择"一层空调通风布置图"，设置定位为"自动-中心到中心"，放置于为"1F"，选中"定向到视图"复选框，设置导入单位为"毫米"，其他采用默认设置。单击"打开"按钮，导入 CAD 图纸。

（4）单击"修改"选项卡"修改"面板中的"对齐"按钮 ，在建筑模型中单击①轴线，然后单击链接的 CAD 图纸中的①轴线，将①轴线对齐；接着在建筑模型中单击 A 轴线，然后单击链接的 CAD 图纸中的 A 轴线，将 A 轴线对齐，此时，CAD 文件与建筑模型重合。

（5）单击"修改"选项卡"修改"面板中的"锁定"按钮 ，选择 CAD 图纸，将其锁定，以免在布置风管和设备的过程中移动图纸，产生混淆。

（6）选取图纸，打开"修改｜一层空调通风平面图"选项卡，单击"查询"按钮 ，在图纸中选取要查询的图形，打开"导入实例查询"对话框，单击"在视图中隐藏"按钮，将选取的图层隐藏。采用相同的方法，隐藏其他的图层，整理后的图形如图 10-1 所示。

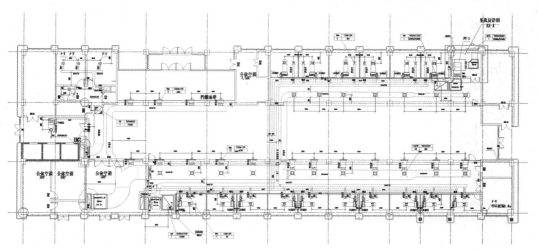

图 10-1　整理后的图形

10.1.2　风管属性配置

（1）单击"系统"选项卡 HVAC 面板中的"风管"按钮 ，在"属性"选项板中单击"编辑类型"按钮 ，打开"类型属性"对话框。单击"布管系统配置"栏中的"编辑"按钮 ，打开如图 10-2 所示的"布管系统配置"对话框。

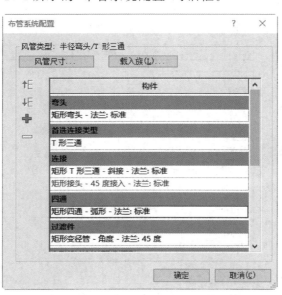

图 10-2　"布管系统配置"对话框

（2）单击"载入族"按钮，打开"载入族"对话框，选择 China→MEP→"风管管件"→"矩形"→"四通"文件夹中的"矩形四通-平滑半径-法兰.rfa"族文件，如图 10-3 所示，单击"打开"按钮，载入文件。

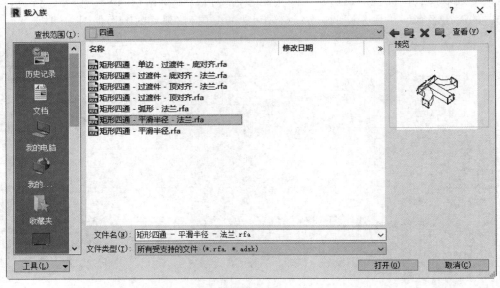

图 10-3　"载入族"对话框

（3）在"布管系统配置"对话框中单击"风管尺寸"按钮，打开如图 10-4 所示的"机械设置"对话框，单击"新建尺寸"按钮，打开"风管尺寸"对话框，输入尺寸为 100，如图 10-5 所示。单击"确定"按钮，将尺寸 100 添加到列表中。采用相同的方法，添加尺寸 150、450 和 1400，如图 10-6 所示，单击"确定"按钮。

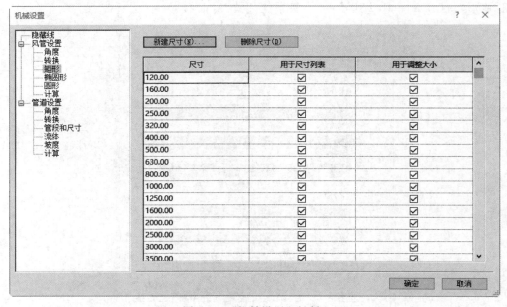

图 10-4　"机械设置"对话框

图 10-5 　"风管尺寸"对话框

Note

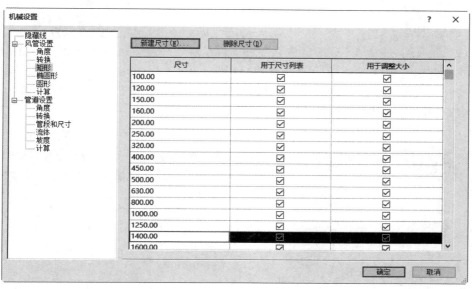

图 10-6 　添加尺寸

（4）在"布管系统配置"对话框中设置弯头为"矩形弯头-弧形-法兰：1.0W"，四通为"矩形四通-平滑半径-法兰：标准"，过渡件为"矩形变径管-角度-法兰：30度"，其他采用默认设置，如图 10-7 所示。连续单击"确定"按钮。

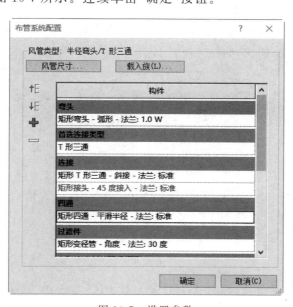

图 10-7 　设置参数

（5）单击"视图"选项卡"图形"面板中的"可见性/图形"按钮 ，打开"楼层平面：1F 的可见性/图形替换"对话框，选择"过滤器"选项卡。

（6）单击"添加"按钮 [添加(D)]，打开"添加过滤器"对话框；单击"编辑/新建"按钮 [编辑/新建(E)...]，打开"过滤器"对话框；单击"新建"按钮 ，打开"过滤器名称"对话框，输入名称为"送风系统"，如图 10-8 所示，单击"确定"按钮。

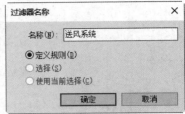

图 10-8 "过滤器名称"对话框

（7）返回到"过滤器"对话框中，在"过滤器"列表框中选中与风管有关的选项，在"过滤器规则"选项区中设置过滤条件为系统名称、包含、送风，如图 10-9 所示。单击"确定"按钮，在"可见性/图形替换"对话框中添加送风系统。

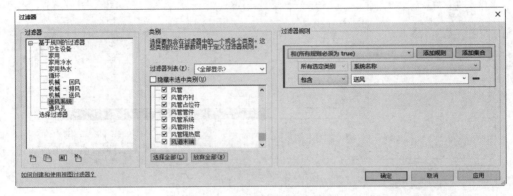

图 10-9 设置过滤条件

（8）单击"投影/表面"列表下"填充图案"单元格中的"替换"按钮 [替换...]，打开"填充样式图形"对话框，在"填充图案"下拉列表框中选择"实体填充"，单击"颜色"选项，打开"颜色"对话框，选择蓝色。单击"确定"按钮，返回到"填充样式图形"对话框，其他采用默认设置，如图 10-10 所示。

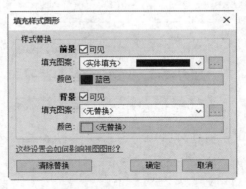

图 10-10 "填充样式图形"对话框

（9）单击"确定"按钮，返回到"楼层平面：1F 的可见性/图形替换"对话框。采用相同的方法，添加回风系统，排风系统、排烟系统和空调系统，如图 10-11 所示。

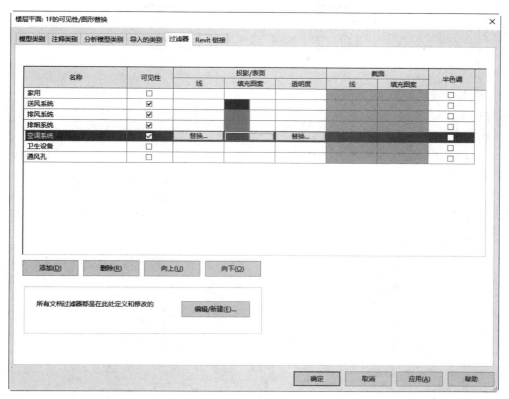

图 10-11　添加排风系统

（10）采用相同的方法，在"三维视图：3D 的可见性/图形替换"对话框的"过滤器"选项卡中添加送风系统、排风系统、排烟系统和空调系统。

（11）在项目浏览器的"族"→"风管系统"→"风管系统"节点下，选取"排风"系统，并右击，在弹出的快捷菜单中选择"复制"选项，如图 10-12 所示，复制排风系统，然后将其重命名为"防排烟"。采用相同的方法，创建空调系统，如图 10-13 所示。

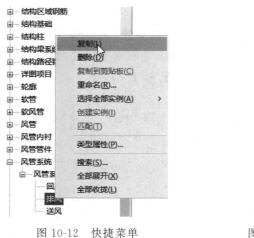

图 10-12　快捷菜单　　　　　图 10-13　创建空调系统

10.2 创建送风系统

本工程每层办事大厅采用全空气低速送风系统。气流组织上送下侧回,送风口采用散流器。过渡季节全新风运行。各办公室采用风机盘管加新风系统。每层设新风机组。

(1) 在项目浏览器中双击"机械"→HVAC→"楼层平面"节点下的 1F,将视图切换到 1F 楼层平面视图。

(2) 单击"系统"选项卡 HVAC 面板中的"风管"按钮 ，在"属性"选项板中选择"矩形风管 半径弯头/T 形三通",输入宽度为"2000",高度为"450",底部高程为"3250",系统类型为"送风",如图 10-14 所示。

图 10-14 "属性"选项板

(3) 在视图中捕捉上下风管的中心,水平移动鼠标绘制水平风管,向上移动鼠标绘制垂直风管,系统自动在转弯处创建弯头,继续绘制水平风管,如图 10-15 所示。

(4) 在选项栏中设置宽度为"1400",高度为"400",继续绘制水平风管;然后绘制"1000×400"的水平风管,如图 10-16 所示。

(5) 选取图 10-16 中的水平管道 1 和 2,打开"修改|风管"选项卡。单击"编辑"面板中的"对正"按钮 ，打开如图 10-17 所示的"对正编辑器"选项卡,单击"右下对齐"按钮 ，然后单击"完成"按钮 。采用相同的方法,使风管 2 和风管 3 左上对齐,结果如图 10-18 所示。

(6) 采用相同的方法,根据 CAD 图纸上的尺寸,继续绘制风管,如图 10-19 所示。

(7) 单击"系统"选项卡 HVAC 面板中的"风道末端"按钮 ，打开"修改|放置 机械设备"选项卡。单击"模式"面板中的"载入族"按钮 ，打开"载入族"对话框,选择

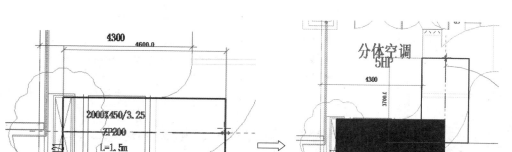

图 10-15 绘制 2000×450 管道

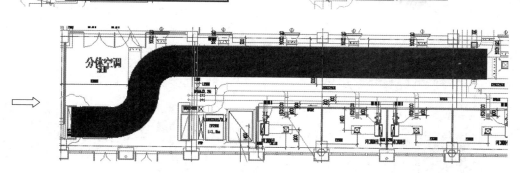

图 10-16 绘制水平风管

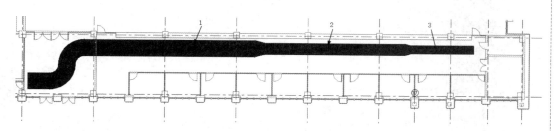

图 10-17 "对正编辑器"选项卡

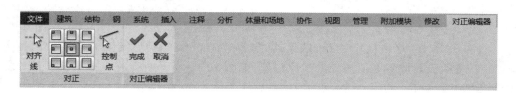

图 10-18 对齐风管

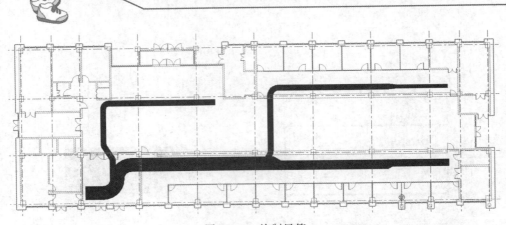

图 10-19　绘制风管

China→MEP→"风管附件"→"风口"文件夹中的"散流器-方形.rfa"族文件，如图 10-20 所示。单击"打开"按钮，载入文件。

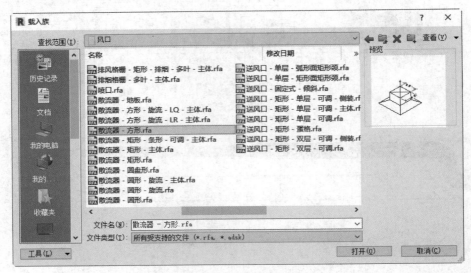

图 10-20　"载入族"对话框（一）

（8）在"属性"选项板中选择"散流器-方形 360×360"类型，设置标高中的高程为"3100"，将散流器放置在风道上的适当位置，如图 10-21 所示。系统根据放置的散流器自动生成连接管道，如图 10-22 所示。

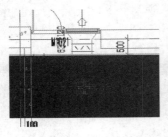

图 10-21　选取风管

图 10-22　放置散流器

（9）采用相同的方法，根据 CAD 图纸，在风管上放置散流器，其中支管上的散流器的高度为"3100"，将视图切换至三维视图观察图形，结果如图 10-23 所示。

图 10-23 放置散流器

（10）单击"系统"选项卡 HVAC 面板中的"风管"按钮 ，在"属性"选项板中选择"矩形风管 半径弯头/T 形三通"，输入宽度为"630"，高度为"120"，底部高程为"3250"，系统类型为"送风"，绘制连接送风口的风管，如图 10-24 所示。

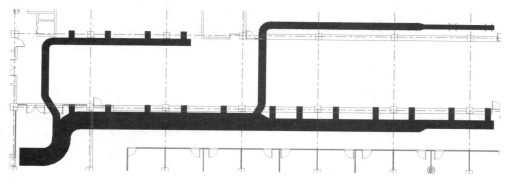

图 10-24 绘制风管

（11）单击"系统"选项卡 HVAC 面板中的"风道末端"按钮 ，打开"修改│放置 风道末端装置"选项卡。单击"模式"面板中的"载入族"按钮 ，打开"载入族"对话框，选择 China→MEP→"风管附件"→"风口"文件夹中的"送风口-矩形-单层-可调-侧装.rfa"族文件，单击"打开"按钮，打开如图 10-25 所示的"指定类型"对话框。单击"确定"按钮，载入文件。

图 10-25 "指定类型"对话框（一）

（12）在"属性"选项板中选择"送风口-矩形-单层-可调-侧装 1000×100"类型，单击"编辑类型"按钮 ，打开"类型属性"对话框，新建"1000×120"类型，更改风管宽度为"1000"，风管高度为"120"，其他采用默认设置，如图 10-26 所示，单击"确定"按钮。

（13）根据 CAD 图纸，将送风口放置在送风管道的端部，如图 10-27 所示。

（14）单击"系统"选项卡 HVAC 面板中的"风管附件"按钮 ，打开"修改│放置 风管附件"选项卡。单击"模式"面板中的"载入族"按钮 ，打开"载入族"对话框，选择

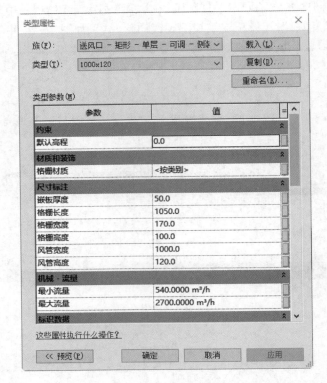

图 10-26 "类型属性"对话框（一）

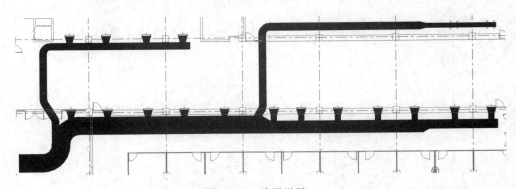

图 10-27 放置送风口

China→"消防"→"防排烟"→"风阀"文件夹中的"防火阀-矩形-电动-70 摄氏度.rfa"族
文件，如图 10-28 所示。单击"打开"按钮，载入文件。

（15）在"属性"选项板中设置风管宽度为"2000"，风管高度为"500"，将防火阀放置
在风管上，如图 10-29 所示。

（16）单击"系统"选项卡 HVAC 面板中的"风管附件"按钮，打开"修改|放置 风
管附件"选项卡。单击"模式"面板中的"载入族"按钮，打开"载入族"对话框，选择源
文件中"消声器-ZP200 片式.rfa"族文件，单击"打开"按钮，载入文件。

（17）在"属性"选项板中单击"编辑类型"按钮，打开"类型属性"对话框，新建

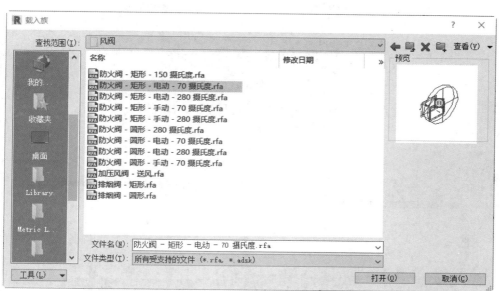

图 10-28　"载入族"对话框(二)

2000×450 类型,更改 A 为 2000,Ao 为 2420,B 为 450,Bo 为 600,其他采用默认设置,如图 10-30 所示,单击"确定"按钮。

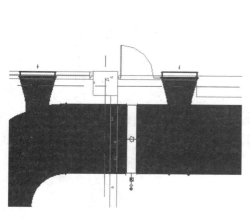

图 10-29　放置防火阀

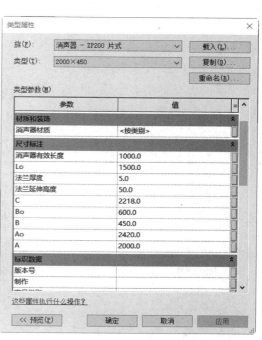

图 10-30　"类型属性"对话框(二)

(18) 根据 CAD 图纸将其放置在风管上的适当位置,如图 10-31 所示。

(19) 为了放置对开多叶风阀,选取送风口处的矩形变径管,在"属性"选项板中选取 45°,调整变径管的角度,如图 10-32 所示。

图 10-31　放置消声器

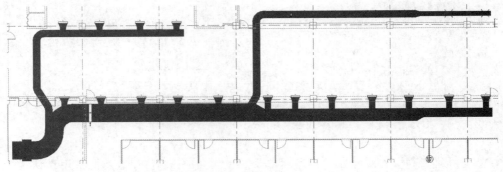

图 10-32　调整变径管的角度

（20）单击"系统"选项卡 HVAC 面板中的"风管附件"按钮，打开"修改|放置 风管附件"选项卡。单击"模式"面板中的"载入族"按钮，打开"载入族"对话框，选择 China→MEP→"风管附件"→"风阀"文件夹中的"对开多叶风阀-矩形-手动.rfa"族文件，如图 10-33 所示。单击"打开"按钮，打开如图 10-34 所示的"指定类型"对话框，单击"确定"按钮，载入文件。

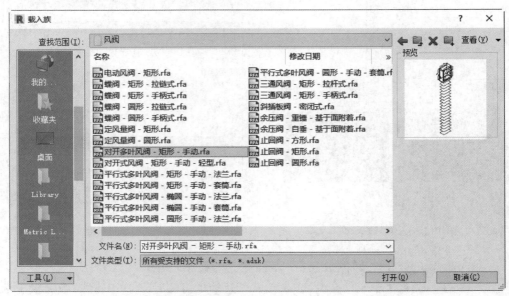

图 10-33　"载入族"对话框（三）

Note

图 10-34　"指定类型"对话框(二)

（21）在"属性"选项板中选择"对开多叶风阀-矩形-手动 630×630"类型,单击"编辑类型"按钮 ,打开"类型属性"对话框,新建"630×120"类型,更改风管高度为"120",其他采用默认设置,如图 10-35 所示,单击"确定"按钮。

图 10-35　"类型属性"对话框(三)

（22）根据 CAD 图纸,将对开多叶风阀放置在通往送风口的管道上,如图 10-36 所示。

（23）采用相同的方法,根据 CAD 图纸,在风管上布置 800×400 和 1400×400 的对开多叶风阀,如图 10-37 所示。

（24）采用相同的方法,根据 CAD 图纸,创建另一个送风系统,如图 10-38 所示。注意两个系统在相交处要进行避让,如图 10-39 所示。

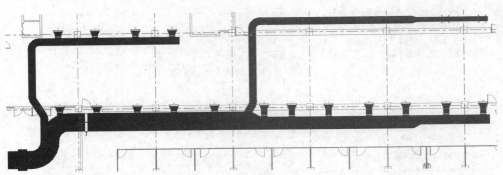

图 10-36　放置对开多叶风阀

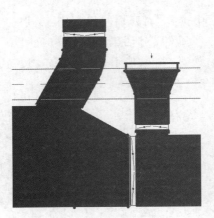

图 10-37　布置对开多叶风阀

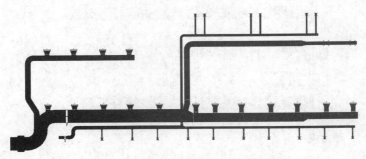

图 10-38　送风系统 2

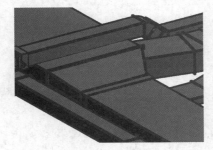

图 10-39　风管避让

10-4

Note

10.3　创建空调系统

本工程的空调系统采用二管制,异程系统。为平衡阻力和调节温度,在空调箱回水管上设动态平衡电动调节阀;在风机盘管回水管上设开关式电动二通阀和静态平衡阀;空调水系统采用高位膨胀水箱定压,膨胀水箱布置在屋顶。

（1）单击"系统"选项卡"卫浴和管道"面板中的"管道"按钮 ，在"属性"选项板中单击"编辑类型"按钮 ，打开"类型属性"对话框,新建"空调冷热水管"类型。单击"布管系统配置"栏中的"编辑"按钮 编辑... ，打开"布管系统配置"对话框,设置管段为"钢,碳钢-Schedule 40",最小尺寸为 15mm,最大尺寸为 300mm,其他采用默认设置,如图 10-40 所示,单击"确定"按钮。新建"空调冷凝水管"类型,设置管道为"PVC-U-GB/T 5836",并新建公称直径为 50mm 的尺寸,如图 10-41 所示,其他采用默认设置。

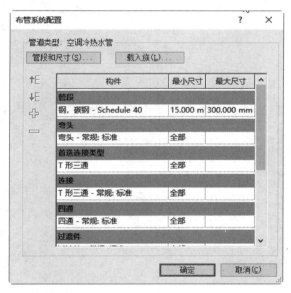

图 10-40　"布管系统配置"对话框

（2）单击"系统"选项卡"机械"面板中的"机械设备"按钮 ，打开"修改|放置 机械设备"选项卡。单击"模式"面板中的"载入族"按钮 ，打开"载入族"对话框,选择 China→MEP→"空气调节"→"风机盘管"文件夹中的"风机盘管-卧式暗装-双管式-底部回风-右接.rfa"族文件,如图 10-42 所示。单击"打开"按钮,载入文件。

（3）在"属性"选项板中选择"3500W"类型,设置标高中的高程为"3200",单击"编辑类型"按钮 ，打开"类型属性"对话框,新建"3800W"类型。设置送风口宽度为"700",送风口高度为"120",回风口宽度为"700",回风口高度为"300",送风风量为 600m³/h,噪声为 42dB,热量为 6.2kW,冷量为 3.8kW,其他采用默认设置,如图 10-43 所示。单击"确定"按钮。

（4）在选项栏中选中"放置后旋转"复选框,根据 CAD 图纸,将风机盘管放置在如

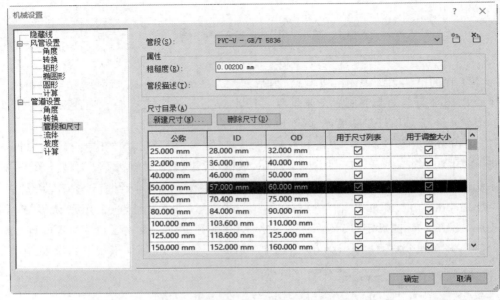

图 10-41　新建尺寸

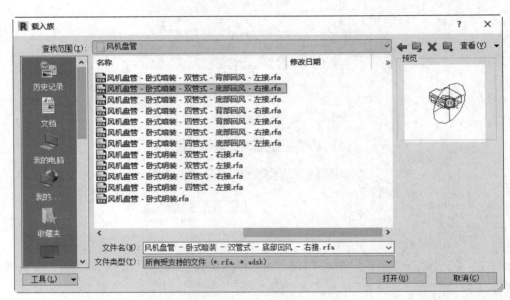

图 10-42　"载入族"对话框

图 10-44 所示的位置。

　　（5）选取上一步放置的风机盘管，单击"创建管道"图标 ，打开"选择连接件"对话框，选择"连接件 1：循环回水：圆形：20mm@3414：出水口"，如图 10-45 所示，单击"确定"按钮。在"属性"选项板中选择"空调冷热水管"类型，根据 CAD 图纸绘制回水管道。采用相同的方法，绘制循环供水和卫生设备管道（选择"空调冷凝水管"类型），如图 10-46 所示。

(a)

(b)

图 10-43　"类型属性"对话框

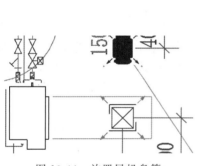

图 10-44　放置风机盘管

图 10-45　"选择连接件"对话框

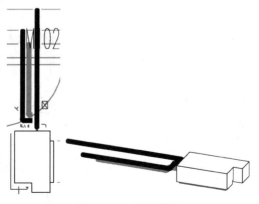

图 10-46　绘制管道

Note

提示：如果绘制的卫生设备管道在1F视图中不可见，需要在"楼层平面：1F的可见性/图形替换"对话框"过滤器"选项卡中选中"卫生设备的可见性"复选框。

（6）单击"系统"选项卡"机械"面板中的"管路附件"按钮，在"属性"选项板中选择"截止阀-J21型-螺纹 J21-25-20mm"类型，将其放置在循环回水、供水管道上，单击"旋转"图标，调整截止阀的放置方向，如图 10-47 所示。

（7）重复"管路附件"命令，单击"修改|放置 管道附件"选项卡"模式"面板中的"载入族"按钮，打开"载入族"对话框，选择 China→MEP→"阀门"→"控制阀"文件夹中的"电磁阀-活塞式-螺纹.rfa"族文件，单击"打开"按钮，载入文件。

（8）在"属性"选项板中选择"电磁阀-活塞式-螺纹 20mm"类型，将其放置在循环供水回路上，单击"旋转"图标，调整电磁阀的放置方向，如图 10-48 所示。

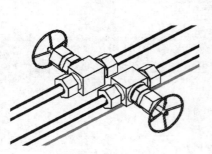

图 10-47　放置截止阀

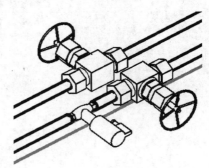

图 10-48　放置电磁阀

（9）重复"管路附件"命令，单击"修改|放置 管道附件"选项卡"模式"面板中的"载入族"按钮，打开"载入族"对话框，选择 China→MEP→"卫浴附件"→"过滤器"文件夹中的"Y 型过滤器-6-100mm-螺纹式.rfa"族文件，单击"打开"按钮，载入文件。

（10）在"属性"选项板中选择"Y 型过滤器-6-100mm-螺纹式 20mm"类型，将其放置在循环供水回路上，单击"旋转"图标，调整 Y 型过滤器的放置方向，如图 10-49 所示。

（11）选取风机盘管，单击右侧"创建风管"图标，根据 CAD 图纸，绘制 700×120 的水平风管，如图 10-50 所示。选取风管，在"属性"选项板中设置系统类型为空调。

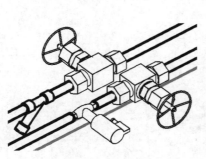

图 10-49　放置 Y 型过滤器

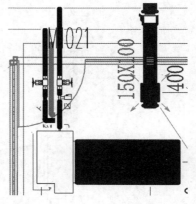

图 10-50　绘制水平风管

（12）单击"系统"选项卡 HVAC 面板中的"风道末端"按钮 ，在"属性"选项板中选择"散流器-方形 300×300"类型，输入标高中的高程为 3100，捕捉上步绘制的风管中线放置散流器，自动生成连接风管与散流器的风管，如图 10-51 所示。

（13）单击"修改"选项卡"创建"面板中的"创建组"按钮 ，打开"创建组"对话框，输入名称为"风机盘管组"，如图 10-52 所示。单击"确定"按钮，打开如图 10-53 所示的"编辑组"面板，单击"添加"按钮 ，选取步骤（1）～步骤（12）创建的风机盘管、管道以及管道附件，单击"完成"按钮 ，完成风机盘管组的创建。

图 10-51　布置散流器

图 10-52　"创建组"对话框

图 10-53　"编辑组"面板

（14）选取上一步创建的风机盘管组，单击"修改|模型组"选项卡"修改"面板上的"镜像-拾取轴"按钮 ，拾取轴线 4 进行镜像，如图 10-54 所示。

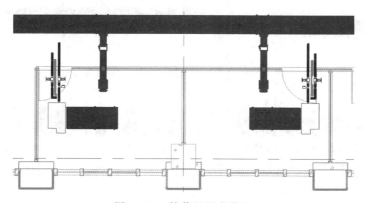

图 10-54　镜像风机盘管组

（15）利用"镜像-拾取轴"和"复制"命令，布置其他风机盘管组，如图 10-55 所示。

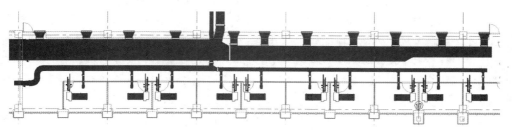

图 10-55　风机盘管组

（16）重复上述步骤，采用相同的方法，创建风机盘管组2，如图10-56所示。

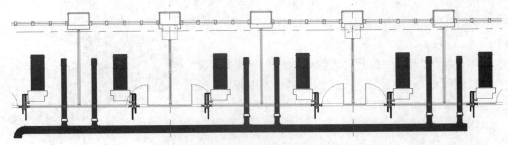

图10-56　风机盘管组2

（17）按住Ctrl键，选取视图中所有的风机盘管组，单击"修改|模型组"选项卡"成组"面板中的"解组"按钮 ，将风机盘管组解组。

（18）单击"系统"选项卡"卫浴和管道"面板中的"管道"按钮 ，在"属性"选项板中选择"空调冷热水管"类型，设置系统类型为"循环回水"，在选项栏中设置直径为65mm，中间高程为3414mm（此值为图10-57中显示的循环回水的高程值）。根据CAD图纸绘制循环回水管（其他管径大小参照CAD图纸上的标注），系统自动在管道连接处生成三通和弯头，如图10-57所示。

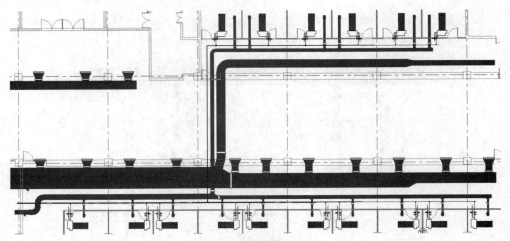

图10-57　绘制循环回水管

（19）单击"系统"选项卡"卫浴和管道"面板中的"管道"按钮 ，在"属性"选项板中选择"空调冷热水管"类型，设置系统类型为"循环供水"，在选项栏中设置直径为65mm，中间高程为3334mm（此值为图10-58中显示的循环供水的高程值）。根据CAD图纸绘制循环供水管（其他管径大小参照CAD图纸上的标注），如图10-58所示。

（20）单击"系统"选项卡"卫浴和管道"面板中的"管路附件"按钮 ，在"属性"选项板中选择"闸阀-Z41型-明杆楔式单闸板-法兰式 Z41T-10-65mm"类型，根据CAD图纸，捕捉循环回水和循环供水管道的中心线放置闸阀，如图10-59所示。

（21）单击"系统"选项卡"卫浴和管道"面板中的"管道"按钮 ，在"属性"选项板中选择"空调冷凝水管"类型，设置系统类型为"卫生设备"，在选项栏中设置直径为

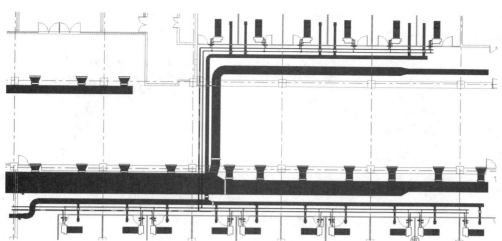

图 10-58　绘制循环供水管

32mm，中间高程为 3254mm（此值为图 10-59 中显示的卫生设备的高程值）。单击"修改|放置 管道"选项卡"带坡度管道"面板中的"坡度：向下"按钮 ，设置坡度值为 1.0000%。

（22）根据 CAD 图纸，捕捉风机盘管上冷凝水管的端点，向右绘制水平的冷凝水管（其他管径大小参照 CAD 图纸上的标注），然后在选项栏中输入中间高程为 0，单击"应用"按钮 应用，创建竖向管道接地沟，如图 10-60 所示。

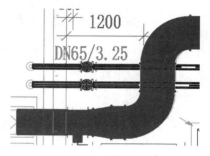

图 10-59　放置闸阀

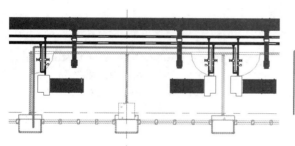

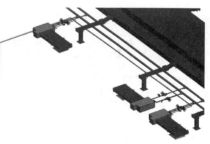

图 10-60　绘制冷凝水管

图 10-61　放置 T 形三通

（23）从图 10-60 中可以看出，上步绘制的冷凝水管与左侧从风机盘管出来的冷凝水管没有相交。单击"系统"选项卡"卫浴和管道"面板中的"管件"按钮，在"属性"选项板中选择"T 形三通-常规 标准"类型，将三通放置在上步绘制的冷凝水管上，如图 10-61 所示。

（24）选取从风机盘管出来的冷凝水管，单击"修改|管道"选项卡"偏移连接"面板中的"更改坡

度"按钮 ，然后拖动冷凝水管的端点到三通端点，使其与三通相连，如图 10-62 所示。采用相同的方法，调整另一根冷凝水管的连接。

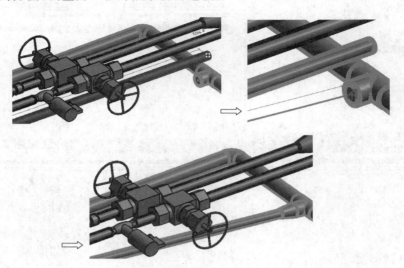

图 10-62　调整冷凝水管的连接

（25）重复上述步骤，根据 CAD 图纸，绘制空调冷凝水管，如图 10-63 所示。

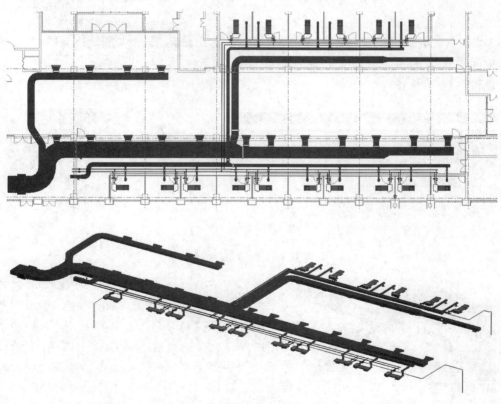

图 10-63　绘制空调冷凝水管

（26）重复上述步骤，根据 CAD 图纸，在消防电梯前室布置空调系统（注意这里采用的风机盘管型号和前面的不一样，根据 CAD 图纸上提供的数据参数，新建类型），如图 10-64 所示。

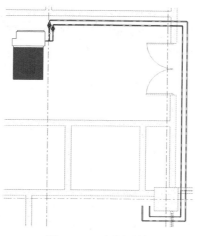

图 10-64　空调系统

10.4　创建排风系统

本工程各层卫生间设机械排风，竖向排至屋顶，屋顶设接力风机。

（1）单击"系统"选项卡 HVAC 面板中的"风管"按钮 ，在"属性"选项板中选择"矩形风管 半径弯头/T 形三通"，设置系统类型为"排风"，输入底部高程为 3500，宽度为 320，高度为 250。根据 CAD 图纸，绘制如图 10-65 所示的排风管道。

（2）在选项栏中设置宽度为 250，高度为 250，捕捉竖向排风管的轴线，绘制水平排风管，系统自动生成弯管，如图 10-66 所示。

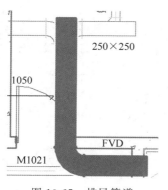

图 10-65　排风管道

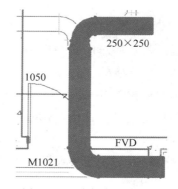

图 10-66　绘制水平排风管

（3）选取上步生成的弯管，单击弯管左侧的"T 形三通"图标 ➕，将弯管转换成 T 形三通，如图 10-67 所示。

（4）单击"系统"选项卡 HVAC 面板中的"风管"按钮，捕捉 T 形三通的右端点，绘制水平排风管，如图 10-68 所示。

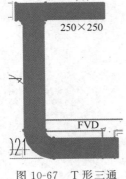

图 10-67　T 形三通

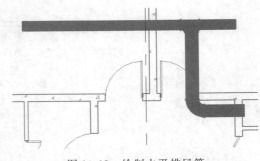

图 10-68　绘制水平排风管

（5）单击"系统"选项卡 HVAC 面板中的"风管"按钮，在"属性"选项板中选择"圆形风管 T 形三通"类型，输入直径为 150。根据 CAD 图纸，捕捉水平矩形风管绘制圆形风管，然后绘制直径为 100 的圆形风管，如图 10-69 所示。

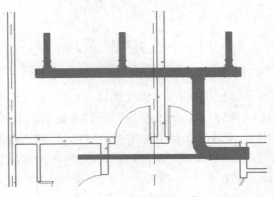

图 10-69　绘制圆形风管

（6）单击"系统"选项卡 HVAC 面板中的"风道末端"按钮，打开"修改|放置 风道末端装置"选项卡。单击"模式"面板中的"载入族"按钮，打开"载入族"对话框，载入源文件中的"天花扇.rfa"。

（7）在"属性"选项板中单击"编辑类型"按钮，打开"类型属性"对话框，新建 DN150 类型，更改风管直径为"150"，其他采用默认设置，如图 10-70 所示，单击"确定"按钮。

（8）在"属性"选项板中设置标高中的高程为 3100，将天花扇放置在风道支管的端部，如图 10-71 所示。

（9）单击"系统"选项卡 HVAC 面板中的"风管附件"按钮，在"属性"选项板中选择"防火阀-矩形-电动-70 摄氏度 标准"类型，根据 CAD 图纸，将防火阀放置在风管上适当位置，如图 10-72 所示。

Note

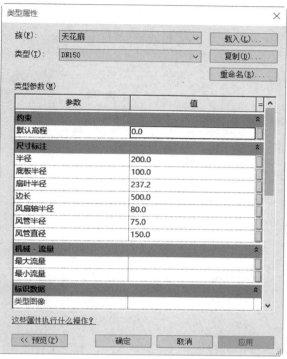

图 10-70　"类型属性"对话框

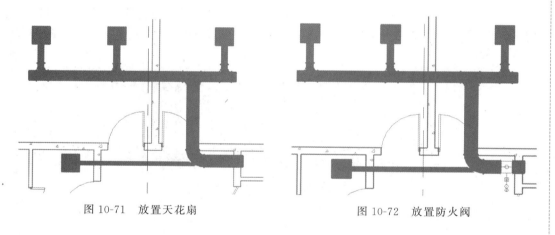

图 10-71　放置天花扇　　　　　　图 10-72　放置防火阀

10.5　创建防排烟系统

10-6

本工程办事大厅分为两个防烟分区：西侧设排烟竖井排烟，兼作空调季节整幢大楼的排风，以维持大楼风量平衡；东侧每层设一个排烟机房排烟，兼作过渡季节每层全新风的排风。其他各房间自然排烟。可开启外窗面积不小于该场所建筑面积的 2%。

（1）单击"系统"选项卡"机械"面板中的"机械设备"按钮 ，打开"修改|放置 机械设备"选项卡。单击"模式"面板中的"载入族"按钮 ，打开"载入族"对话框，选择

China→MEP→"通风除尘"→"风机"文件夹中的"离心式风机-箱式-电动机外置.rfa"族文件,如图10-73所示。单击"打开"按钮,载入文件。

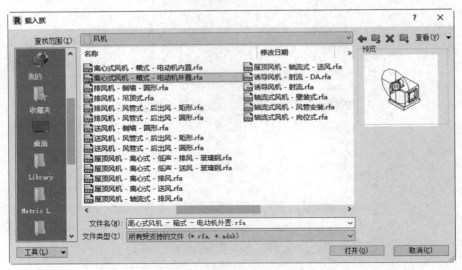

图 10-73　"载入族"对话框(一)

(2) 在"属性"选项板中选择"离心式风机-箱式-电动机外置 11056-28858CMH"类型,设置标高中的高程为200。单击"编辑类型"按钮 ▦,打开"类型属性"对话框,设置出口宽度和出口高度为"630",入口宽度为"630",进口高度为"630",风机长度为"1000",其他采用默认设置,如图10-74所示,单击"确定"按钮。

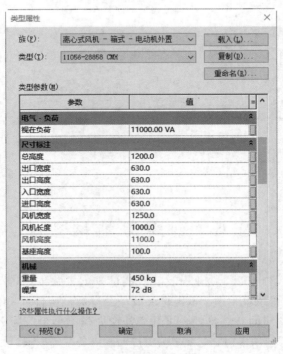

图 10-74　"类型属性"对话框(一)

（3）根据 CAD 图纸，将离心式风机放置在如图 10-75 所示的位置。

（4）单击"系统"选项卡 HVAC 面板中的"风管附件"按钮 ，打开"修改|放置 风管附件"选项卡。单击"模式"面板中的"载入族"按钮，打开"载入族"对话框，选择 China→MEP→"风管附件"→"消声器"文件夹中的"消声弯头-ZWB100.rfa"族文件，如图 10-76 所示。单击"打开"按钮，打开"指定类型"对话框，选取"630×630"类型和"800×630"类型，单击"确定"按钮，载入文件。

图 10-75 放置风机

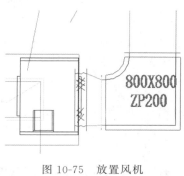

图 10-76 "载入族"对话框（二）

（5）在"属性"选项板中选择"消声弯头-ZWB100 630×630"类型，输入标高中的高程为"968"（此处的高程值为风机出口的高程值，这样可以使风机出口与弯头风口对齐，也可以在布置风管以后再定义此值）。单击"编辑类型"按钮，打开"类型属性"对话框，更改角度为 70°，其他采用默认设置，如图 10-77 所示。根据 CAD 图纸放置消声弯头。

继续选取"消声弯头-ZWB100 800×630"类型，输入标高中的高程为"2900"，在"类型属性"对话框中更改角度为 90°。根据 CAD 图纸放置消声弯头，如图 10-78 所示。

（6）单击"系统"选项卡 HVAC 面板中的"风道末端"按钮，打开"修改|放置 风道末端装置"选项卡。单击"模式"面板中的"载入族"按钮，打开"载入族"对话框，选择 China→MEP→"风管附件"→"风口"文件夹中的"回风口-矩形-单层-固定.rfa"族文件，单击"打开"按钮，载入文件。

（7）在"属性"选项板中选择"回风口-矩形-单层-固定 1500×1000"类型，单击"编辑类型"按钮，打开"类型属性"对话框，新建"1800×1200"类型，更改风管宽度为"1800"，风管高度为"1200"，其他采用默认设置，如图 10-79 所示，单击"确定"按钮。

Note

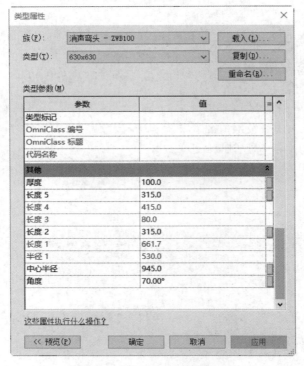

图 10-77 "类型属性"对话框(二)　　　　图 10-78 放置消声弯头

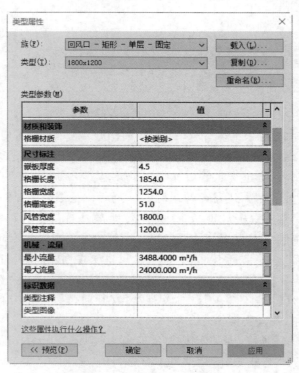

图 10-79 "类型属性"对话框(三)

（8）在"属性"选项板中设置标高中的高程为"2500"，根据 CAD 图纸，将回风口放置在如图 10-80 所示的位置。

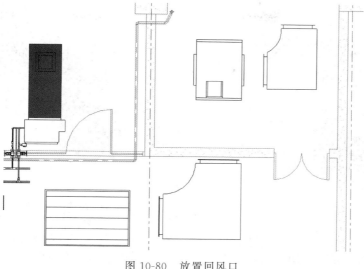

图 10-80　放置回风口

（9）单击"系统"选项卡 HVAC 面板中的"风管"按钮，在"属性"选项板中设置系统类型为"防排烟"，在选项栏中设置宽度和高度为"630"，中间高程为"968"，捕捉消声弯头"630×630"的端点绘制风管，如图 10-81 所示。

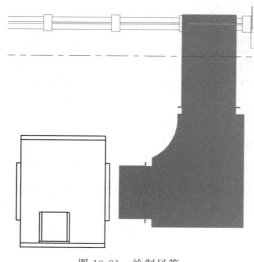

图 10-81　绘制风管

（10）单击"系统"选项卡 HVAC 面板中的"风管"按钮，在选项栏中设置宽度为"800"，高度为"630"，中间高程为"2900"，捕捉消声弯头"800×630"的端点绘制水平风管。然后更改宽度为"630"，继续绘制水平风管，更改中间高程为"700"，单击"应用"按钮。绘制竖直风管，再捕捉风机的左端点绘制水平风管与竖直风管相交，如图 10-82 所示。

（11）选取回风口，单击回风口上的"创建风管"图标，在"属性"选项板中选择"矩

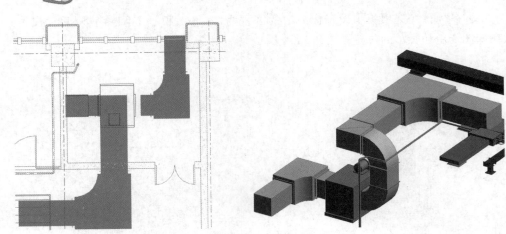

图 10-82　绘制风管

形风管 半径弯头/T 形三通"类型,在选项栏中设置风管宽度为"1800",高度为"1200",中间高程为"3300",单击"应用"按钮,生成竖直风管,如图 10-83 所示。

(12)单击"系统"选项卡 HVAC 面板中的"软管"按钮 ▥▥▥,在选项栏中设置宽度为"630",高度为"630",中间高程为"968"。在"属性"选项板中设置系统类型为防排烟,捕捉风机的右端风口端点和水平风管的端点,绘制软管,如图 10-84 所示。

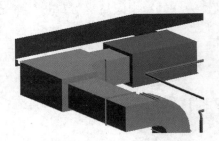

图 10-83　绘制竖直风管

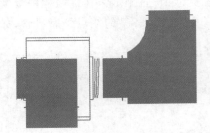

图 10-84　绘制软管

(13)单击"系统"选项卡 HVAC 面板中的"风道末端"按钮 ▣,单击"修改|放置 风道末端装置"选项卡"放置"面板中的"载入族"按钮 ▣,打开"载入族"对话框,选择 China→MEP→"风管附件"→"风口"文件夹中的"排烟格栅-多叶-主体.rfa"族文件,单击"打开"按钮,载入文件。

(14)在"属性"选项板中选择"排烟格栅-多叶-主体 标准"类型,单击"编辑类型"按钮 ▦,打开"类型属性"对话框,新建"1500×2000"类型,更改格栅长度为"1500",格栅宽度为"2000",其他采用默认设置,如图 10-85 所示,单击"确定"按钮。

(15)单击"放置在垂直面上"按钮 ▤,在"属性"选项板中设置标高中的高程为"968"。根据 CAD 图纸,将排风格栅放置于墙上,然后选取风管拖动控制点调整风管长度,如图 10-86 所示。

(16)单击"系统"选项卡 HVAC 面板中的"风管附件"按钮 ▧,单击"修改|放置 风管附件"选项卡"放置"面板中的"载入族"按钮 ▣,打开"载入族"对话框,选择 China→

图 10-85　"类型属性"对话框(四)

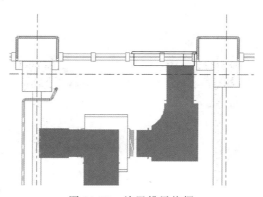

图 10-86　放置排风格栅

"消防"→"防排烟"→"风阀"文件夹中的"防火阀-矩形-电动-280 摄氏度.rfa"族文件,单击"打开"按钮,载入文件。根据 CAD 图纸,捕捉风管的中心线放置防火阀,如图 10-87 所示。

🔒 **提示**:在绘制风管连接设备时,系统常常在软件界面的右下角弹出警示对话框,提示由于各种原因导致所绘制风管不正确。用户可以尝试多种方式来绘制风管与设备连接。例如,可以先绘制风管,再在风管上布置设备,或者先绘制一小段风管,再通过拖曳风管使其与设备或另一段风管相接。

采用相同的方法,绘制其他防排烟系统,如图 10-88 所示。

Note

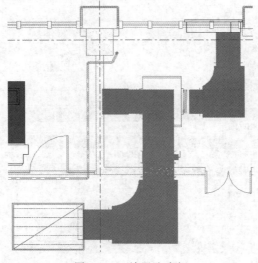

图 10-87　放置防火阀

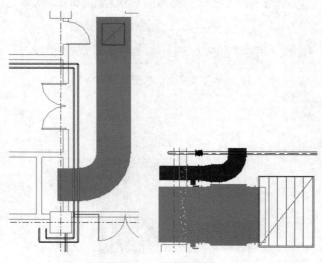

图 10-88　防排烟系统

　　读者可以根据源文件中的 CAD 图纸绘制其他楼层的通风空调系统，这里不再一一介绍其绘制过程。

第11章

电气设计

知识导引

　　在建筑工程设计中,电气设计需要根据建筑规模、功能定位及使用要求确定电气系统,常见的电气系统包括配电系统、照明设计系统和弱电系统等。

　　本章主要介绍电缆桥架、线管、导线的创建方法,以及电力、照明及开关系统的创建方法。

11.1　电气设置

　　单击"系统"选项卡"电气"面板中的"电气设置"按钮 ↘,或单击"管理"选项卡"设置"面板"MEP 设置" ▦ 下拉列表框中的"电气设置"按钮 ▦,打开"电气设置"对话框,如图 11-1 所示。在该对话框中可以指定配线参数、电压定义、配电系统、电缆桥架和线管设置、负荷计算、配电盘明细表和电路编号设置。

11.1.1　隐藏线

　　"隐藏线"面板如图 11-1 所示,用于在电气系统中绘制隐藏线。

➢ 绘制 MEP 隐藏线:指定是否按为隐藏线所指定的线样式和间隙来绘制电缆桥架和线管。

➢ 线样式:指定桥架段交叉点处隐藏段的线样式。

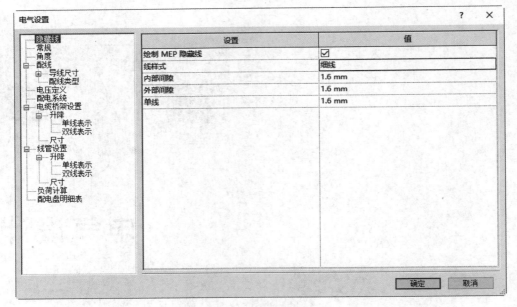

图 11-1 "电气设置"对话框

> 内部间隙：指定在交叉段内显示的线的间隙。
> 外部间隙：指定在交叉段外部显示的线的间隙。
> 单线：指定在段交叉位置处单隐藏线的间隙。

11.1.2 常规

"常规"面板如图 11-2 所示，可以定义基本参数并设置电气系统的默认值。

图 11-2 "常规"面板

> 电气连接件分隔符：指定用于分隔装置的"电气数据"参数的额定值的符号。
> 电气数据样式：为电气构件"属性"选项板中的"电气数据"参数指定样式，包括
> "连接件说明电压/极数-负荷""连接件说明电压/相位-负荷""电压/极数-负荷"
> "电压/相位-负荷"四种样式。
> 线路说明：指定导线实例属性中的"线路说明"参数的格式。
> 按相位命名线路-相位 A/B/C 标签：只有在使用"属性"选项板为配电盘指定按
> 相位命名线路时才使用这些值。
> 大写负荷名称：指定线路实例属性中的"负荷名称"参数的格式。
> 线路序列：指定创建电力线的序列，以便能够按阶段分组创建线路。
> 线路额定值：指定在模型中创建回路时的默认额定值。
> 线路路径偏移：指定生成线路路径时的默认偏移。

11.1.3　配线

　　"配线"面板如图 11-3 所示，配线表中的设置决定着 Revit 对于导线尺寸的计算方式以及导线在项目电气系统平面图中的显示方式。

图 11-3　"配线"面板

> 环境温度：指定配线所在环境的温度。
> 配线交叉间隙：指定用于显示相互交叉的未连接导线的间隙的宽度，如图 11-4
> 所示。
> 火线/地线/零线记号：指定相关导线显示的记号样式。对话框中默认没有记
> 号，单击"插入"选项卡"从库中载入"面板中的"载入族"按钮 ，打开"载入族"
> 对话框，选择 China→"注释"→"标记"→"电气"→"记号"文件夹。系统提供了
> 四种导线记号，选择一个或多个记号族文件，单击"打开"按钮，载入导线记号。

然后在对话框的"值"列表中选择记号样式。

➤ 横跨记号的斜线：指定是否将地线的记号显示为横跨其他导线的记号的对角线，如图 11-5 所示。

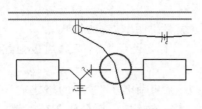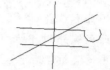

图 11-4　配线交叉间隙　　　　图 11-5　横跨记号的斜线

➤ 显示记号：指定是始终显示记号、从不显示记号，还是只为回路显示记号。

➤ 分支线路导线尺寸的最大电压降：指定分支线路允许的最大电压降的百分比。

➤ 馈线线路导线尺寸的最大电压降：指定馈线线路允许的最大电压降的百分比。

➤ 用于多回路入口引线的箭头：指定单个箭头或多个箭头是在所有线路导线上显示，还是仅在结束导线上显示。

➤ 入口引线箭头样式：指定回路箭头的样式，包括箭头角度和大小。

11.1.4　电压定义

"电压定义"面板如图 11-6 所示。列表框中显示项目中配电系统所需要的电压。单击"添加"按钮，添加"新电压 1"，修改名称并设置电压值。每个电压定义都被指定为一个电压范围，以便适应各个制造商的装置的不同额定电压。

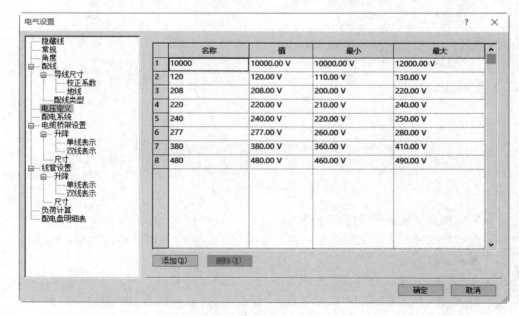

图 11-6　"电压定义"面板

11.1.5 配电系统

"配电系统"面板如图 11-7 所示。列表框中显示项目中可用的配电系统。

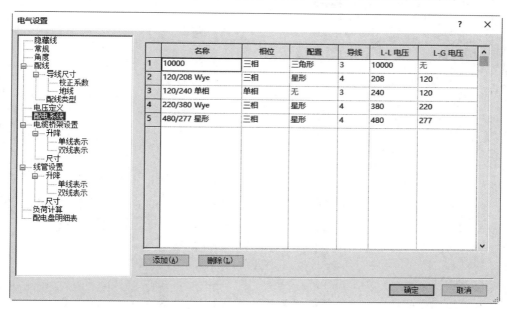

图 11-7 "配电系统"面板

> L-L 电压：在选项中设置电压定义，以表示在任意两相之间测量的电压。此参数的规格取决于"相位"和"导线"选择。例如，L-L 电压不适用于单相二线系统。

> L-G 电压：在选项中设置电压定义，以表示在相和地之间测量的电压。L-G 总是可用。

11.1.6 电缆桥架和线管设置

1. 电缆桥架设置

"电缆桥架设置"面板如图 11-8 所示。在布置电缆桥架和线管前，先按照设计要求对桥架和线管进行设置，为设计和出图做准备。

> 为单线管件使用注释比例：指定是否按照"电缆桥架配件注释尺寸"参数所指定的尺寸绘制电缆桥架管件。修改该设置时并不会改变已在项目中放置构件的打印尺寸。

> 电缆桥架配件注释尺寸：指定在单线视图中绘制的管件的打印尺寸。无论图纸比例为多少，该尺寸始终保持不变。

> 电缆桥架尺寸分隔符：指定用于显示电缆桥架尺寸的符号。例如，如果使用×，则高度为 12 英寸、深度为 4 英寸的电缆桥架将显示为 12"×4"。

> 电缆桥架尺寸后缀：指定附加到电缆桥架尺寸之后的符号。

> 电缆桥架连接件分隔符：指定用于在两个不同连接件之间分隔信息的符号。

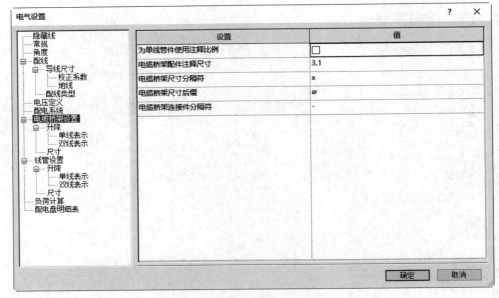

图 11-8　"电缆桥架设置"面板

2．线管设置

线管设置中的选项同电缆桥架设置的选项类似，这里不再一一进行介绍。

11.1.7　负荷计算

"负荷计算"面板如图 11-9 所示。通过设置电气负荷类型，并为不同的负荷类型指定需求系数，可以确定各个系统照明和用电设备等负荷的容量和计算电流，并选择合适的配电箱。

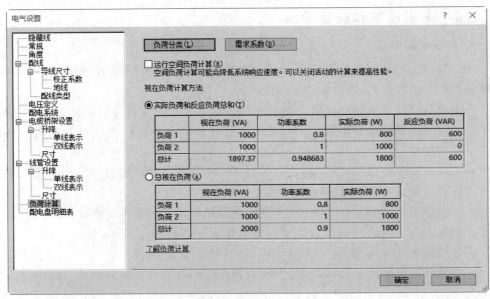

图 11-9　"负荷计算"面板

➢ 负荷分类：单击此按钮，或单击"管理"选项卡"设置"面板中"MEP 设置"下拉列表框中的"负荷分类"按钮 ，打开如图 11-10 所示的"负荷分类"对话框。在此对话框中可以对连接到配电盘的每种类型的电气负荷进行分类，还可以新建、复制、重命名和删除负荷类型。

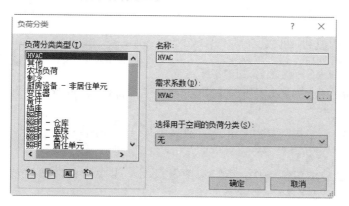

图 11-10　"负荷分类"对话框

➢ 需求系数：单击此按钮，或单击"管理"选项卡"设置"面板中"MEP 设置" 下拉列表框中的"需求系数"按钮 ，打开如图 11-11 所示的"需求系数"对话框。在此对话框中可以基于系统负荷为项目中的照明、电力、HVAC 或其他系统指定一个或多个需求系数。

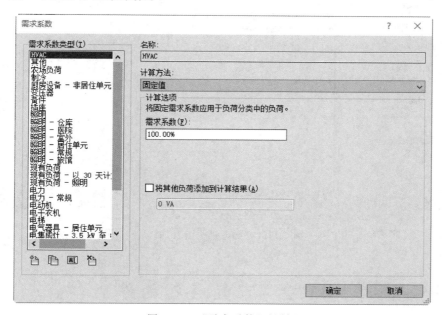

图 11-11　"需求系数"对话框

可以通过指定需求系数来计算线路的估计需用负荷。需求系数可以通过下列几种形式确定。

- 固定值：可以在"需求系数"文本框中直接输入系数值，默认为 100%。

- 按数量：可以指定多个连接对象的数量范围，并对每个范围应用不同的需求系数或者对所有对象应用相同的需求系数，具体取决于所连接对象的数量。
- 按负荷：可以为对象指定多个负荷范围并对每个范围应用不同的需求系数，或者对配电盘所连接的总负荷应用相同的需求系数。可以基于整个负荷的百分比来指定需求系数，并指定按递增的方式来计算每个范围的需求系数。

11.1.8　配电盘明细表

"配电盘明细表"面板如图 11-12 所示。

➢ 备件标签：指定应用到配电盘明细表中任一备件的"负荷名称"参数的默认标签文字。

➢ 空间标签：指定应用到配电盘明细表中任一空间的"负荷名称"参数的默认标签文字。

➢ 配电盘总数中包括备件：指定为配电盘明细表中的备件添加负荷值时，是否在配电盘总负荷中包括备件负荷值。

➢ 将多极化线路合并到一个单元：指定是否将二极或三极线路合并到配电盘明细表中的一个单元中。

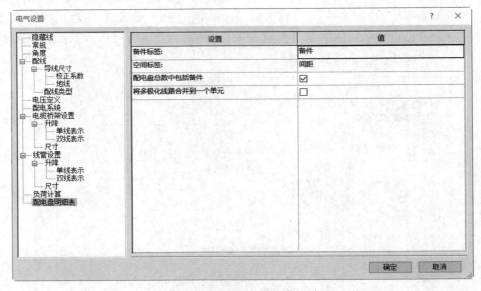

图 11-12　"配电盘明细表"面板

11.2　布置电气构件

11.2.1　放置电气设备

电气设备由配电盘和变压器组成。电气设备可以是基于主体的构件(例如，必须放置在墙上的配电盘)，也可以是非基于主体的构件(例如，可以放置在视图中任何位置的

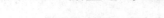
11-1

变压器）。

（1）单击"系统"选项卡"电气"面板中的"电气设备"按钮 ，系统打开如图 11-13 所示的提示对话框，单击"是"按钮。

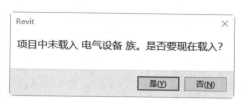

图 11-13 提示对话框

（2）此时系统打开"载入族"对话框，选择 China→MEP→"供配电"→"发电机和变压器"文件夹中的"干式变压器-10-35kV-IP20.rfa"族文件，如图 11-14 所示。

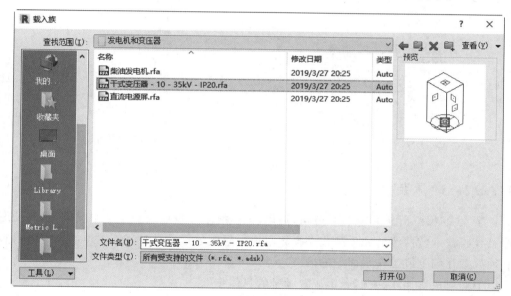

图 11-14 "载入族"对话框

（3）单击"打开"按钮，打开如图 11-15 所示的"指定类型"对话框，在对话框中选择一个或多个类型，单击"确定"按钮，载入干式变压器族文件。

图 11-15 "指定类型"对话框

（4）也可以直接在"属性"选项板中选择已有的类型，设置电气设备的放置高程，如图 11-16 所示。

（5）在绘图区域中适当位置单击放置电气设备，如图 11-17 所示。按 Esc 键退出电气设备绘制命令。

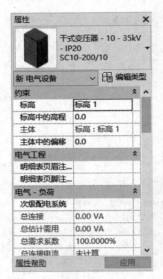

图 11-16　"属性"选项板

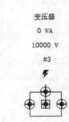

图 11-17　放置电气设备

11.2.2　放置装置

装置由插座、开关、接线盒、电话、通讯、数据终端设备以及护理呼叫设备、壁装扬声器、启动器、烟雾探测器和手拉式火警箱组成。电气装置通常是基于主体的构件（例如，必须放置在墙上或工作平面上的插座）。

下面以放置插座为例，介绍放置设备的具体步骤。

（1）单击"系统"选项卡"电气"面板"设备"下拉列表框中的"电气装置"按钮，系统打开如图 11-18 所示的提示对话框，单击"是"按钮。

（2）此时系统打开"载入族"对话框，选择 China→MEP→"供配电"→"终端"→"插座"文件夹中的"带接地插孔三相插座-明装.rfa"族文件，如图 11-19 所示。

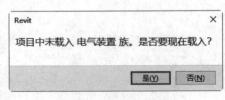

图 11-18　提示对话框

（3）单击"打开"按钮，打开如图 11-20 所示的"修改|放置 装置"选项卡和选项栏，默认激活"放置在垂直面上"按钮。

（4）也可以直接在"属性"选项板中选择已有的类型，设置电气装置的放置高程，如图 11-21 所示。

（5）选取绘图区域中的墙体为放置电气装置的实体面，按空格键左右翻转装置，如

Note

Note

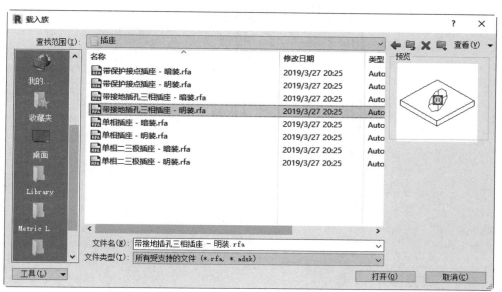

图 11-19　"载入族"对话框

图 11-20　"修改|放置 装置"选项卡和选项栏

图 11-22 所示。在墙体上的适当位置单击,放置电气装置,如图 11-23 所示。按 Esc 键
退出电气装置绘制命令。

图 11-21　"属性"选项板

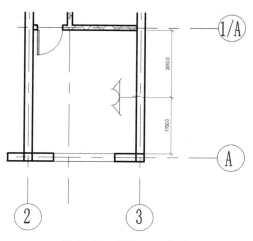

图 11-22　预览电气装置

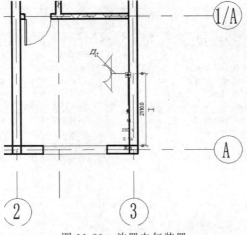

图 11-23　放置电气装置

11.2.3　放置照明设备

大多数照明设备是必须放置在主体构件(如天花板或墙)上的基于主体的构件。

(1)单击"系统"选项卡"电气"面板中的"照明设备"按钮，系统打开如图 11-24 所示的提示对话框，单击"是"按钮。

(2)此时系统打开"载入族"对话框，选

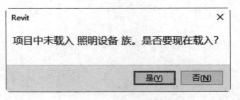

图 11-24　提示对话框

择 China→MEP→"照明"→"室内灯"→"花灯和壁灯"文件夹中的"托架壁灯-球形.rfa"族文件，如图 11-25 所示。

图 11-25　"载入族"对话框

(3)单击"打开"按钮，打开如图 11-26 所示的"修改|放置 设备"选项卡和选项栏，默认激活"放置在垂直面上"按钮。

图 11-26　"修改|放置 设备"选项卡和选项栏

Note

（4）也可以直接在"属性"选项板中选择已有的类型，设置照明设备的放置高程，如图 11-27 所示。

（5）将光标移至绘图区域中的某一有效主体或位置上时，可以预览照明设备，如图 11-28 所示。在墙体上的适当位置单击，放置照明设备，如图 11-29 所示。按 Esc 键退出照明设备绘制命令。

图 11-27　"属性"选项板

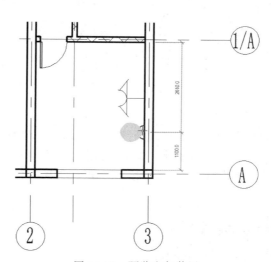

图 11-28　预览电气装置

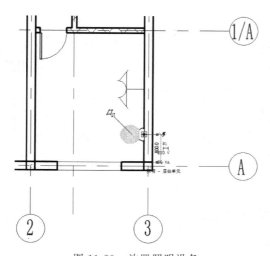

图 11-29　放置照明设备

11.3　电缆桥架

11.3.1　绘制电缆桥架

Revit MEP 提供了两种不同的电缆桥架形式：带配件的电缆桥架和无配件的电缆桥架。无配件的电缆桥架适用于设计中不明显区分配件的情况，它们是作为不同的系统族来实现的。

（1）单击"系统"选项卡"电气"面板中的"电缆桥架"按钮 ⬗，打开"修改|放置 电缆桥架"选项卡和选项栏，如图 11-30 所示。

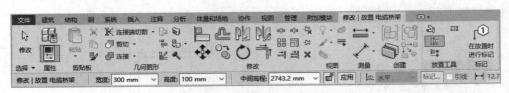

图 11-30　"修改|放置 电缆桥架"选项卡和选项栏

（2）在"属性"选项板中选择电缆桥架类型，这里选择"无配件的电缆桥架 槽式电缆桥架"类型，设置电缆桥架的宽度、高度和高程，如图 11-31 所示。

（3）在绘图区域中单击，指定电缆桥架的起点，然后移动光标，并单击指定桥架上的点，如图 11-32 所示。按 Esc 键退出电缆桥架绘制命令。

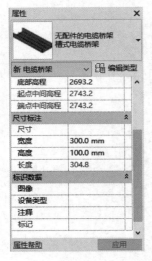

图 11-31　"属性"选项板

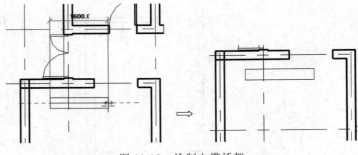

图 11-32　绘制电缆桥架

11.3.2　添加电缆桥架配件

（1）单击"系统"选项卡"电气"面板中的"电缆桥架配件"按钮 ⬬，系统打开如图 11-33 所示的提示对话框，单击"是"按钮。

（2）此时系统打开"载入族"对话框，选择
China→MEP→"供配电"→"供电设备"→"配
电设备"→"电缆桥架配件"文件夹中的"槽式
电缆桥架水平三通.rfa"族文件，如图 11-34 所
示。单击"打开"按钮，载入槽式电缆桥架水平
三通族文件。

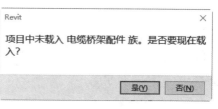

图 11-33　提示对话框

图 11-34　"载入族"对话框

（3）在"属性"选项板中选择已有的类型，设置电缆桥架配件的尺寸和放置高程，如
图 11-35 所示。

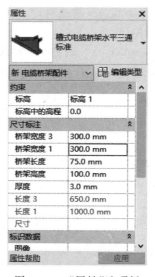

图 11-35　"属性"选项板

（4）在选项栏中选中"放置后旋转"复选框，捕捉电缆桥架的端点放置水平三通，然后将其逆时针旋转 90°，单击完成槽式电缆桥架水平三通的放置，如图 11-36 所示。也可以将水平三通放置在其他位置，然后拖曳其控制点与电缆桥架连接。按 Esc 键退出电缆桥架配件绘制命令。

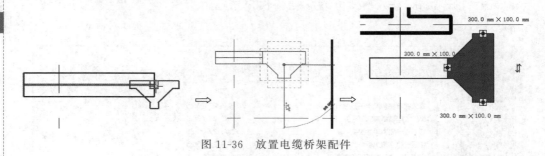

图 11-36　放置电缆桥架配件

11.3.3　绘制带配件的电缆桥架

（1）单击"插入"选项卡"从库中载入"面板中的"载入族"按钮 ，打开如图 11-34 所示的"载入族"对话框，选择 China→MEP→"供配电"→"供电设备"→"配电设备"→"电缆桥架配件"文件夹中的"槽式电缆桥架异径接头.rfa""槽式电缆桥架水平四通.rfa""槽式电缆桥架水平三通.rfa""槽式电缆桥架活接头.rfa""槽式电缆桥架垂直等径下弯通.rfa""槽式电缆桥架垂直等径上弯通.rfa"族文件，单击"打开"按钮，将其全部载入到当前文件。

（2）单击"系统"选项卡"电气"面板中的"电缆桥架"按钮 ，打开"修改｜放置 电缆桥架"选项卡和选项栏，如图 11-30 所示。

（3）在"属性"选项板中选择"带配件的电缆桥架 槽式电缆桥架"类型，单击"编辑类型"按钮 ，打开如图 11-37 所示的"类型属性"对话框，设置电缆桥架接头处的配件，如图 11-38 所示，单击"确定"按钮。

（4）在选项栏中设置电缆桥架的高度、宽度和中间高程。

（5）在绘图区域中单击指定电缆桥架的起点，然后移动光标，并单击指定管路上的端点，完成一段电缆桥架的绘制。继续绘制电缆桥架，系统自动在电缆桥架的转弯或连接处自动生成相应的电缆桥架配件，如图 11-39 所示。按 Esc 键退出电缆桥架绘制命令。

注意：电缆桥架及配件的建模原则和说明

① 电缆桥架建模时，应确保其类型属性中的管件参数设置与桥架类型匹配。

② 高压电缆桥架尽量不折弯。

③ 强电桥架与弱电桥架若分布在同一走道，宜分两侧布置。若无空间，两者间距要求不小于 300mm。

④ 母线槽尺寸常规为 $150 \times 200/200 \times 300$，具体尺寸数值参照项目要求。

提示：电缆桥架的安装示意图如图 11-40 所示。

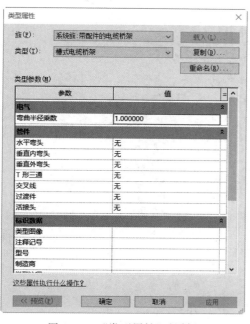

图 11-37 "类型属性"对话框

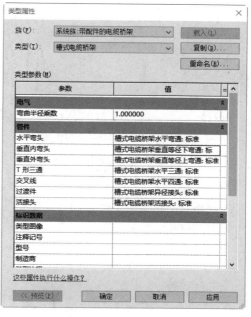

图 11-38 配件设置

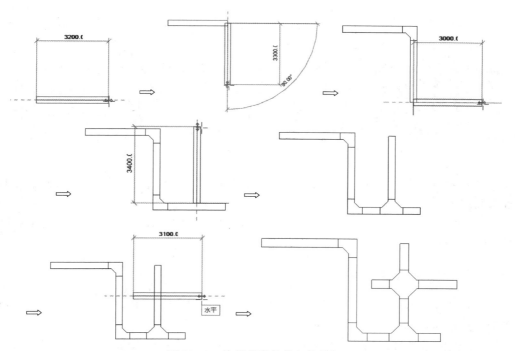

图 11-39 绘制带配件的电缆桥架

Note

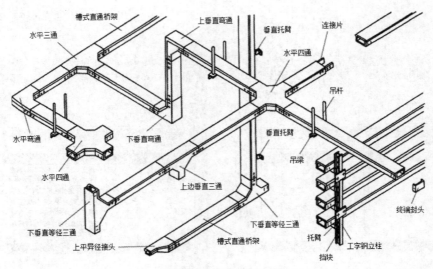

图 11-40　电缆桥架安装示意图

11.4　线　　管

11.4.1　绘制线管

（1）单击"系统"选项卡"电气"面板中的"线管"按钮 ，打开"修改|放置 线管"选项卡和选项栏，如图 11-41 所示。

图 11-41　"修改|放置 线管"选项卡和选项栏

（2）在"属性"选项板中选择线管类型，这里选择"无配件的线管"类型，设置线管的直径和高程，如图 11-42 所示。

（3）在绘图区域中单击指定线管的起点，然后移动光标，并单击完成一段线管绘制，如图 11-43 所示。按 Esc 键退出线管绘制命令。

11.4.2　添加线管配件

（1）单击"系统"选项卡"电气"面板中的"线管配件"按钮 ，系统打开如图 11-44 所示的提示对话框，单击"是"按钮。

（2）此时系统打开"载入族"对话框，选择 China→MEP→"供配电"→"供电设备"→"配电设备"→"导管配件"→RMC 文件夹中的"导管弯头-铝.rfa"族文件，如图 11-45 所示。单击"打开"按钮，载入导管弯头-铝文件。

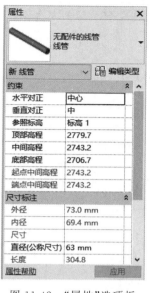

图 11-42 "属性"选项板

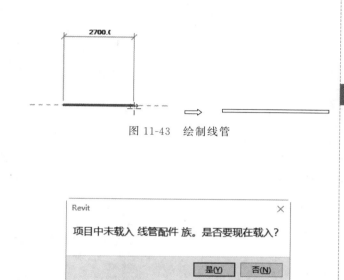

图 11-43 绘制线管

图 11-44 提示对话框

图 11-45 "载入族"对话框

（3）在"属性"选项板中选择已有的类型，设置线管配件的尺寸和放置高程，如图 11-46 所示。

（4）捕捉电缆桥架的端点放置导管弯头，单击完成导管弯头的放置，如图 11-47 所示。也可以将导管弯头放置在其他位置，然后拖曳其控制点与线管连接。按 Esc 键退出线管配件绘制命令。

Note

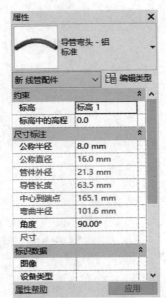

图 11-46 "属性"选项板

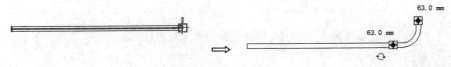

图 11-47 放置线管配件

11.4.3 绘制带配件的线管

（1）单击"插入"选项卡"从库中载入"面板中的"载入族"按钮 ，打开"载入族"对话框，选择 China→MEP→"供配电"→"供电设备"→"配电设备"→"电缆桥架配件"文件夹中的"导管接线盒-弯头-铝.rfa""导管接线盒-四通-铝.rfa""导管接线盒-过渡件-铝.rfa""导管接线盒-T形-铝.rfa""导管接头-铝.rfa"族文件，单击"打开"按钮，将其全部载入到当前文件。

（2）单击"系统"选项卡"电气"面板中的"线管"按钮 ，打开"修改|放置 线管"选项卡和选项栏，如图 11-41 所示。

（3）在"属性"选项板中选择"带配件的线管"类型，单击"编辑类型"按钮 ，打开如图 11-48 所示的"类型属性"对话框，设置线管接头处的配件，如图 11-49 所示，单击"确定"按钮。

（4）在选项栏中设置线管的直径、中间高程和弯曲半径。

（5）在绘图区域中单击指定线管的起点，然后移动光标，并单击指定线管的端点，完成一段线管的绘制。继续绘制线管，系统自动在线管的转弯或连接处生成相应的线管配件，如图 11-50 所示。按 Esc 键退出带配件的线管绘制命令。

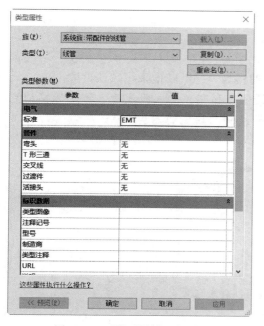

图 11-48 "类型属性"对话框

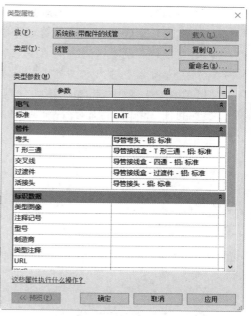

图 11-49 配件设置

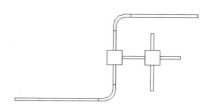

图 11-50 绘制带配件的线管

11.4.4 绘制平行线管

可以将平行线管添加到通过设备表面连接件连接的现有线管上,也可以将其添加到与电缆桥架连接的现有线管上。

(1) 单击"系统"选项卡"电气"面板中的"平行线管"按钮▒,打开"修改|放置平行线管"选项卡,如图 11-51 所示。

图 11-51 "修改|放置平行线管"选项卡

"修改|放置平行线管"选项卡中的选项说明如下。

➤ 相同弯曲半径▒:使用原始线管的弯曲半径绘制平行线管。

➤ 同心弯曲半径▒:使用不同的弯曲半径绘制平行线管,此选项仅适用于无管件的线管。

➤ 水平数:设置水平方向的管道个数。

➢ 水平偏移：设置水平方向管道之间的距离。

➢ 垂直数：设置竖直方向的管道个数。

➢ 垂直偏移：设置竖直方向管道之间的距离。

（2）在选项卡中输入水平数为"3"，水平偏移为"400"，其他采用默认设置。

（3）在绘图区域中，将光标移动到现有线管以高亮显示一段线管。将光标移动到现有线管的任一侧时，将显示平行线管的轮廓，如图 11-52 所示。

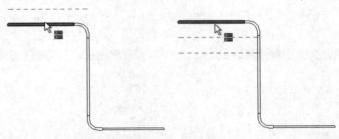

图 11-52　显示平行线管的轮廓

（4）按 Tab 键选取整个线管，如图 11-53 所示。

（5）单击放置平行线管，按 Esc 键退出平行线管绘制命令，如图 11-54 所示。

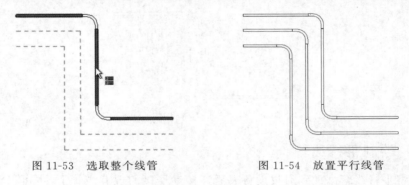

图 11-53　选取整个线管　　　　　图 11-54　放置平行线管

11.5　导　　线

可以在设计的电气构件之间手动创建配线。

11.5.1　绘制弧形导线

（1）单击"系统"选项卡"电气"面板"导线"下拉列表框中的"弧形导线"按钮 ，打开"修改|放置 导线"选项卡和选项栏，如图 11-55 所示。

（2）在"属性"选项板中选择导线类型，这里采用默认设置。

（3）将光标移动到要连接的第一个构件上，显示捕捉，如图 11-56 所示。单击确定导线回路的起点。

（4）移动光标到要连接构件中间的适当位置，单击确定中点，如图 11-57 所示。

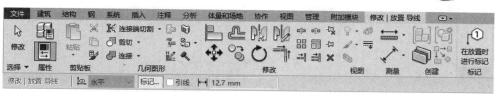

图 11-55　"修改|放置 导线"选项卡和选项栏

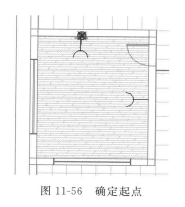

图 11-56　确定起点

图 11-57　确定中点

（5）将光标移动到下一个构件上，然后单击连接件捕捉以指定导线回路的终点，如图 11-58 所示。结果如图 11-59 所示。

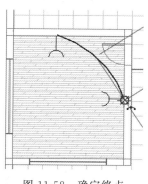

图 11-58　确定终点

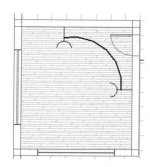

图 11-59　圆弧导线

11.5.2　绘制样条曲线导线

（1）单击"系统"选项卡"电气"面板"导线"下拉列表中的"样条曲线导线"按钮 ，打开"修改|放置 导线"选项卡和选项栏。

（2）在"属性"选项板中，选择导线类型，这里采用默认设置。

（3）将光标移动到要连接的第一个构件上，显示捕捉，单击确定导线回路的起点。

（4）移动光标到要连接构件中间的适当位置，单击确定第二点，如图 11-60 所示。

（5）继续移动光标，在适当位置单击确定第三点，如图 11-61 所示。继续移动光标，在适当位置单击确定第四点。

（6）将光标移动到下一个构件上，然后单击连接件捕捉以指定导线回路的终点，结

Note

果如图 11-62 所示。

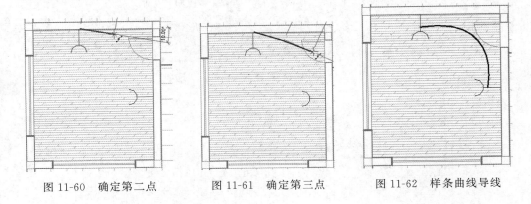

图 11-60　确定第二点　　　图 11-61　确定第三点　　　图 11-62　样条曲线导线

11.5.3　绘制带倒角导线

（1）单击"系统"选项卡"电气"面板"导线"下拉列表框中的"带倒角导线"按钮 ，打开"修改|放置 导线"选项卡和选项栏。

（2）在"属性"选项板中选择导线类型，采用默认设置。

（3）将光标移动到要连接的第一个构件上，显示捕捉，单击确定导线回路的起点。

（4）移动光标到要连接构件中间的适当位置，单击确定第二点，如图 11-63 所示。

（5）将光标移动到下一个构件上，然后单击连接件捕捉以指定导线回路的终点，如图 11-64 所示。结果如图 11-65 所示。

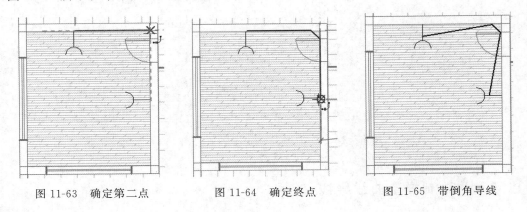

图 11-63　确定第二点　　　图 11-64　确定终点　　　图 11-65　带倒角导线

注意：导线在三维视图中是不可见的。

11.6　实例——创建电气系统

11.6.1　布置电气构件

（1）新建一机械项目文件，参照 7.7.1 节，链接居室建筑模型。

（2）单击"系统"选项卡"电气"面板中的"电气设备"按钮![button]，系统打开提示对话框，提示项目中未载入电气设备族，是否要现在载入，单击"是"按钮。

（3）此时系统打开"载入族"对话框，选择 China→MEP→"供配电"→"配电设备"→"箱柜"文件夹中的"照明配电箱-暗装.rfa"族文件，如图 11-66 所示。

图 11-66　"载入族"对话框（一）

（4）单击"打开"按钮，打开如图 11-67 所示的"指定类型"对话框。在对话框中选择一个或多个类型，这里选取 LB103 类型，单击"确定"按钮，载入照明配电箱族文件。

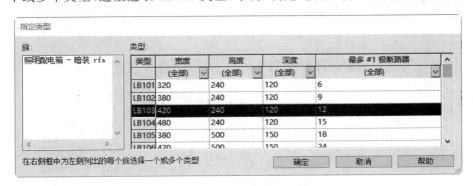

图 11-67　"指定类型"对话框

（5）在"属性"选项板中设置标高中的高程为"1500"，如图 11-68 所示。

（6）单击"修改|放置 设备"选项卡"放置"面板中的"放置在垂直面上"按钮![button]，在入口处墙体上放置照明配电箱，如图 11-69 所示。按 Esc 键退出电气设备绘制命令。

![提示] 提示：如果放置的电气设备、导线、灯具等在视图中不显示，应单击"视图"选项卡"图形"面板中的"可见性/图形"按钮![button]，打开"楼层平面：1-机械的可见性/图形替换"对话框，在"模型类别"选项卡中选中"导线""灯具""照明设备""电气设备"等复选框，如图 11-70 所示，单击"确定"按钮。

Note

图 11-68 "属性"选项板

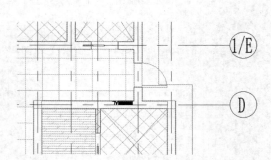

图 11-69 放置照明配电箱

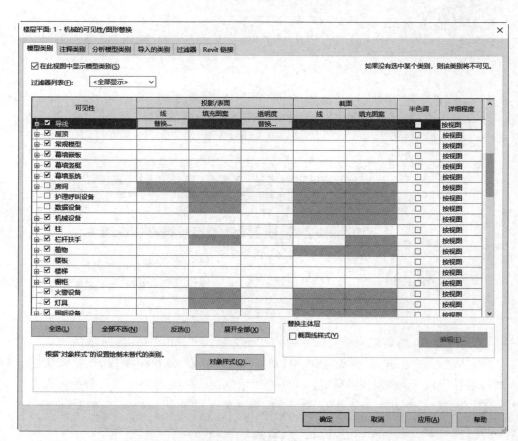

图 11-70 "楼层平面：1-机械的可见性/图形替换"对话框

（7）单击"系统"选项卡"电气"面板中的"照明设备"按钮 ，系统打开提示对话框，单击"是"按钮。

（8）此时系统打开"载入族"对话框，选择 China→MEP→"照明"→"室内灯"→"环形吸顶灯"文件夹中的"环形吸顶灯.rfa"族文件，如图 11-71 所示，单击"打开"按钮，载入环形吸顶灯。

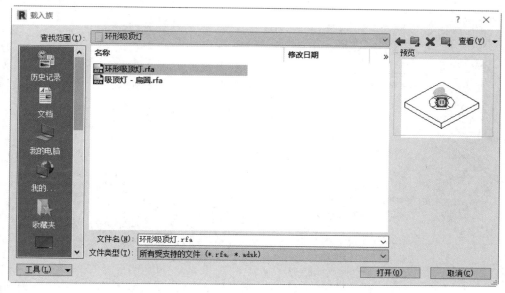

图 11-71　"载入族"对话框（二）

（9）单击"修改|放置 设备"选项卡"放置"面板中的"放置在面上"按钮 ，将其放置在客厅、餐厅和卧室的天花板上，如图 11-72 所示。

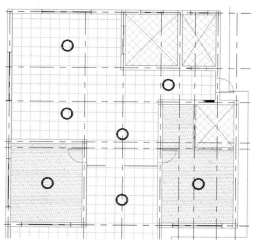

图 11-72　放置环形吸顶灯

（10）单击"系统"选项卡"电气"面板"设备" 下拉列表框中的"照明"按钮 ，系统打开提示对话框，单击"是"按钮。

（11）此时系统打开"载入族"对话框，选择 China→MEP→"供配电"→"终端"→"开关"文件夹中的"单联开关-暗装.rfa"族文件，如图 11-73 所示，单击"打开"按钮，载入文件。

图 11-73　"载入族"对话框（三）

（12）单击"修改|放置 装置"选项卡"放置"面板中的"放置在垂直面上"按钮，在"属性"选项板中输入标高中的高程为"1500"，将开关放置在客厅入口处和卧室入口处的墙上，如图 11-74 所示。

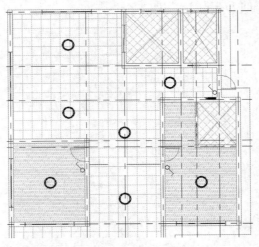

图 11-74　放置开关

11.6.2　创建电力和照明线路

可以为连接兼容电气装置和照明设备的电力系统创建线路，然后将线路连接到电气设备配电盘。

Revit 会自动为电力和照明线路计算导线尺寸以保持低于 3％的电压降。

（1）按住 Ctrl 键,选取客厅内的开关、环形吸顶灯和配电箱,如图 11-75 所示。

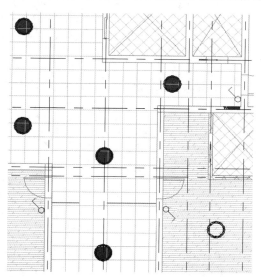

图 11-75　选取设备和灯具

（2）单击"创建系统"面板中的"电力"按钮 ,生成如图 11-76 所示的临时配线,打开"修改|电路"选项卡。

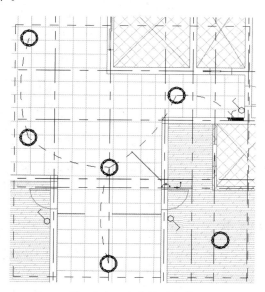

图 11-76　生成临时配线

（3）单击图中的"从此临时配线生成弧形配线"图标 ,或者单击"修改|电路"选项卡"转换为导线"面板中的"弧形导线"按钮 ,生成导线,如图 11-77 所示。

（4）采用相同的方法,创建卧室内灯具与开关的导线,如图 11-78 所示。

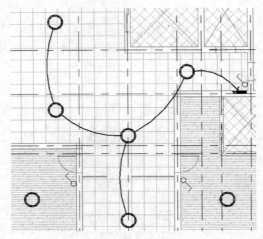

图 11-77　生成导线

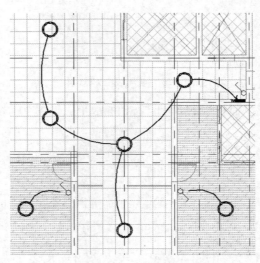

图 11-78　卧室导线的创建

提示: 弧形配线通常用于表示在墙、天花板或楼板内隐藏的配线。带倒角的配线通常用于表示外露的配线。

11.6.3　调整导线回路

可以添加或删除导线,改变形状和布线,以及修改项目中导线回路的记号位置。

(1) 在视图中选择一个导线回路,如图 11-79 所示。

(2) 导线回路的控制柄会以蓝色显示。使用加号和减号符号可以修改回路中导线的数量。单击加号 可增加导体的数量,每次单击会给回路添加一个记号,一个记号表示一个导体;单击减号 可减少导线的数量,每次单击会从回路中删除一个记号,一个记号表示一根导线。达到导线的最小数量时,会禁用减号。

(3) 拖曳顶点以修改导线回路的形状,如图 11-80 所示。

11-3

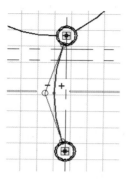

图 11-79　选择导线回路

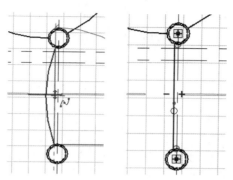

图 11-80　拖曳顶点

（4）在导线回路上右击，弹出如图 11-81 所示的快捷菜单，单击"插入顶点"命令，在导线回路上将显示一个新的顶点控制柄（最初显示为一个实点），如图 11-82 所示。

（5）移动光标，在所需的位置单击放置顶点，拖到新顶点可以修改导线回路的形状。

（6）采用相同的方法，添加其他的顶点，如图 11-83 所示。

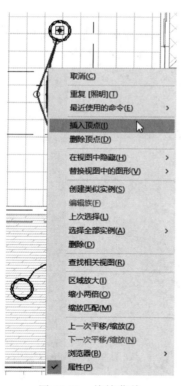

图 11-81　快捷菜单

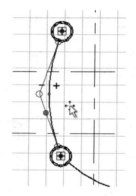

图 11-82　显示新的顶点

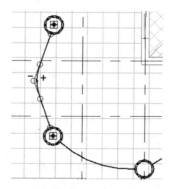

图 11-83　添加顶点

（7）在导线回路上右击，弹出如图 11-81 所示的快捷菜单，单击"删除顶点"命令，移动光标到要删除的顶点上，当顶点显示为一个实点时单击，删除顶点。

（8）单击"系统"选项卡"导线"下拉列表框中的"弧形导线"按钮 🖋️，绘制卧室开关到配电箱的导线，如图 11-84 所示。

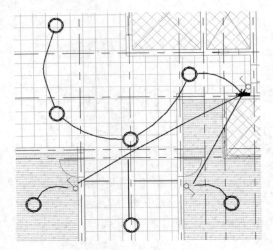

图 11-84　绘制导线

11.6.4　创建开关系统

可以将照明设备指定给项目中的特定开关。开关系统与照明线路和配线不相关。

（1）选择一个或多个电气装置或照明设备，这里选取客厅的环形吸顶灯，如图 11-85 所示。

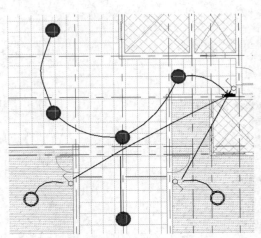

图 11-85　选取照明设备

（2）单击"修改|照明设备"选项卡"创建系统"面板中的"开关"按钮 ⬚，创建开关系统，并打开如图 11-86 所示的"修改|开关系统"选项卡。

（3）单击"修改|开关系统"选项卡"系统工具"面板中的"选择开关"按钮 ⬚，选择视图中的开关，将其指定给开关系统，结果如图 11-87 所示。

（4）单击"修改|开关系统"选项卡"系统工具"面板中的"编辑开关系统"按钮 ⬚，

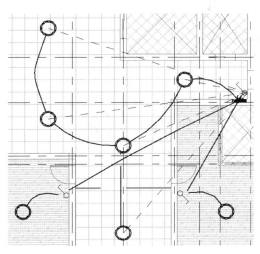

图 11-86　"修改|开关系统"选项卡

图 11-87　创建开关系统

打开如图 11-88 所示的"编辑开关系统"选项卡和选项栏。系统默认激活"添加到系统"按钮 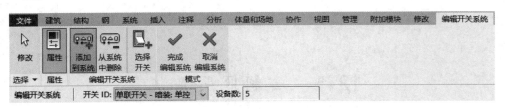，选项栏中将显示开关系统中开关的名称以及开关控制的设备数量。

图 11-88　"编辑开关系统"选项卡和选项栏

（5）在绘图区域中选择要添加的构件（绘图区域中除了所选线路中的构件之外的所有构件都会变暗），单击"完成编辑系统"按钮 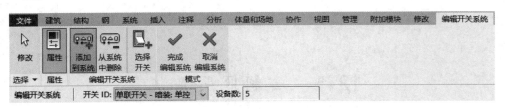，完成构件的添加。

某服务中心照明系统

知识导引

　　本章以某服务中心一层照明系统为例,介绍创建照明系统的操作方法。首先在建筑模型的基础上导入 CAD 图纸,然后以 CAD 图纸为参考布置照明设备、电气设备,最后绘制线路创建照明系统。

12.1　绘制照明系统

　　本节主要介绍在工作时能保证产生规定视觉条件的照明,即正常照明系统的创建。

12.1.1　绘图前准备

12-1

　　(1) 在主页中单击"模型"→"打开"按钮 ➦ 打开...,打开"打开"对话框,选取上一章链接模型的"一层电气系统. rvt"文件,单击"打开"按钮,打开文件。

　　(2) 在项目浏览器中双击"楼层平面"节点下的 1F,将视图切换到 1F 楼层平面视图。

　　(3) 单击"插入"选项卡"导入"面板中的"链接 CAD"按钮 🔳,打开"链接 CAD 格式"对话框,选择"一层照明平面布置图",设置定位为"自动-中心到中心",放置于"1F",选中"定向到视图"复选框,设置导入单位为"毫米",其他采用默认设置。单击"打开"按钮,导入 CAD 图纸。

　　(4) 单击"修改"选项卡"修改"面板中的"对齐"按钮 🖺,在建筑模型中单击①轴线,然后单击链接的 CAD 图纸中的①轴线,将①轴线对齐;接着在建筑模型中单击 A 轴线,然后单击链接的 CAD 图纸中的 A 轴线,将 A 轴线对齐。此时,CAD 文件与建筑模型重合,如图 12-1 所示。

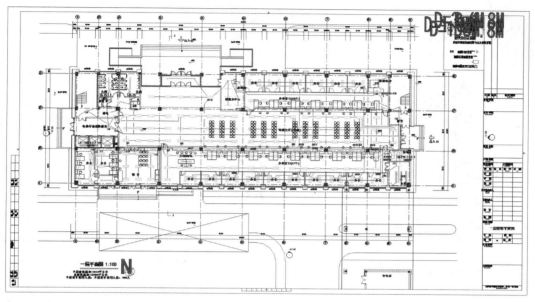

图 12-1　对齐图形

（5）单击"修改"选项卡"修改"面板中的"锁定"按钮 ，选择 CAD 图纸,将其锁定。

（6）单击"视图"选项卡"图形"面板中的"可见性/图形"按钮 ，打开"楼层平面:1F 的可见性/图形替换"对话框,在"导入的类别"选项卡中展开一层照明平面图的图层,选中 dq、EQUIP 和 EQUIP-照明图层复选框,取消选中其他图层,如图 12-2 所示,单击"确定"按钮。整理后的图形如图 12-3 所示。

12.1.2　布置照明设备

（1）在控制栏中设置详细程度为中等。单击"系统"选项卡"电气"面板中的"照明设备"按钮 ，系统打开如图 12-4 所示的提示对话框,提示项目中未载入照明设备族。单击"是"按钮,打开"修改|放置 设备"选项卡,单击"模式"面板中的"载入族"按钮 ，打开"载入族"对话框,选择源文件中的"双管格栅荧光灯.rfa"族文件,单击"打开"按钮,载入文件。

（2）在"属性"选项板中设置标高中的高程为"3500",根据 CAD 图纸,结合"复制"和"旋转"命令,布置双管格栅荧光灯,如图 12-5 所示。

（3）将视图切换至"东-机械立面"视图。单击"系统"选项卡"工作平面"面板中的"参照平面"按钮 ，绘制参照平面,再选取参照平面,修改临时尺寸为"3500",如图 12-6 所示。

（4）重复"照明设备"命令,单击"模式"面板中的"载入族"按钮 ，打开"载入族"对话框,选择源文件中的"单管荧光灯.rfa"族文件,单击"打开"按钮,载入文件。

12-2

Note

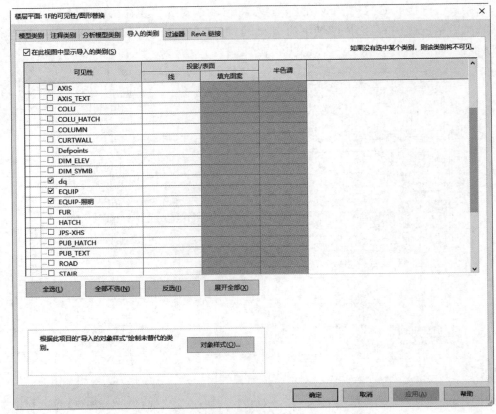

图 12-2 "楼层平面：1F 的可见性/图形替换"对话框

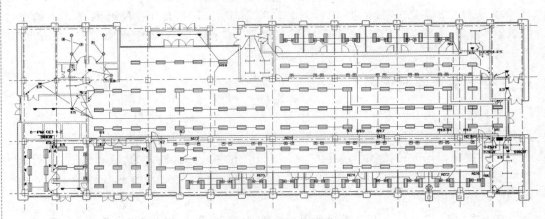

图 12-3 整理后的图形

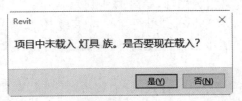

图 12-4 提示对话框

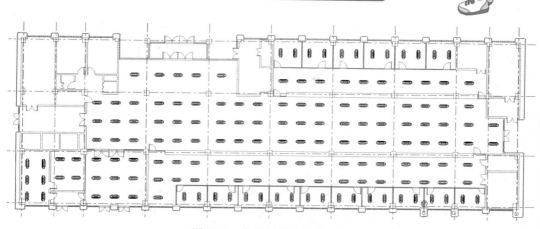

图 12-5 布置双管格栅荧光灯

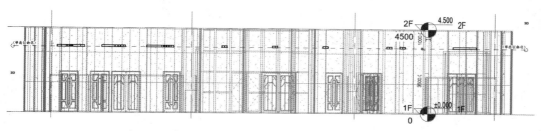

图 12-6 绘制参照平面

（5）单击"放置"面板中的"放置在工作平面上"按钮 ◇，打开"工作平面"对话框，选择"拾取一个平面"选项，如图 12-7 所示。单击"确定"按钮，在视图中拾取上步绘制的参照平面，打开"转到视图"对话框，选取"楼层平面：1F"，如图 12-8 所示。单击"打开视图"按钮，转到 1F 楼层平面视图。

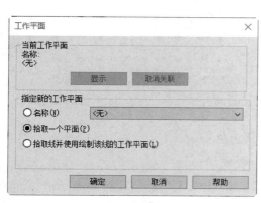

图 12-7 "工作平面"对话框

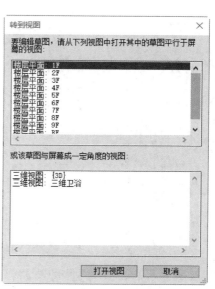

图 12-8 "转到视图"对话框

（6）在"属性"选项板中单击"编辑类型"按钮，打开"类型属性"对话框，更改灯管长度为"1200"，其他采用默认设置，如图12-9所示，单击"确定"按钮。

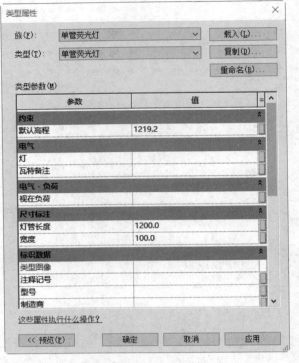

图12-9　"类型属性"对话框（一）

（7）根据CAD图纸，结合"旋转"命令，布置单管格栅荧光灯，如图12-10所示。

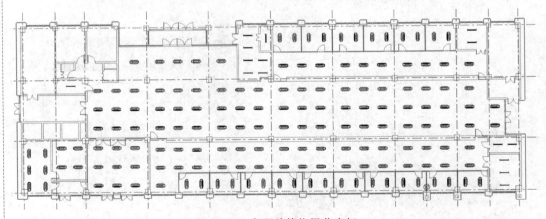

图12-10　布置单管格栅荧光灯

（8）单击"系统"选项卡"电气"面板中的"照明设备"按钮，打开"修改|放置 设备"选项卡。单击"模式"面板中的"载入族"按钮，打开"载入族"对话框，选择 China→MEP→"照明"→"室内灯"→"高低天棚灯具"文件夹中的"低天棚灯具-吸顶式.rfa"族文件，如图12-11所示，单击"打开"按钮，载入文件。

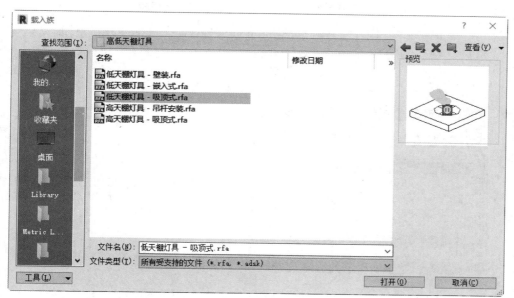

图 12-11　"载入族"对话框

（9）单击"放置"面板中的"放置在工作平面上"按钮 ，根据 CAD 图纸布置天棚灯，如图 12-12 所示。

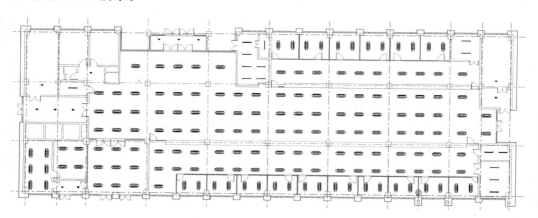

图 12-12　布置天棚灯

（10）单击"系统"选项卡"电气"面板中的"照明设备"按钮 ，打开"修改|放置 设备"选项卡。单击"模式"面板中的"载入族"按钮 ，打开"载入族"对话框，选择 China→MEP→"照明"→"室内灯"→"环形吸顶灯"文件夹中的"环形吸顶灯.rfa"族文件，单击"打开"按钮，载入文件。

（11）在"属性"选项板中单击"编辑类型"按钮 ，打开"类型属性"对话框，新建类型"20W"，更改直径为"400"，其他采用默认设置，如图 12-13 所示，单击"确定"按钮。

（12）单击"放置"面板中的"放置在工作平面上"按钮 ，根据 CAD 图纸布置吸顶灯，如图 12-14 所示。

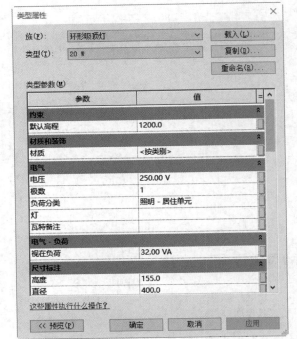

图 12-13　"类型属性"对话框(二)

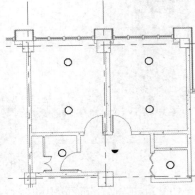

图 12-14　布置吸顶灯

12.1.3　布置电气设备

（1）单击"系统"选项卡"电气"面板"设备"下拉列表框中的"电气装置"按钮，系统打开提示对话框，提示是否载入电气装置族。单击"是"按钮，打开"载入族"对话框，选择源文件中的"地面插座.rfa"族文件，单击"打开"按钮，载入文件。

（2）在"属性"选项板中设置标高中的高程为 0，根据 CAD 图纸在地面上放置地面插座，如图 12-15 所示。

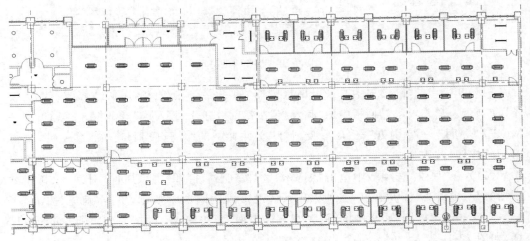

图 12-15　放置地面插座

（3）单击"系统"选项卡"电气"面板"设备" 下拉列表框中的"电气装置"按钮 ，在打开的"修改|放置 装置"选项卡中单击"载入族"按钮 ，打开"载入族"对话框，选择 China→MEP→"供配电"→"终端"→"插座"文件夹中的"单相二三极插座-暗装.rfa"族文件，如图 12-16 所示。单击"打开"按钮，载入文件。

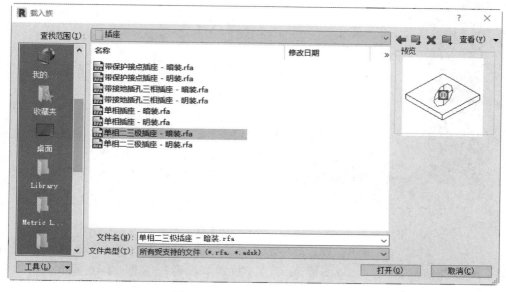

图 12-16 "载入族"对话框（一）

（4）在"属性"选项板中设置标高中的高程为"300"，单击"放置"面板中的"放置在垂直面上"按钮 ，根据 CAD 图纸，在墙体上放置插座，如图 12-17 所示。

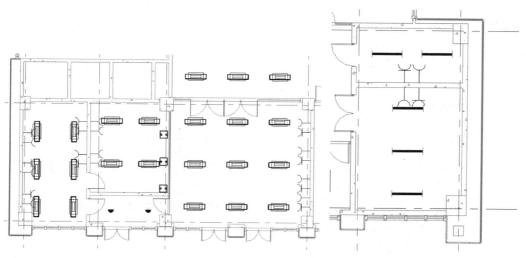

图 12-17 放置墙上插座

（5）单击"系统"选项卡"电气"面板"设备" 下拉列表框中的"照明"按钮 ，系统打开提示对话框，提示是否载入灯具族。单击"是"按钮，打开"载入族"对话框，选择 China→MEP→"供配电"→"终端"→"开关"文件夹中的"单联开关-暗装.rfa"族文件，如图 12-18 所示，单击"打开"按钮，载入文件。

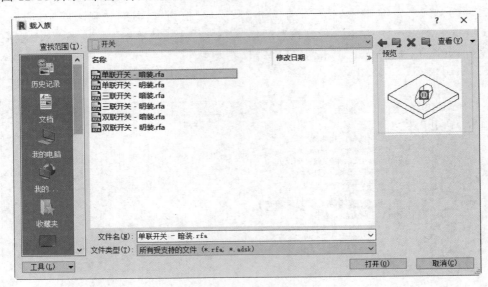

图 12-18 "载入族"对话框（二）

（6）在"属性"选项板中设置标高中的高程为"1400"，单击"放置"面板中的"放置在垂直面上"按钮 ，根据 CAD 图纸，在墙体上放置单联开关，如图 12-19 所示。

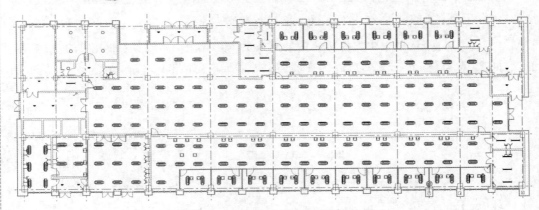

图 12-19 在墙体上放置单联开关

（7）重复上述步骤，根据 CAD 图纸，在墙体上放置双联和三联开关，如图 12-20 所示。

（8）单击"系统"选项卡"电气"面板中的"电气设备"按钮 ，系统打开提示对话框，提示是否载入电气设备族。单击"是"按钮，打开"载入族"对话框，选择 China→MEP→"供配电"→"配电设备"→"箱柜"文件夹中的"GGD 型低压配电柜.rfa"族文件，单击"打开"按钮，载入文件。

（9）在"属性"选项板中单击"编辑类型"按钮 ，打开"类型属性"对话框，设置宽度 1 为"400"，开关板高度为"1800"，长度 1 为"600"，其他采用默认设置，如图 12-21 所示，单击"确定"按钮。

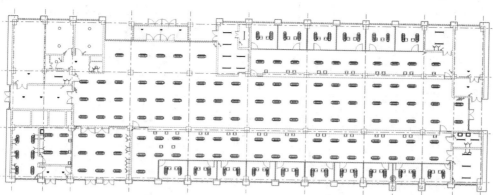

图 12-20　在墙体上放置双联、三联开关

图 12-21　"类型属性"对话框

（10）在"属性"选项板中设置标高中的高程为"0"，根据 CAD 图纸，靠墙体放置配电柜，如图 12-22 所示。

12.1.4　布置线路

（1）按住 Ctrl 键，选取办公室房间内的开关和荧光灯，如图 12-23 所示。

（2）单击"创建系统"面板中的"电力"按钮 ⑪，生成如图 12-24 所示的临时配线，打开如图 12-25 所示的"修改|电路"选项卡，设置面板为"类型 1,220V/380V，三相 相位，4 导线 星形"，连接类型为"断路器"。

12-4

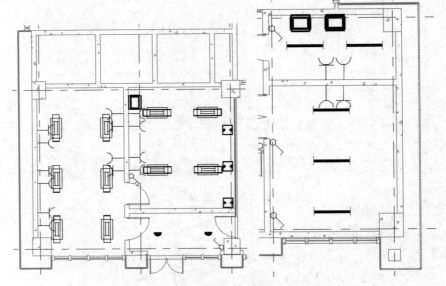

图 12-22　靠墙体放置配电柜

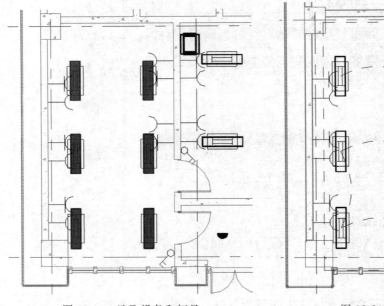

图 12-23　选取设备和灯具

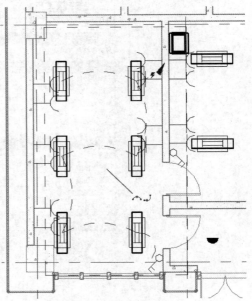

图 12-24　生成临时配线

图 12-25　"修改|电路"选项卡

（3）单击"选择配电盘"按钮 ，选取如图 12-26 所示的配电柜。

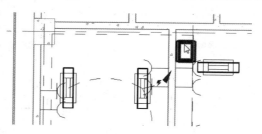

图 12-26　配电柜

（4）单击图中的"从此临时配线生成圆弧带倒角配线"图标 ，或者单击"修改│电路"选项卡"转换为导线"面板中的"带倒角导线"按钮 ，生成导线，如图 12-27 所示。

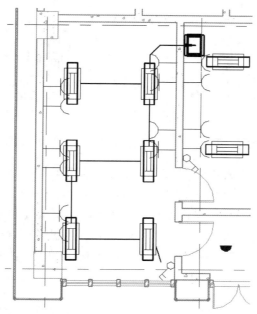

图 12-27　生成导线

[🔓]提示：如果生成的导线在视图中不可见，可单击"视图"选项卡"图形"面板中"可见性/图形"按钮 ，打开"可见性/图形替换"对话框，在"模型类别"选项卡中选中"导线"选项，单击"确定"按钮。

（5）选取办公室内的灯具，单击"修改│照明设备"选项卡"创建系统"面板中的"开关"按钮 ，打开如图 12-28 所示的"修改│开关系统"选项卡。

图 12-28　"修改│开关系统"选项卡

（6）单击"系统工具"面板中的"选择开关"按钮，在视图中选取该房间内的开关，如图 12-29 所示，即可完成开关系统的创建，如图 12-30 所示。

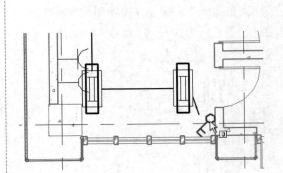

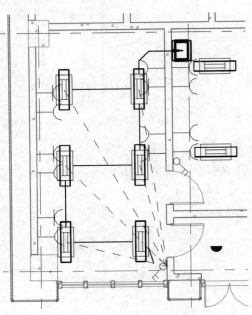

图 12-29　选取开关　　　　　　　　图 12-30　创建开关系统

（7）如果系统自动生成的导线不符合要求，可以将其删除，然后单击"系统"选项卡"电气"面板"导线"下拉列表框中的"带倒角导线"按钮，打开"修改|放置 导线"选项卡，在"属性"选项板中选择"BV"导线类型。根据 CAD 图纸，绘制所需导线。

（8）有的电气设备不能在创建电力系统时自动生成导线，需要手动自动创建导线。单击"系统"选项卡"电气"面板"导线"下拉列表框中的"带倒角导线"按钮，根据 CAD 图纸绘制导线，结果如图 12-31 所示。

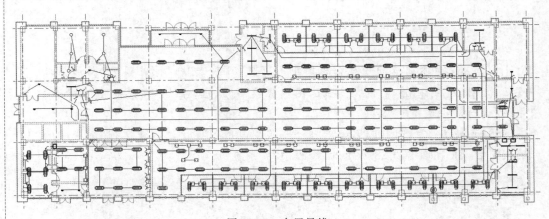

图 12-31　布置导线

读者可以根据源文件中的 CAD 图纸绘制二层、三层的照明系统，这里不再一一介绍其绘制过程。

12.2　绘制应急照明系统

当正常照明系统发生故障而熄灭时,应当由供设备暂时继续工作的应急照明或供人员疏散用的应急照明系统来代替。本节介绍应急照明系统的绘制过程。

12.2.1　绘图前准备

（1）在主页中单击"模型"→"打开"按钮 打开...,打开"打开"对话框,选取上一章链接模型的"一层电气系统.rvt"文件,单击"打开"按钮,打开文件。

（2）在项目浏览器中双击"楼层平面"节点下的 1F,将视图切换到 1F 楼层平面视图。

（3）单击"插入"选项卡"导入"面板中的"链接 CAD"按钮，打开"链接 CAD 格式"对话框,选择"一层应急照明平面图",设置定位为"自动-中心到中心",放置于为"1F",选中"定向到视图"复选框,设置导入单位为"毫米",其他采用默认设置。单击"打开"按钮,导入 CAD 图纸。

（4）单击"修改"选项卡"修改"面板中的"对齐"按钮，在建筑模型中单击①轴线,然后单击链接的 CAD 图纸中的①轴线,将①轴线对齐;接着在建筑模型中单击 A 轴线,然后单击链接的 CAD 图纸中的 A 轴线,将 A 轴线对齐。此时,CAD 文件与建筑模型重合,如图 12-32 所示。

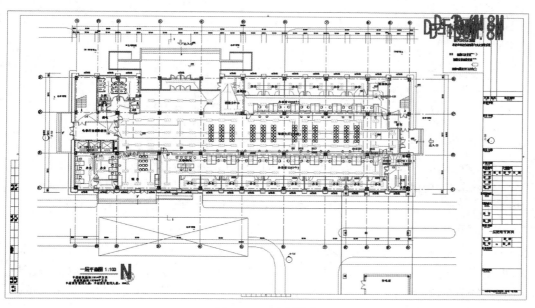

图 12-32　对齐图形

（5）单击"修改"选项卡"修改"面板中的"锁定"按钮，选择 CAD 图纸,将其锁定。

Note

（6）单击"视图"选项卡"图形"面板中的"可见性/图形"按钮，打开"楼层平面：1F 的可见性/图形替换"对话框，在"导入的类别"选项卡中展开一层应急照明平面图的图层，选中应急疏散指示牌、应急疏散照明、应急疏散照明灯、应急疏散线和应急设备图层复选框，取消选中其他图层，单击"确定"按钮。整理后的图形如图 12-33 所示。

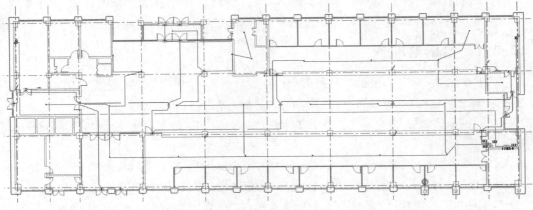

图 12-33　整理后的图形

12.2.2　布置照明设备

12-6

（1）将视图切换至"东-机械立面"视图。单击"系统"选项卡"工作平面"面板中的"参照平面"按钮，绘制参照平面，再选取参照平面，修改临时尺寸为"2500"，如图 12-34所示。

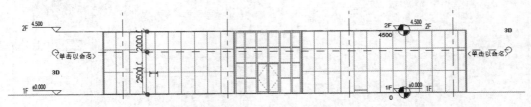

图 12-34　绘制参照平面

（2）单击"系统"选项卡"电气"面板中的"照明设备"按钮，打开"修改|放置 设备"选项卡，并打开提示对话框，提示是否载入照明设备族。单击"是"按钮，打开"载入族"对话框，选择 China→MEP→"照明"→"特殊灯具"文件夹中的"应急疏散指示灯-悬挂式.rfa"族文件，如图 12-35 所示。单击"打开"按钮，载入文件。

（3）单击"放置"面板中的"放置在工作平面上"按钮，打开"工作平面"对话框，选择"拾取一个平面"选项，如图 12-36 所示。单击"确定"按钮，在视图中拾取上一步绘制的参照平面，打开"转到视图"对话框，选取"楼层平面：1F"，如图 12-37 所示。单击"打开视图"按钮，转到 1F 楼层平面视图。

（4）单击"放置"面板中的"放置在工作平面上"按钮，在"属性"选项板中选择"应急疏散指示灯-嵌入式矩形 左"类型和"应急疏散指示灯-嵌入式矩形 右"类型，根据CAD 图纸并结合"旋转"命令，布置应急疏散指示灯，如图 12-38 所示。

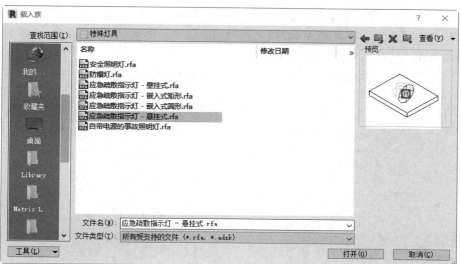

图 12-35　"载入族"对话框

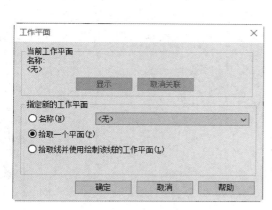

图 12-36　"工作平面"对话框

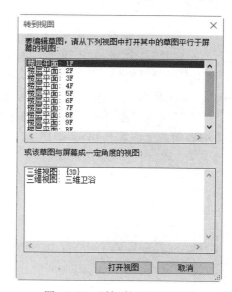

图 12-37　"转到视图"对话框

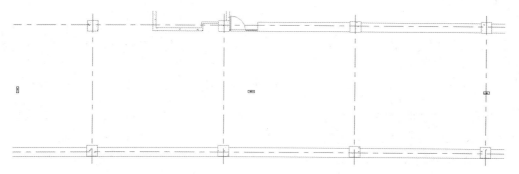

图 12-38　布置应急疏散指示灯

（5）单击"系统"选项卡"电气"面板中的"照明设备"按钮，打开"修改|放置 设备"选项卡。单击"模式"面板中的"载入族"按钮，打开"载入族"对话框，选择源文件中的"安全出口.rfa"族文件，单击"打开"按钮，载入文件。

（6）在"属性"选项板中设置标高中的高程为"2500"，根据 CAD 图纸，将其放置在疏散门的上方，如图 12-39 所示。

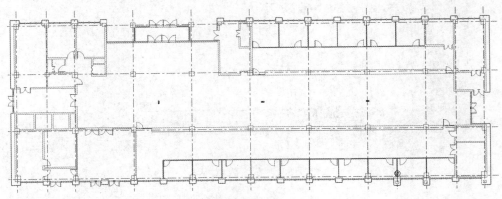

图 12-39　布置安全出口

（7）单击"系统"选项卡"电气"面板中的"照明设备"按钮，打开"修改|放置 设备"选项卡。单击"模式"面板中的"载入族"按钮，打开"载入族"对话框，选择源文件中的"设备用房标志灯.rfa"和"楼层标志灯"族文件，单击"打开"按钮，载入文件。

（8）在"属性"选项板中设置标高中的高程为"2500"，根据 CAD 图纸，将其放置在设备用房门的上方和楼梯间，如图 12-40 所示。

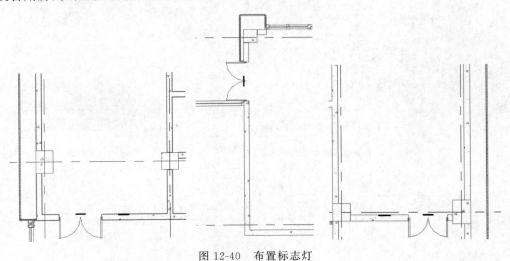

图 12-40　布置标志灯

（9）重复"照明设备"命令，单击"模式"面板中的"载入族"按钮，打开"载入族"对话框，选择源文件中的"应急照明灯.rfa"族文件，单击"打开"按钮，载入文件。

（10）在"属性"选项板中设置标高中的高程为"2500"，根据 CAD 图纸，在墙和柱子上放置应急照明灯，如图 12-41 所示。

Note

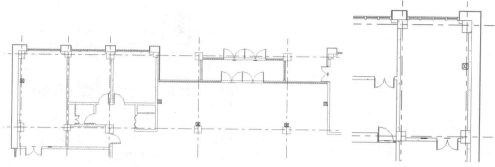

图 12-41　在墙和柱子上放置应急照明灯

（11）重复"照明设备"命令，单击"模式"面板中的"载入族"按钮 ，打开"载入族"对话框，选择源文件中的"智能应急照明灯. rfa"族文件，单击"打开"按钮，载入文件。

（12）在"属性"选项板中设置标高中的高程为"3500"，根据 CAD 图纸，放置智能应急照明灯，如图 12-42 所示。

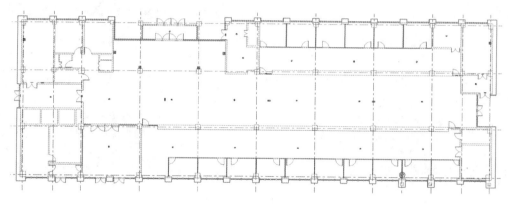

图 12-42　放置智能应急照明灯

（13）单击"系统"选项卡"电气"面板中的"电气设备"按钮 ，系统打开提示对话框，提示是否载入电气设备族。单击"是"按钮，打开"载入族"对话框，选择 China→MEP→"供配电"→"配电设备"→"箱柜"文件夹中的"应急照明箱. rfa"族文件，单击"打开"按钮，载入文件。

（14）在"属性"选项板中设置标高中的高程为"1500"，单击"放置在垂直面上"按钮 ，根据 CAD 图纸，靠墙体放置应急照明箱，如图 12-43 所示。

12.2.3　绘制线路

（1）单击"系统"选项卡"电气"面板"导线"下拉列表框中的"带倒角导线"按钮 ，打开"修改|放置 导线"选项卡。

（2）在"属性"选项板中单击"编辑类型"按钮 ，打开"类型属性"对话框，新建类型"ZR-VV"，更改隔热层为"ZR-VV"，其他采用默认设置，如图 12-44 所示。

12-7

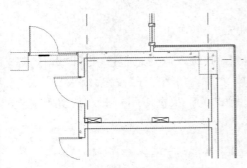

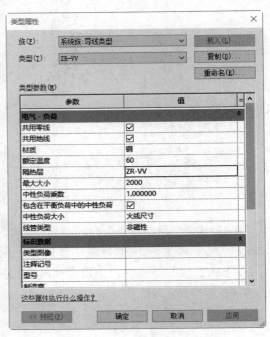

图 12-43　靠墙体放置应急照明箱　　　　　　　图 12-44　"类型属性"对话框

（3）根据 CAD 图纸，绘制应急照明灯具之间以及到应急照明箱的导线，如图 12-45 所示。

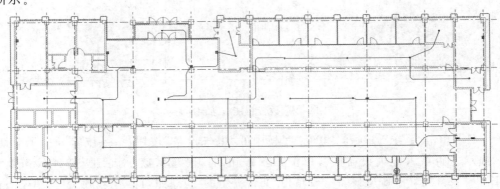

图 12-45　绘制应急照明灯具之间以及到应急照明箱的导线

（4）重复"带倒角导线"命令，根据 CAD 图纸，绘制指示灯之间以及到应急照明箱的导线，如图 12-46 所示。

（5）重复"带倒角导线"命令，根据 CAD 图纸，绘制楼梯间应急照明灯到应急照明箱的导线，如图 12-47 所示。

（6）选取上步绘制的导线，单击"修改|导线"选项卡"排列"面板中的"放到最后"按钮 ，将此导线放置在其他导线的后面，如图 12-48 所示。

读者可以根据源文件中的 CAD 图纸绘制其他楼层的照明系统，这里不再一一介绍其绘制过程。

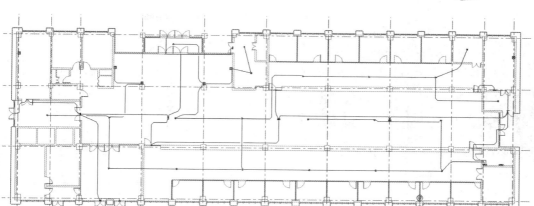

图 12-46　绘制指示灯之间以及到应急照明箱的导线

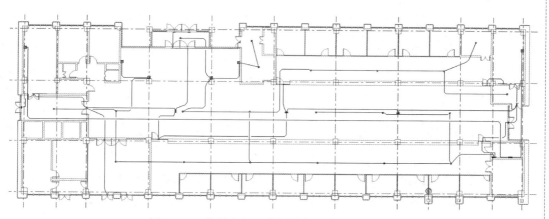

图 12-47　绘制应急照明灯到应急照明箱的导线

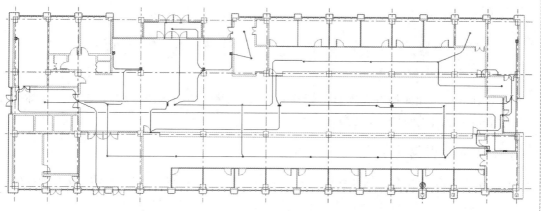

图 12-48　排列导线

第13章

系统检查

知识导引

　　通过碰撞检查,可以对水暖电模型进行管线的综合检查,找出并调整有碰撞的管线。

　　通过创建明细表可以统计工程量,在明细表中修改参数,可以将修改的参数反映到项目文件中。

13.1　检查管道、风管和电力系统

　　本节将介绍如何检查在项目中创建的管道、风管和电力系统,以确认各个系统都被指定给用户定义的系统,并已准确连接。

13.1.1　检查管道系统

　　(1)单击快速访问工具栏中的"打开"按钮 ,打开前面章节创建的机械送风系统文件。

　　(2)单击"分析"选项卡"检查系统"面板中的"检查管道系统"按钮 ,Revit 为当前视图中的无效管道系统显示警告标记和腹杆线,如图 13-1 所示。

　　提示:如果发现以下状况,则会显示警告信息:

　　① 系统未连接好:当系统中的图元未连接到任何物理管网时,则认为系统未连接

好。例如,如果系统的一个或多个设备未连接到任何一个管网,则视为没有连接好。

　　② 存在流量/需求配置不匹配。

　　③ 存在流动方向不匹配。

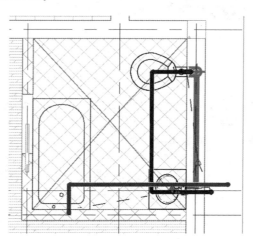

图 13-1　显示警告标记和腹杆线

　　(3) 单击视图中的警告标记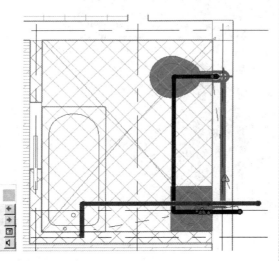,打开"警告"提示对话框,显示系统存在的问题,并高亮显示系统中存在问题的管道和附件,如图 13-2 所示。

图 13-2　"警告"提示对话框及问题显示

　　(4) 根据需要单击箭头按钮以滚动浏览警告消息列表。单击"展开警告对话框"按钮,展开如图 13-3 所示的"警告"对话框,查看警告消息的详细信息。单击"导出"按钮,打开如图 13-4 所示的"导出 Revit 错误报告"对话框,设置保存路径并输入文件名称,单击"保存"按钮,保存错误报告,返回到"警告"对话框。单击"关闭"按钮,关闭对话框。

　　(5) 单击"分析"选项卡"检查系统"面板中的"显示隔离开关"按钮,打开"显示断开连接选项"对话框,选择"管道"选项,如图 13-5 所示。单击"确定"按钮,显示管道断开标记,单击警告标记以显示相关警告消息,如图 13-6 所示。

Note

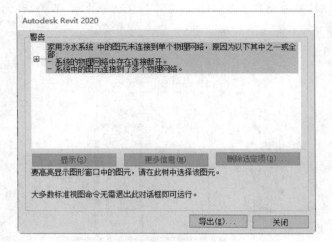

图 13-3 "警告"对话框

图 13-4 "导出 Revit 错误报告"对话框

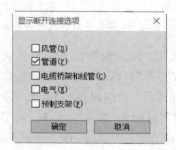

图 13-5 "显示断开连接选项"对话框

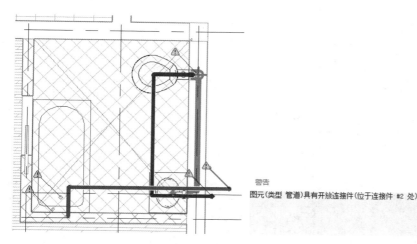

图 13-6　显示断开标记和警告信息

（6）将视图切换到三维视图，放大警告标记处，观察图形。从图中可以看出，从洗手盆出来的冷热水管道连接不符合要求，如图 13-7 所示。

（7）将此处的管道进行重新连接，此处将不再显示警告标记，如图 13-8 所示。

（8）选取坐便器排水管道上的三通，单击"修改|管径"选项卡"编辑"面板中的"管帽开放端点"按钮　，在三通的上端添加管帽，此处将不再显示警告标记，如图 13-9 所示。

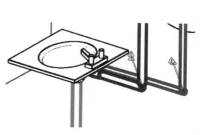

图 13-7　管道连接不正确

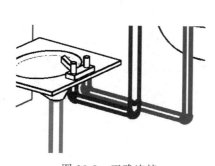

图 13-8　正确连接

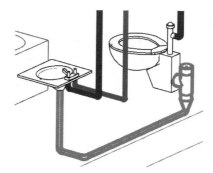

图 13-9　添加管帽

13.1.2　检查风管系统

（1）单击快速访问工具栏中的"打开"按钮　，打开前面章节创建的机械送风系统文件。

（2）单击"分析"选项卡"检查系统"面板中的"检查风管系统"按钮　，Revit 为当前视图中的无效风管系统显示警告标记和腹杆线，如图 13-10 所示。

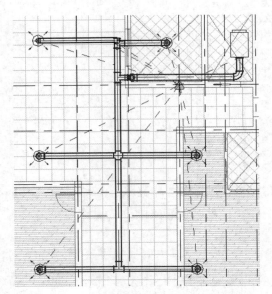

图 13-10　显示警告标记和腹杆线

（3）单击视图中的警告标记，打开"警告"提示对话框，显示系统存在的问题，并高亮显示系统中存在问题的风管和附件，如图 13-11 所示。

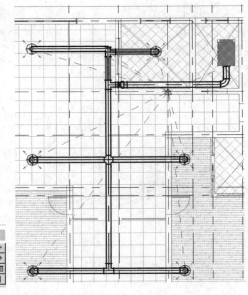

图 13-11　"警告"提示对话框及问题显示

（4）对机械送风系统进行调整。删除错误的三通和风管，如图 13-12 所示。

（5）单击"修改"选项卡"修改"面板中的"对齐"按钮，先选取左侧的风管，然后选取右侧的风管，使风管对齐，如图 13-13 所示。

（6）单击"修改"选项卡"修改"面板中的"修剪/延伸为角"按钮，选取对齐后的两根风管，使其合并为一根，如图 13-14 所示。

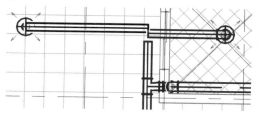

图 13-12　删除错误的三通和风管

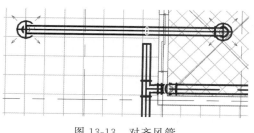
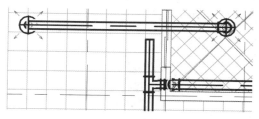

图 13-13　对齐风管　　　　　　　　　　图 13-14　合并风管

（7）选取竖向风管，拖动其上的控制点，直至上一步合并的水平风管，系统自动在连接处生成三通，如图 13-15 所示。

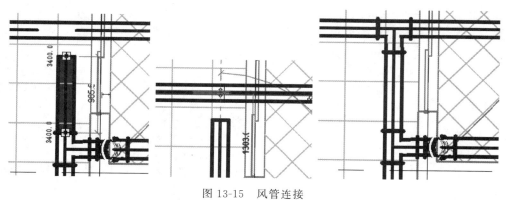

图 13-15　风管连接

（8）再次单击"分析"选项卡"检查系统"面板中的"检查风管系统"按钮 ，视图中没有显示警告标示，表示系统没有问题。

13.1.3　检查线路

使用此命令可查找未指定给线路的构件并检查平面中的线路，以查看每个线路是否已正确连接到配电盘。

（1）单击快速访问工具栏中的"打开"按钮 ，打开前面章节创建的电气系统文件。

（2）单击"分析"选项卡"检查系统"面板中的"检查线路"按钮 ，Revit 会验证到项目中线路的连接。发现错误时会发出警告并高亮显示该装置，如图 13-16 所示。

（3）如果存在多条错误警告，单击 按钮，可以查看下一条警告。

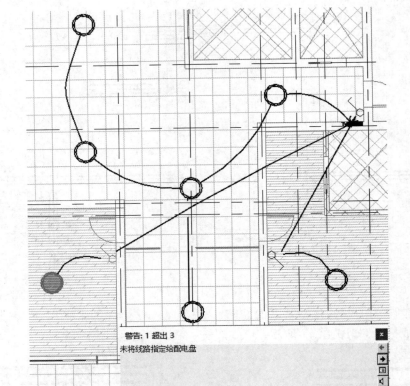

图 13-16　警告

13.2　碰撞检查

使用"碰撞检查"工具可以快速准确地查找出项目中图元之间或主体项目和链接模型的图元之间的碰撞并加以解决。

在绘制管道的过程中发现有管道发生碰撞时,需及时进行修改,以减少设计、施工中出现的错误,提高工作效率。

13.2.1　运行碰撞检查

(1) 单击"协作"选项卡"坐标"面板上"碰撞检查" 下拉列表框中的"运行碰撞检查"按钮 ,打开如图 13-17 所示的"碰撞检查"对话框。

通过该对话框可以检查如下图元类别:

➢ "当前选择"与"链接模型(包括嵌套链接模型)"之间的碰撞检查。

➢ "当前项目"与"链接模型(包括嵌套链接模型)"之间的碰撞检查。

➢ 不能进行两个"链接模型"之间的碰撞检查。

(2) 在"类别来自"列表中分别选择图元类别以进行碰撞检查。如在左侧"类别来自"下拉列表框中选择"当前项目",在列表中选择"管件"和"管道"。在右侧"类别来自"

图 13-17 "碰撞检查"对话框(一)

下拉列表框中选择"当前项目",在列表中选择"管件"和"管道",如图 13-18 所示。单击
"确定"按钮,则对同一项目中的"管件"和"管道"执行碰撞检查操作。

图 13-18 选择同一类别

📖 提示:

碰撞检查提示:

① 碰撞检查的处理时间可能会有很大不同。在大模型中,对所有类别进行相互检

查费时较长,建议不要进行此类操作。要缩减处理时间,应选择有限的图元集或有限数量的类别。

② 要对所有可用类别运行检查,应在"碰撞检查"对话框中单击"全选"按钮,然后选择其中一个类别旁边的复选框。

③ 单击"全部不选"按钮将清除所有类别的选择。

④ 单击"反选"按钮将在当前选定类别与未选定类别之间切换选择。

(3) 如在左侧"类别来自"下拉列表框中选择"链接模型(居室)",在列表中选择"管件"和"管道",单击"确定"按钮,则对模型与管件和管道之间进行碰撞检查。

(4) 如果先在绘图区域中选择需要进行碰撞检查的图元,如图 13-19 所示,然后单击"协作"选项卡"坐标"面板"碰撞检查" 下拉列表框中的"运行碰撞检查"按钮 ,打开如图 13-20 所示的"碰撞检查"对话框,则在该对话框中仅显示所选图元的名称。单击"确定"按钮,仅对所选图元进行碰撞检查。

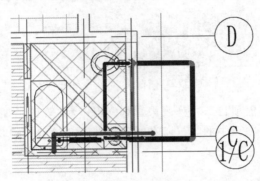

图 13-19　选择图元

图 13-20　"碰撞检查"对话框(二)

13.2.2 冲突报告

（1）如果管道之间没有碰撞，则执行上述操作后，打开如图 13-21 所示的提示对话框，显示当前所选图元之间未检测到冲突。

（2）如果管道之间有碰撞，则执行上述操作后，打开如图 13-22 所示的"冲突报告"对话框，对话框的列表中显示发生冲突的图元。

图 13-21　提示对话框

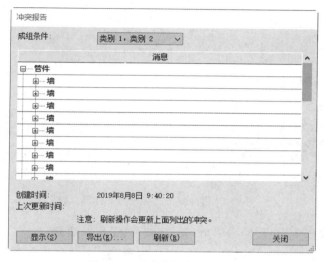

图 13-22　"冲突报告"对话框

（3）在对话框中选择有冲突的图元，单击"显示"按钮，该图元在视图中高亮显示，如图 13-23 所示。可在视图中修改图元解决冲突。

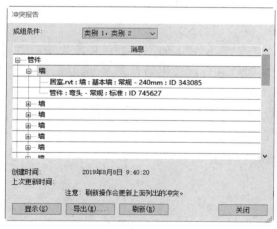

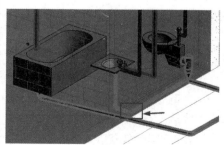

图 13-23　显示冲突

（4）解决问题后，单击"刷新"按钮，如果问题已解决，则会从冲突列表中删除发生冲突的图元。"刷新"仅重新检查当前报告中的冲突，不会重新运行碰撞检查。

（5）单击"导出"按钮，打开"将冲突报告导出为文件"对话框，在该对话框中设置保存报告的位置，并输入文件名，如图 13-24 所示，单击"保存"按钮，生成 HTML 报告文件。

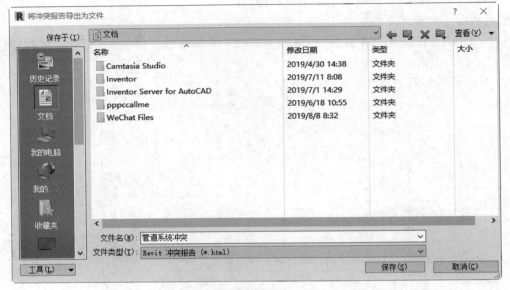

图 13-24 "将冲突报告导出为文件"对话框

（6）在"冲突报告"对话框中单击"关闭"按钮，退出对话框。

（7）单击"协作"选项卡"坐标"面板"碰撞检查" 下拉列表框中的"显示上一个报告"按钮 ，打开"冲突报告"对话框，查看上一次碰撞检查的结果。

13.3 管线优化原则

机电管线应该在满足使用功能、路径合理、方便施工的原则下尽可能集中布置，使管线排布整齐、合理、美观。在管线复杂的区域应合理选用综合支吊架，从而减少支架的使用量，合理利用建筑物空间，同时降低施工成本。

管线优化的目的如下。

（1）做到综合管线初步定位及各专业之间无明显不合理的交叉。

（2）保证各类阀门及附件的安装空间。

（3）综合管线整体布局协调合理。

（4）保证合理的操作与检修空间。

下面介绍管线优化原则。

1. 总则

（1）自上而下的一般顺序应为电→风、水。

（2）管线发生冲突需要调整时，以不增加工程量为原则。

（3）对已有一次结构预留孔洞的管线,应尽量减少位置的移动。

（4）与设备连接的管线,应减少位置的水平及标高位移。

（5）布置时考虑预留检修及二次施工的空间,尽量将管线提高,与吊顶间留出尽量多的空间。

（6）在保证满足设计和使用功能的前提下,管道、管线尽量暗装于管道井、电井内、管廊内、吊顶内。

（7）要求明装的尽可能将管线沿墙、梁、柱走向敷设,最好是成排、分层敷设布置。

2．一般原则

（1）小管让大管:小管绕弯容易,且造价低。

（2）分支管让主干管:分支管一般管径较小,避让理由见第（1）条;另外还有一点,分支管的影响范围和重要性不如主干管。

（3）有压管让无压管（压力流管让重力流管）:无压管（或重力流管）改变坡度和流向,对流动影响较大。

（4）可弯管让不能弯的管。

（5）低压管让高压管:高压管造价高,且强度要求也高。

（6）气体管让水管:水流动的动力消耗大。

（7）金属管让非金属管:金属管易弯曲、切割和连接。

（8）一般管道让通风管:通风管道体积大,绕弯困难。

（9）阀件少的让阀件多的:考虑安装、操作、维护等因素。

（10）检修次数少的、方便的让检修次数多的和不方便的:这是从后期维护方面考虑的。

（11）常温管让高（低）温管（冷水管让热水管、非保温管让保温管）:高于常温要考虑排气;低于常温要考虑防结露保温。

（12）热水管道在上,冷水管道在下。

（13）给水管道在上,排水管道在下。

（14）电气管道在上,水管道在下,风管道在中下。

（15）空调冷凝管、排水管对坡度有要求,应优先排布。

（16）空调风管、防排烟风管、空调水管、热水管等需保温的管道要考虑保温空间。

（17）当冷、热水管上下平行敷设时,冷水管应在热水管下方;当垂直平行敷设时,冷水管应在热水管右侧。

（18）水管不能水平敷设在桥架上方。

（19）在出入口位置尽量不安排管线,以免人流进出时给人压抑感。

（20）材质比较脆、不能上人的安排在顶层。如复合风管必须安排在最上面,等桥架安装、电缆敷设、水管安装不影响风管的成品保护。

3．其他原则

（1）在综合布置管道时应首先考虑风管的标高和走向,同时要考虑较大管径水管的布置,避免大口径水管和风管在同一房间内多次交叉,以减少水、风管道转弯的次数。

（2）室内明敷给水管道横干管与墙、地沟壁的净距不小于100mm（《建筑给水排水及采暖工程施工质量验收规范》(GB 50242—2002)),与梁、柱净距不小于 50mm(此处无接头)(《建筑施工手册》第四版缩印版-26 建筑给水排水及采暖工程)。

（3）立管中心距柱表面不小于 50mm；当 DN＜32mm 时，与墙面的净距应不小于 25mm，当 DN＝32～50 时应不小于 35mm，当 DN＝75～100 时应不小于 50mm，当 DN＝125～150mm 时应不小于 60mm。

（4）给水引入管与排水排出管的水平净距不得小于 1mm。室内给水与排水管道平行敷设时，两管间的最小水平净距不得小于 0.5m；交叉敷设时，垂直净距不得小于 0.15m。给水管一般应铺在排水管上面，若给水管必须铺在排水管的下面时，给水管应加套管，其长度不得小于排水管管径的 3 倍。

（5）并排排列的管道，阀门应错开位置。

（6）给水管道与其他管道的平行净距一般不应小于 300mm。

（7）当共用一个支架敷设时，管外壁（或保温层外壁）距墙面不宜小于 100mm，距梁、柱可减少至 50mm。电线管不能与风管或水管共用支吊架。

（8）一般情况下，管道应尽量靠墙、靠柱、靠内侧布置，尽可能留出较多的维护空间。但管道与管井墙面、柱面的最小距离，管道间的最小布置距离应满足检修和维护要求。

① 管子外表面或隔热层外表面与构筑物、建筑物（柱、梁、墙等）的最小净距不应小于 100mm。

② 法兰外缘与构筑物、建筑物的最小净距不应小于 50mm。

③ 阀门手轮外缘之间及手轮外缘与构筑物、建筑物之间的净距不应小于 100mm。

④ 无法兰裸管，管外壁的净距不应小于 50mm。

⑤ 无法兰有隔热层管，管外壁至邻管隔热层外表面的净距或隔热层外表面至邻管隔热层外表面的净距不应小于 50mm。

⑥ 法兰裸管，管外壁至邻管法兰外缘的净距不应小于 25mm，等等。

13.4 系 统 分 析

13.4.1 系统检查器

使用"系统检查器"可检查系统的特定部分或子部分。当某个部分或子部分高亮显示时，检查器会显示该部分的压力损失、静压和流量的相关信息。系统的连接情况必须保持良好，才能访问"系统检查器"工具。

（1）选取机械送风系统中的任意支管，单击"修改|风管"选项卡"分析"面板中的"系统检查器"按钮 ，打开如图 13-25 所示的"系统检查器"面板。

（2）单击"检查"按钮 ，沿着系统长度显示的箭头标明了流向，高亮显示系统中某个部分或子部分。该流量、静态压力和压力损失信息显示为高亮显示区域的标记。箭头和标志都经过彩色编码。红色表示静

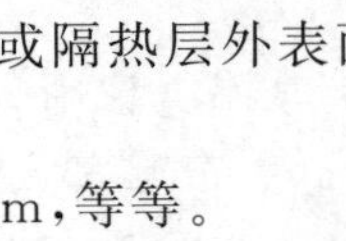

图 13-25 "系统检查器"面板

压较大的分段,如图 13-26 所示。

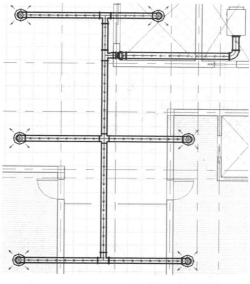

图 13-26　显示流量方向

（3）单击管道可显示视图中的流量信息,如图 13-27 所示。在单击另一个部分或子部分或关闭系统检查器之前,将一直显示该信息。

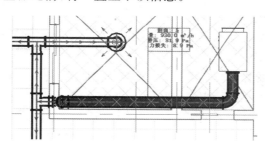

图 13-27　显示流量信息

（4）单击"完成"按钮 ,应用修改；如果单击"取消"按钮，则退出系统检查器,不将这些修改应用到系统。

13.4.2　调整风管/管道大小

（1）选取机械送风系统中的任意支管,单击"修改|风管"选项卡"分析"面板中的"调整风管/管道大小"按钮 ,打开如图 13-28 所示的"调整风管大小"对话框。

Revit 提供了 4 种调整风管尺寸的标准方法：摩擦、速度、相等摩擦和静态恢复。如果仅选择了"摩擦"和"速度"调整方法中的一种,则只能基于其

图 13-28　"调整风管大小"对话框

中的一种方法或者基于摩擦和/或速度方法的逻辑组合来调整大小。如果同时选择了这两种方法，则风管尺寸必须同时满足摩擦和速度值，如图 13-29 所示。

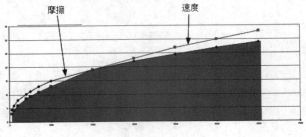

摩擦与速度

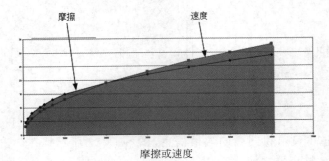

摩擦或速度

图 13-29　风管大小调整方法

　　"相等摩擦"方法根据指定的每单位风管长度的压力损失常量（默认值为 0.10in-wg/100ft 或 25Pa/30m）来估计风管的初始尺寸。

　　（2）在对话框中设置调整大小的方法，输入数值，系统会根据输入数值重新计算并调整风管大小，如图 13-30 所示。

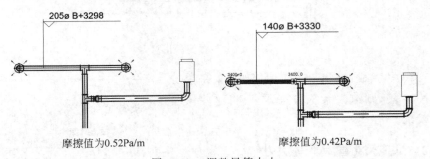

摩擦值为0.52Pa/m　　　　　　　　　摩擦值为0.42Pa/m

图 13-30　调整风管大小

13.5　实例——对通风空调系统进行检查

13-1

　　（1）在主页中单击"模型"→"打开"按钮　打开...，打开"打开"对话框，选取前面章节创建的"一层通风空调系统.rvt"文件，单击"打开"按钮，打开文件。

（2）单击"协作"选项卡"坐标"面板"碰撞检查" 下拉列表框中的"运行碰撞检查"按钮 ，打开如图 13-31 所示的"碰撞检查"对话框。

图 13-31 "碰撞检查"对话框

（3）在"类别来自"下拉列表框中选择"当前项目"，在列表中选择所有的类别，如图 13-32 所示。单击"确定"按钮，执行碰撞检查操作。

图 13-32 选择同一类别

（4）此时系统打开"冲突报告"对话框，显示所有有冲突的类型，如图13-33所示。

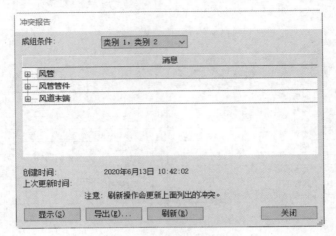

图13-33　"冲突报告"对话框

（5）在对话框的节点下选取冲突的组件，视图中将高亮显示，如图13-34所示。

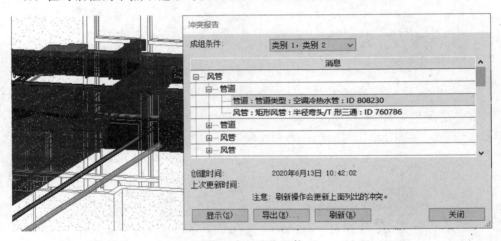

图13-34　选取组件

（6）单击"导出"按钮，打开如图13-35所示的"将冲突报告导出为文件"对话框，输入文件名为"通风空调系统冲突报告.html"，其他采用默认设置，单击"保存"按钮，保存冲突报告。

（7）打开上步生成的冲突报告，显示所有发生冲突的组件，如图13-36所示。

（8）从图中可以看出，管道和风管之间有干涉，应对管道进行编辑。单击"修改"选项卡"修改"面板中的"拆分图元"按钮，对管道进行拆分，如图13-37所示。

（9）选取与风管有干涉的管道和接头，按键盘上的Delete键，将其删除。单击"系统"选项卡"卫浴和管道"面板中的"管道"按钮，在选项栏中设置直径为50mm，捕捉管道端点，然后在选项栏中输入中间高程为3000mm，单击"应用"按钮。继续捕捉管道端点绘制水平管道直到风管另一侧的管道端点，完成管道创建。采用相同的方法，在另一根中间高程为3414mm的管道处创建避让管道，如图13-38所示。

图 13-35 "将冲突报告导出为文件"对话框

冲突报告

冲突报告项目文件: G:\2020\revit\便民服务中心\一层通风空调系统.rvt
创建时间: 2020年6月13日 10:42:02
上次更新时间:

	A	B
1	风管管件 : 矩形弯头 - 弧形 - 法兰 : 1.0 W : ID 760758	风管 : 矩形风管 : 半径弯头/T形三通 : ID 760840
2	风管管件 : 矩形弯头 - 弧形 - 法兰 : 1.0 W : ID 760758	风管 : 矩形风管 : 半径弯头/T形三通 : ID 761994
3	风管 : 矩形风管 : 半径弯头/T形三通 : ID 760786	风管 : 矩形风管 : 半径弯头/T形三通 : ID 760973
4	风管 : 矩形风管 : 半径弯头/T形三通 : ID 760786	风管 : 矩形风管 : 半径弯头/T形三通 : ID 761840
5	风管 : 矩形风管 : 半径弯头/T形三通 : ID 760786	风管 : 矩形风管 : 半径弯头/T形三通 : ID 761854
6	风管 : 矩形风管 : 半径弯头/T形三通 : ID 760786	风管 : 矩形风管 : 半径弯头/T形三通 : ID 761870
7	风管 : 矩形风管 : 半径弯头/T形三通 : ID 760786	风管 : 矩形风管 : 半径弯头/T形三通 : ID 762014
8	风管 : 矩形风管 : 半径弯头/T形三通 : ID 760786	管道 : 管道类型 : 空调冷热水管 : ID 807036
9	风管 : 矩形风管 : 半径弯头/T形三通 : ID 760786	管道 : 管道类型 : 空调冷热水管 : ID 808230
10	风管 : 矩形风管 : 半径弯头/T形三通 : ID 760788	风管 : 矩形风管 : 半径弯头/T形三通 : ID 761966
11	风管 : 矩形风管 : 半径弯头/T形三通 : ID 760788	风管 : 矩形风管 : 半径弯头/T形三通 : ID 761980
12	风管管件 : 矩形变径管 - 角度 - 法兰 : 30 度 : ID 760790	风管 : 矩形风管 : 半径弯头/T形三通 : ID 760973
13	风管 : 矩形风管 : 半径弯头/T形三通 : ID 760873	风管 : 矩形风管 : 半径弯头/T形三通 : ID 762028
14	风管 : 矩形风管 : 半径弯头/T形三通 : ID 760873	风管 : 矩形风管 : 半径弯头/T形三通 : ID 762042
15	风管 : 矩形风管 : 半径弯头/T形三通 : ID 760873	风管 : 矩形风管 : 半径弯头/T形三通 : ID 762056
16	风管 : 矩形风管 : 半径弯头/T形三通 : ID 760873	风管 : 矩形风管 : 半径弯头/T形三通 : ID 762070
17	风管 : 矩形风管 : 半径弯头/T形三通 : ID 761884	风管附件 : 对开多叶风阀 - 矩形 - 手动 : 1400x400 - 标记 40 : ID 763034
18	风管 : 矩形风管 : 半径弯头/T形三通 : ID 761884	风管 : 矩形风管 : 半径弯头/T形三通 : ID 763036
19	风管 : 矩形风管 : 半径弯头/T形三通 : ID 761898	风管 : 矩形风管 : 半径弯头/T形三通 : ID 763036
20	风管 : 矩形风管 : 半径弯头/T形三通 : ID 761916	风管 : 矩形风管 : 半径弯头/T形三通 : ID 763036
21	风管 : 矩形风管 : 半径弯头/T形三通 : ID 761930	风管 : 矩形风管 : 半径弯头/T形三通 : ID 763036
22	风管 : 矩形风管 : 半径弯头/T形三通 : ID 761944	风管 : 矩形风管 : 半径弯头/T形三通 : ID 763036
23	风管 : 矩形风管 : 半径弯头/T形三通 : ID 763684	风管 : 矩形风管 : 半径弯头/T形三通 : ID 766564

图 13-36 冲突报告

（10）单击"冲突报告"对话框中的"刷新"按钮,已经解决的冲突将不会在对话框中显示,并在对话框上显示更新时间,如图 13-39 所示。

（11）重复上述步骤,继续解决其他组件冲突,然后单击"关闭"按钮,关闭对话框。

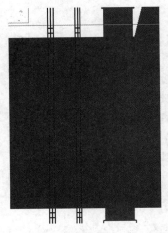

图 13-37　拆分管道

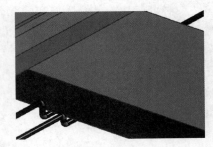

图 13-38　绘制避让管道

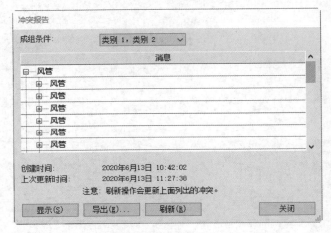

图 13-39　刷新冲突

第14章

工程量统计

知识导引

工程量统计通过明细表来实现。通过定制明细表,用户可以从所创建的模型中获取项目应用中所需要的各类项目信息,然后以表格的形式表达。

本章主要介绍风管压力报告、管道压力报告以及明细表的创建、修改和导出方法。

14.1 报 告

可以为项目中的风管或管道系统生成压力损失报告。

14.1.1 风管压力报告

(1)单击快速访问工具栏中的"打开"按钮 ,打开前面章节创建的检查风管系统文件。

(2)单击"分析"选项卡"报告和明细表"面板中的"风管压力损失报告"按钮 ,或按 F9 键,打开系统浏览器,如图 14-1 所示。在风管系统上右击,打开如图 14-2 所示的快捷菜单,选择"风管压力损失报告"选项。

(3)此时系统打开"风管压力损失报告-系统选择器"对话框,在该对话框中选择一个或多个系统。因为本项目文件中只有一个风管系统,所以系统自动选取风管系统,如图 14-3 所示。

图 14-1　系统浏览器

图 14-2　快捷菜单

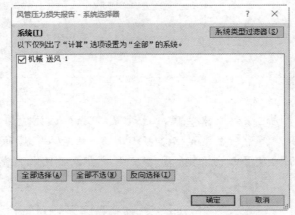

图 14-3　"风管压力损失报告-系统选择器"对话框

☎ **注意**：系统的连接必须完好才能生成压力损失报告。

（4）单击"确定"按钮，打开如图 14-4 所示的"风管压力损失报告设置"对话框。如果以前在"压力损失报告设置"对话框中保存了报告格式，则可以从列表中选择一个。

（5）也可以新建报告格式，单击"保存"按钮，打开如图 14-5 所示的"保存报告格式"对话框，输入格式名称，单击"确定"按钮。

（6）在"可用字段"列表中选择要包含在报告中的字段，这里选取直径，单击"添加"按钮 添加--> ，将其添加到报告字段列表中。也可以将"报告字段"列表中不需要的字段选中，单击"删除"按钮 <--删除 ，将其从"报告字段"列表中删除。

（7）其他采用默认设置，单击"生成"按钮，打开如图 14-6 所示的"另存为"对话框，输入文件名，将文件扩展名指定为 html 或 csv。单击"保存"按钮，生成的风管压力报告如图 14-7 所示。

14.1.2　管道压力报告

管道压力报告的创建方法和风管压力报告的创建方法一样，这里不再进行详细介绍，但是需要注意以下几点。

Note

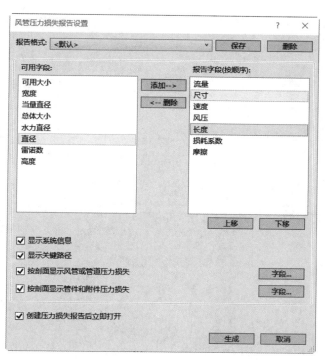

图 14-4 "风管压力损失报告设置"对话框

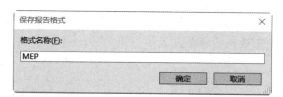

图 14-5 "保存报告格式"对话框

图 14-6 "另存为"对话框

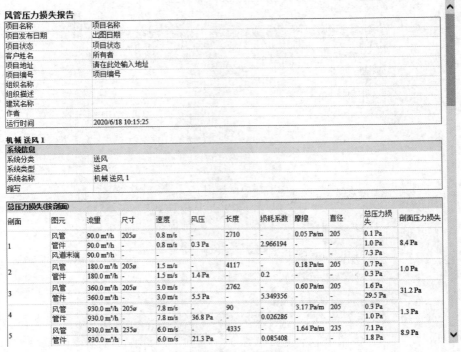

风管压力损失报告

项目名称	项目名称
项目发布日期	出图日期
项目状态	项目状态
客户姓名	所有者
项目地址	请在此处输入地址
项目编号	项目编号
组织名称	
组织描述	
建筑名称	
作者	
运行时间	2020/6/18 10:15:25

机械 送风 1

系统信息

系统分类	送风
系统类型	送风
系统名称	机械 送风 1
缩写	

总压力损失(按剖面)

剖面	图元	流量	尺寸	速度	风压	长度	损耗系数	摩擦	直径	总压力损失	剖面压力损失
1	风管	90.0 m³/h	205ø	0.8 m/s		2710		0.05 Pa/m	205	0.1 Pa	
	管件	90.0 m³/h	-	0.8 m/s	0.3 Pa	-	2.966194	-		1.0 Pa	8.4 Pa
	风道末端	90.0 m³/h	-	-	-	-	-	-		7.3 Pa	
2	风管	180.0 m³/h	205ø	1.5 m/s		4117		0.18 Pa/m	205	0.7 Pa	
	管件	180.0 m³/h	-	1.5 m/s	1.4 Pa	-	0.2	-		0.3 Pa	1.0 Pa
3	风管	360.0 m³/h	205ø	3.0 m/s		2762		0.60 Pa/m	205	1.6 Pa	
	管件	360.0 m³/h	-	3.0 m/s	5.5 Pa	-	5.349356	-		29.5 Pa	31.2 Pa
4	风管	930.0 m³/h	205ø	7.8 m/s		90		3.17 Pa/m	205	0.3 Pa	
	管件	930.0 m³/h	-	7.8 m/s	36.8 Pa	-	0.026286	-		1.0 Pa	1.3 Pa
5	风管	930.0 m³/h	235ø	6.0 m/s		4335		1.64 Pa/m	235	7.1 Pa	
	管件	930.0 m³/h	-	6.0 m/s	21.3 Pa	-	0.085408	-		1.8 Pa	8.9 Pa

图 14-7　风管压力损失报告

（1）如果系统中类型属性的计算被设置为"仅流量"或"无"，如图 14-8 所示，则会显示一条警告，或者系统不会显示在列表中。

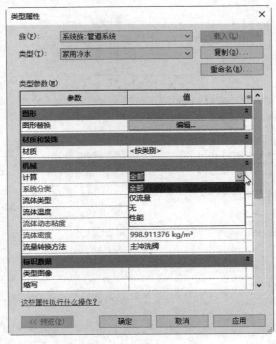

图 14-8　设置计算方式

（2）无法为消防系统或自流管系统（如卫生系统）生成压力损失报告，在系统浏览器的卫生系统上右击，在弹出的快捷菜单中没有"管道压力报告"选项，如图14-9所示，无法生成压力损失报告。

图14-9　快捷菜单

14.2　明　细　表

明细表以表格形式显示信息，这些信息是从项目中的图元属性中提取的。明细表中可以列出要编制明细表的图元类型的每个实例，或根据明细表的成组标准将多个实例压缩到一行中。

明细表是模型的另一种视图。可以在设计过程中的任何时候创建明细表，还可以将明细表添加到图纸中。可以将明细表导出到其他软件程序中，如电子表格程序。

如果对模型的修改会影响明细表，则明细表将自动更新以反映这些修改。例如，如果调整管道的高程或管径大小，则管道明细表中的高程和大小也会相应更新。

修改模型中建筑构件的属性时，相关明细表会自动更新。例如，可以在模型中选择一管道并修改其制造商属性。管道明细表将反映制造商属性的变化。

与其他任何视图一样，可以在 Revit 中创建和修改明细表视图。

14.2.1　创建明细表

（1）单击"视图"选项卡"创建"面板"明细表" ▦ 下拉列表框中的"明细表/数量"按钮 ▦，打开"新建明细表"对话框，如图14-10所示。

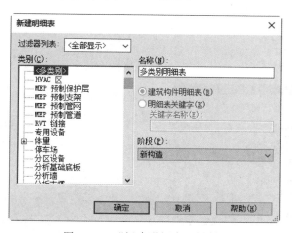

图14-10　"新建明细表"对话框

（2）在"类别"列表框中选择"管道"对象类型，输入名称为"管道明细表"，选择"建筑构件明细表"选项，其他采用默认设置，如图14-11所示。

（3）单击"确定"按钮，打开"明细表属性"对话框，在"选择可用的字段"下拉列表框中选择"管道"，在"可用的字段"列表框中依次选择类型、材质、直径、长度、隔热层类型，

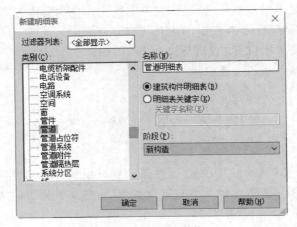

图 14-11　设置参数

单击"添加参数"按钮 ，将其添加到"明细表字段"列表中，单击"上移"按钮 和"下移"按钮 ，调整"明细表字段"列表中的排序，如图 14-12 所示。

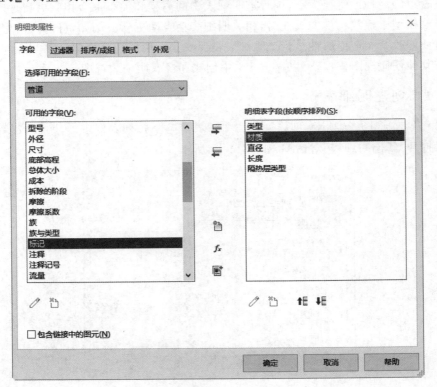

图 14-12　"明细表属性"对话框

"明细表属性"对话框中的选项说明如下。

➢ 可用的字段：显示"选择可用的字段"下拉列表框中设置的类别中所有可以在明细表中显示的实例参数和类型参数。

➢ 明细表字段：显示添加到明细表的参数。

➢ 包含链接中的图元：选中此复选框，在"可用的字段"列表框中包含链接模型中的图元。

➢ "添加参数"按钮 ：将字段添加到明细表字段列表中。

➢ "移除参数"按钮 ：从"明细表字段"列表中删除字段，移除合并参数时，合并参数会被删除。

➢ "上移"按钮 和"下移"按钮 ：将列表中的字段上移或下移。

➢ "新建参数"按钮 ：添加自定义字段。单击此按钮，打开"参数属性"对话框，选择是添加项目参数还是共享参数。

➢ "添加计算参数"按钮 f_x：单击此按钮，打开如图14-13所示的"计算值"对话框。

图14-13 "计算值"对话框

- 在对话框中输入字段的名称，设置其类型，然后输入使用明细表中现有字段的公式。例如：如果要根据房间面积计算占用负荷，可以添加一个根据"面积"字段计算而来的称为"占用负荷"的自定义字段。公式支持和族编辑器中一样的数学功能。

- 在对话框中输入字段的名称，将其类型设置为百分比，然后输入要取其百分比的字段的名称。例如，如果按楼层对房间明细表进行成组，则可以显示该房间占楼层总面积的百分比。默认情况下，百分比是根据整个明细表的总数计算出来的。如果在"排序/成组"选项卡中设置成组字段，则可以选择此处的一个字段。

➢ "合并参数"按钮 ：合并单个字段中的参数。单击此按钮，打开如图14-14所示的"合并参数"对话框，选择要合并的参数以及可选的前缀、后缀和分隔符。

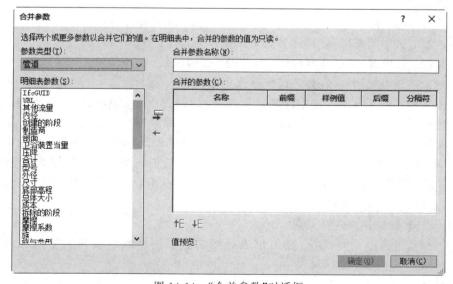

图14-14 "合并参数"对话框

（4）在"排序/成组"选项卡中设置排序方式为"类型"，排序方式为"升序"，选中"逐项列举每个实例"复选框，如图14-15所示。

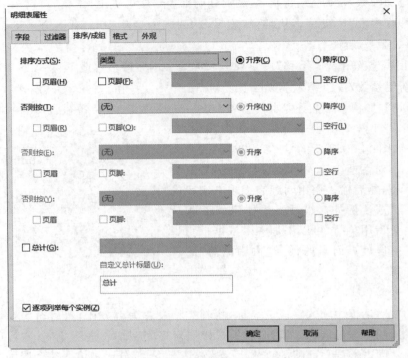

图14-15 "排序/成组"选项卡

"排序/成组"选项卡中的选项说明如下。

➤ 排序方式：选择"升序"或"降序"。

➤ 否则按：在此栏中设置的条件作为第二种排序方式对明细表进行升序和降序排列。

➤ 总计：选中此选项，在明细表的底部显示总计的概要。

➤ 页眉：选中此选项，将排序参数值添加作为排序组的页眉。

➤ 页脚：选中此选项，在排序组下方添加页脚信息。

➤ 空行：选中此选项，在排序组间插入一空行。

➤ 逐项列举每个实例：选中此复选框，在单独的行中显示图元的所有实例。取消选中此复选框，则多个实例会根据排序参数压缩到同一行中。

（5）在"外观"选项卡的"图形"栏中选中"网格线"和"轮廓"复选框，设置网格线为"细线"，轮廓为"中粗线"，取消选中"页眉/页脚/分隔符中的网格"和"数据前的空行"复选框，在"文字"栏中选中"显示标题"和"显示页眉"复选框，分别设置标题文本、标题和正文为"3.5mm 常规_仿宋"，如图14-16所示。

"外观"选项卡中的选项说明如下。

➤ 网格线：选中此复选框，在明细表行周围显示网格线。从列表中选择网格线样式。

➤ 轮廓：选中此复选框，在明细表周围显示轮廓线。从列表中选择轮廓线样式。

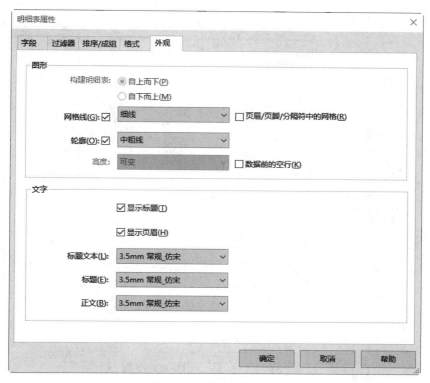

图 14-16　"外观"选项卡

> 页眉/页脚/分隔符中的网格：将垂直网格线延伸至页眉、页脚和分隔符。
> 数据前的空行：选中此复选框，在数据行前插入空行。它会影响图纸上的明细表部分和明细表视图。
> 显示标题：显示明细表的标题。
> 显示页眉：显示明细表的页眉。
> 标题文本/标题/正文：在其下拉列表框中选择文字类型。

（6）在对话框中单击"确定"按钮，完成明细表属性设置。系统自动生成"管道明细表"，如图 14-17 所示。

（7）单击"文件"下拉菜单中的"另存为"→"项目"命令，打开"另存为"对话框，指定保存位置并输入文件名，单击"保存"按钮。

14.2.2　修改明细表

修改明细表并设置其格式可提高可读性，以及提供所需的特定信息以记录和管理模型。其中图形柱明细表是视觉明细表的一个独特类型，不能像标准明细表那样修改。

（1）按住鼠标左键并拖动鼠标选取"直径"和"长度"页眉，如图 14-18 所示，打开如图 14-19 所示的"修改明细表/数量"选项卡。

> "插入"按钮 ：将列添加到正文。单击此按钮，打开"选择字段"对话框，其作用类似于"明细表属性"对话框的"字段"选项卡。添加新的明细表字段，并根据需要调整字段的顺序。

图 14-17　生成明细表

	A	B	C	D	E
	类型	材质	直径	长度	隔热层类型
标准	铜	32.0 mm	1519	
标准	铜	32.0 mm	241	
标准	铜	32.0 mm	616	
标准	铜	100.0 mm	22	
标准	铜	100.0 mm	64	
标准	铜	15.0 mm	472	
标准	铜	15.0 mm	1592	
标准	铜	15.0 mm	748	
标准	铜	25.0 mm	25	

图 14-18　选取页眉

图 14-19　"修改明细表/数量"选项卡

➤ "插入数据行"按钮：将数据行添加到房间明细表、面积明细表、关键字明细表、空间明细表或图纸列表。新行显示在明细表的底部。

➤ "在选定位置上方"按钮 或"在选定位置下方"按钮：在选定位置的上方或下方插入空行。注意：在"配电盘明细表样板"中插入行的方式有所不同。

➤ "删除列"按钮：选择多个单元格，单击此按钮，删除列。

➤ "删除行"按钮：选择一行或多行中的单元格，单击此按钮，删除行。

➤ "隐藏"按钮：选择一个单元格或列页眉，单击此按钮，隐藏选中单元格的一列，单击"取消隐藏 全部"按钮，显示隐藏的列。注意：隐藏的列不会显示在明细表视图或图纸中，位于隐藏列中的值可以用于过滤、排序和分组明细表中的数据。

➢ "调整"按钮 ：选取单元格，单击此按钮，打开如图 14-20 所示的"调整柱尺寸"对话框，输入尺寸，单击"确定"按钮，根据对话框中的值调整列宽。如果选择多个列，则将它们全部设置为一个尺寸。

➢ "调整"按钮 ：选择标题部分中的一行或多行，单击此按钮，打开如图 14-21 所示的"调整行高"对话框，输入尺寸，单击"确定"按钮，根据对话框中的值调整行高。

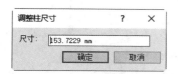

图 14-20　"调整柱尺寸"对话框

图 14-21　"调整行高"对话框

➢ "合并/取消合并"按钮 ：选择要合并的页眉单元格，单击此按钮，合并单元格；再次单击此按钮，分离合并的单元格。

➢ "插入图像"按钮 ：将图形插入到标题部分的单元格中。

➢ "清除单元格"按钮 ：删除标题单元格中的参数。

➢ "着色"按钮 ：设置单元格的背景颜色。

➢ "边界"按钮 ：单击此按钮，打开如图 14-22 所示的"编辑边框"对话框，为单元格指定线样式和边框。

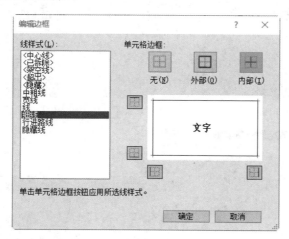

图 14-22　"编辑边框"对话框

➢ "重置"按钮 ：删除与选定单元格关联的所有格式，条件格式将保持不变。

（2）单击"修改明细表/数量"选项卡"外观"面板中的"成组"按钮 ，合并生成新表头单元格，如图 14-23 所示。

（3）单击新表头单元格，进入文字输入状态，输入文字为"尺寸"，如图 14-24 所示。

（4）在"属性"选项板的"格式"栏中单击"编辑"按钮 编辑... ，打开"明细表属性"对话框的"格式"选项卡，在"字段"列表框中选择"材质"，设置对齐为"中心线"，如图 14-25 所示。单击"确定"按钮，"材质"列的数值全部居中显示，如图 14-26 所示。

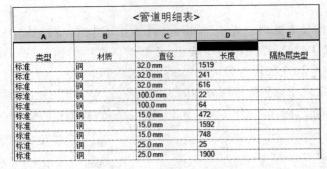

图 14-23　生成新表头

图 14-24　输入文字

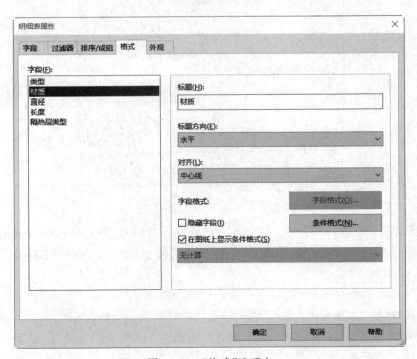

图 14-25　"格式"选项卡

<管道明细表>				
A	B	C	D	E
类型	材质	尺寸		隔热层类型
		直径	长度	
标准	铜	32.0 mm	1519	
标准	铜	32.0 mm	241	
标准	铜	32.0 mm	616	
标准	铜	100.0 mm	22	
标准	铜	100.0 mm	64	
标准	铜	15.0 mm	472	
标准	铜	15.0 mm	1592	
标准	铜	15.0 mm	748	
标准	铜	25.0 mm	25	
标准	铜	25.0 mm	1900	
标准	铜	25.0 mm	300	
标准	铜	15.0 mm	7	
标准	铜	25.0 mm	1900	
标准	铜	15.0 mm	349	矿棉
标准	铜	15.0 mm	2048	玻璃纤维
标准	铜	15.0 mm	2198	矿棉
标准	铜	15.0 mm	25	矿棉
标准	铜	15.0 mm	585	
标准	铜	15.0 mm	7	
标准	铜	15.0 mm	2244	矿棉
标准	铜	50.0 mm	1219	
标准	铜	50.0 mm	2934	
标准	铜	50.0 mm	152	
标准	铜	50.0 mm	1560	

图 14-26　居中显示

（5）单击"修改明细表/数量"选项卡"列"面板中的"插入"按钮🔳，打开"选择字段"对话框，在"可用的字段"列表框中选择"系统分类"，单击"添加参数"按钮🔁，将其添加到"明细表字段"列表中，如图 14-27 所示。单击"确定"按钮，在管道明细表中添加"系统分类"列，如图 14-28 所示。

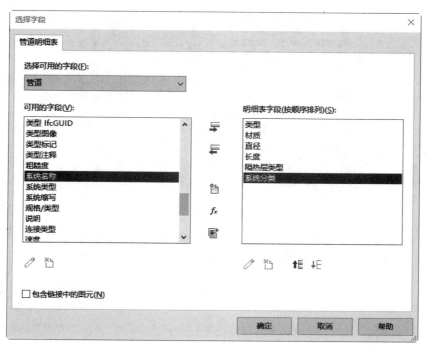

图 14-27　"选择字段"对话框

Note

<管道明细表>					
A	B	C	D	E	F
		尺寸			
类型	材质	直径	长度	隔热层类型	系统分类
标准	铜	32.0 mm	1519		卫生设备
标准	铜	32.0 mm	241		卫生设备
标准	铜	32.0 mm	616		卫生设备
标准	铜	100.0 mm	22		卫生设备
标准	铜	100.0 mm	64		卫生设备
标准	铜	15.0 mm	472		家用冷水
标准	铜	15.0 mm	1592		家用冷水
标准	铜	15.0 mm	748		家用冷水
标准	铜	25.0 mm	25		家用冷水
标准	铜	25.0 mm	1900		家用冷水
标准	铜	25.0 mm	300		家用冷水
标准	铜	15.0 mm	7		家用冷水
标准	铜	25.0 mm	1900		家用冷水
标准	铜	15.0 mm	349	矿棉	家用热水
标准	铜	15.0 mm	2048	玻璃纤维	家用热水
标准	铜	15.0 mm	2198	矿棉	家用热水
标准	铜	15.0 mm	25	矿棉	家用热水
标准	铜	15.0 mm	585		家用热水
标准	铜	15.0 mm	7		家用热水
标准	铜	15.0 mm	2244	矿棉	家用热水
标准	铜	50.0 mm	1219		卫生设备
标准	铜	50.0 mm	2934		卫生设备
标准	铜	50.0 mm	152		卫生设备
标准	铜	50.0 mm	1560		卫生设备

图 14-28　添加列

（6）选取明细表的标题栏，单击"修改明细表/数量"选项卡"外观"面板中的"着色"按钮，打开如图 14-29 所示的"颜色"对话框，选取颜色。单击"确定"按钮，为标题栏添加背景颜色，如图 14-30 所示。

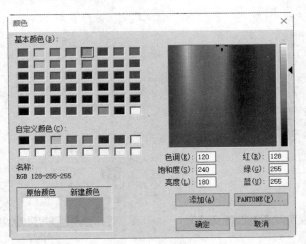

图 14-29　"颜色"对话框

图 14-30　添加标题栏背景颜色

（7）选取表头栏，单击"修改明细表/数量"选项卡"外观"面板中的"字体"按钮，打开"编辑字体"对话框，设置字体为"宋体"，字体大小为"7mm"，选中"粗体"复选框。

单击"字体颜色"色块，打开"颜色"对话框，选取红色，单击"确定"按钮，返回到"编辑字体"对话框，如图14-31所示。单击"确定"按钮，更改字体，如图14-32所示。

图14-31 "编辑字体"对话框

<管道明细表>					
A	B	C	D	E	F
类型	材质	尺寸		隔热层类型	系统分类
		直径	长度		
标准	铜	32.0 mm	1519		卫生设备

图14-32 更改字体

（8）在"属性"选项板的"过滤器"栏中单击"编辑"按钮 **编辑...**，打开"明细表属性"对话框，设置过滤条件为"系统分类""等于""家用冷水"，如图14-33所示。单击"确定"按钮，明细表中只显示"家用冷水"系统的管道，其他不属于"家用冷水"系统的管道被排除在外，隐藏显示，如图14-34所示。

图14-33 "明细表属性"对话框

Note

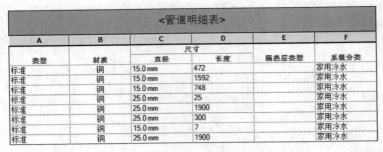

		尺寸			
A	B	C	D	E	F
类型	材质	直径	长度	隔类层类型	系统分类
标准	铜	15.0 mm	472		家用冷水
标准	铜	15.0 mm	1592		家用冷水
标准	铜	15.0 mm	748		家用冷水
标准	铜	25.0 mm	25		家用冷水
标准	铜	25.0 mm	1900		家用冷水
标准	铜	25.0 mm	300		家用冷水
标准	铜	15.0 mm	7		家用冷水
标准	铜	25.0 mm	1900		家用冷水

图 14-34　过滤显示

14.2.3　将明细表导出到 CAD

（1）打开明细表文件，在明细表视图中单击"文件"→"导出"→"CAD 格式"命令，导出 CAD 格式的选项不可用，如图 14-35 所示。

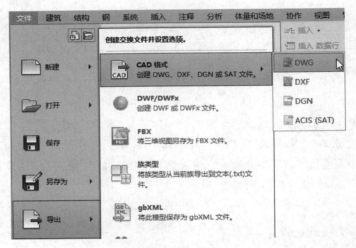

图 14-35　菜单

（2）单击"文件"→"导出"→"报告"→"明细表"命令，打开"导出明细表"对话框，设置保存位置，并输入文件名，如图 14-36 所示。

（3）单击"保存"按钮，打开如图 14-37 所示的"导出明细表"对话框，采用默认设置，单击"确定"按钮。

（4）将上步保存的"管道明细表.txt"文件的后缀名改为 xls，然后将其打开，如图 14-38 所示。

（5）框选明细表中的内容，单击"编辑"→"复制"命令，复制明细表。

（6）打开 AutoCAD 软件，并新建一空白文件。单击"默认"选项卡"剪贴板"面板"粘贴"下拉列表框中的"选择性粘贴"按钮，打开"选择性粘贴"对话框，选择"AutoCAD 图元"，如图 14-39 所示，单击"确定"按钮。

（7）系统命令行中提示"指定插入点或[作为文字粘贴]"，在绘图中适当位置单击，插入明细表，如图 14-40 所示。

Note

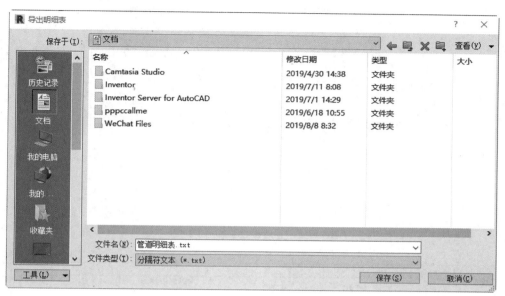

图 14-36　"导出明细表"对话框(一)

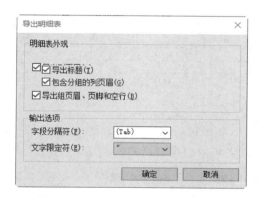

图 14-37　"导出明细表"对话框(二)

Microsoft Excel - 管道明细表.xls

文件(F)　编辑(E)　视图(V)　插入(I)　格式(O)　工具(T)　数据(D)　窗口(W)

A1　fx 管道明细表

	A	B	C	D	E	F
1	管道明细表					
2	类型	材质	尺寸		隔热层类型	系统分类
3			直径	长度		
4	标准	铜	15 mm	472		家用冷水
5	标准	铜	15 mm	1592		家用冷水
6	标准	铜	15 mm	748		家用冷水
7	标准	铜	25 mm	25		家用冷水
8	标准	铜	25 mm	1900		家用冷水
9	标准	铜	25 mm	300		家用冷水
10	标准	铜	15 mm	7		家用冷水
11	标准	铜	25 mm	1900		家用冷水

图 14-38　Excel 表格

图 14-39 "选择性粘贴"对话框

管道明细表					
类型	材质	尺寸		隔热层类型	系统分类
直径	长度				
标准	铜	15 mm		472.0000	家用冷水
标准	铜	15 mm		1592.0000	家用冷水
标准	铜	15 mm		748.0000	家用冷水
标准	铜	25 mm		25.0000	家用冷水
标准	铜	25 mm		1900.0000	家用冷水
标准	铜	25 mm		300.0000	家用冷水
标准	铜	15 mm		7.0000	家用冷水
标准	铜	25 mm		1900.0000	家用冷水

图 14-40 CAD 中的明细表

（8）选取单元格，打开如图 14-41 所示的"表格单元"选项卡，可以对明细表进行编辑，这里不再详细介绍，读者可以根据自己需要利用 CAD 软件进行编辑。

图 14-41 "表格单元"选项卡

14.3 实例——创建消防水系统管道明细表

（1）打开"一层消防水系统.rvt"文件，单击"视图"选项卡"创建"面板"明细表" ▦ 下拉列表框中的"明细表/数量"按钮 ▦，打开"新建明细表"对话框。

（2）在"类别"列表框中选择"管道"对象类型，输入名称为"管道明细表"，选择"建筑构件明细表"单选项，其他采用默认设置，如图 14-42 所示。

（3）单击"确定"按钮，打开"明细表属性"对话框，在"选择可用的字段"下拉列表框中选择"管道"，在"可用的字段"列表框中依次选择系统分类、直径、长度、材质、规格/类

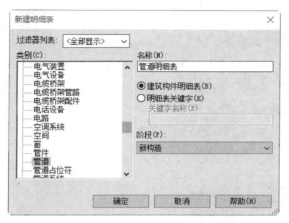

图 14-42　设置参数

型、底部高程和合计，单击"添加参数"按钮 ，将其添加到"明细表字段"列表中，单击
"上移"按钮 和"下移"按钮 ，调整"明细表字段"列表中的排序，如图 14-43 所示。

图 14-43　"明细表属性"对话框

（4）在"外观"选项卡的"图形"栏中选中"网格线"和"轮廓"复选框，设置网格线为
"细线"，轮廓为"宽线"，取消选中"页眉/页脚/分隔符中的网格"和"数据前的空行"复选
框，在"文字"栏中选中"显示标题"和"显示页眉"复选框，分别设置标题文本为"5mm 常
规_仿宋"、标题和正文为"3.5mm 常规_仿宋"，如图 14-44 所示。

（5）在对话框中单击"确定"按钮，完成明细表属性设置。系统自动生成"管道明细
表"，如图 14-45 所示。

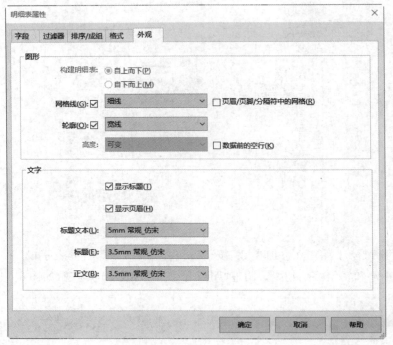

图 14-44 "外观"选项卡

<管道明细表>						
A	B	C	D	E	F	G
系统分类	直径	长度	材质	规格/类型	底部高程	合计
湿式消防系统	150.0 mm	2848	钢塑复合	CECS 125	-583	1
湿式消防系统	150.0 mm	156	钢塑复合	CECS 125	-583	1
湿式消防系统	150.0 mm	410	钢塑复合	CECS 125	3718	1
湿式消防系统	150.0 mm	2448	钢塑复合	CECS 125	1200	1
湿式消防系统	150.0 mm	54356	钢塑复合	CECS 125	3718	1
湿式消防系统	150.0 mm	15236	钢塑复合	CECS 125	3718	1
湿式消防系统	150.0 mm	3941	钢塑复合	CECS 125	3718	1
湿式消防系统	150.0 mm	3962	钢塑复合	CECS 125	-305	1
湿式消防系统	150.0 mm	4008	钢塑复合	CECS 125	-583	1
湿式消防系统	150.0 mm	388	钢塑复合	CECS 125	-583	1
湿式消防系统	150.0 mm	327	钢塑复合	CECS 125	3718	1
湿式消防系统	150.0 mm	2448	钢塑复合	CECS 125	1200	1
湿式消防系统	150.0 mm	1384	钢塑复合	CECS 125	3718	1
湿式消防系统	150.0 mm	53450	钢塑复合	CECS 125	3718	1
湿式消防系统	150.0 mm	15307	钢塑复合	CECS 125	3718	1
湿式消防系统	150.0 mm	3962	钢塑复合	CECS 125	-305	1
湿式消防系统	150.0 mm	2217	钢塑复合	CECS 125	3718	1
湿式消防系统	100.0 mm	164	钢塑复合	CECS 125	3743	1
湿式消防系统	80.0 mm	10	钢塑复合	CECS 125	3756	1
湿式消防系统	32.0 mm	4682	钢塑复合	CECS 125	3779	1
湿式消防系统	25.0 mm	2153	钢塑复合	CECS 125	3783	1
湿式消防系统	150.0 mm	15843	钢塑复合	CECS 125	3718	1
湿式消防系统	100.0 mm	795	钢塑复合	CECS 125	3743	1
湿式消防系统	80.0 mm	714	钢塑复合	CECS 125	3756	1
湿式消防系统	65.0 mm	324	钢塑复合	CECS 125	3762	1
湿式消防系统	32.0 mm	2376	钢塑复合	CECS 125	3779	1
湿式消防系统	150.0 mm	126	钢塑复合	CECS 125	3718	1
湿式消防系统	150.0 mm	377	钢塑复合	CECS 125	3718	1
湿式消防系统	150.0 mm	369	钢塑复合	CECS 125	3718	1
湿式消防系统	150.0 mm	3566	钢塑复合	CECS 125	3718	1
湿式消防系统	150.0 mm	2169	钢塑复合	CECS 125	3718	1
湿式消防系统	100.0 mm	307	钢塑复合	CECS 125	3743	1
湿式消防系统	65.0 mm	1810	钢塑复合	CECS 125	3762	1
湿式消防系统	150.0 mm	14	钢塑复合	CECS 125	3718	1
湿式消防系统	150.0 mm	1170	钢塑复合	CECS 125	3718	1
湿式消防系统	100.0 mm	1008	钢塑复合	CECS 125	3743	1
湿式消防系统	65.0 mm	1509	钢塑复合	CECS 125	3762	1

图 14-45 生成明细表

（6）单击"修改明细表/数量"选项卡"列"面板中的"合并参数"按钮 ▦，打开"合并参数"对话框，在"明细表参数"列表框中分别选择"材质"和"规格/类型"，单击"添加参数"按钮 ⇨，将其添加到"合并的参数"列表中。输入合并参数名称为"材料名称"，删除分隔符，如图 14-46 所示。单击"确定"按钮，更改后的明细表如图 14-47 所示。

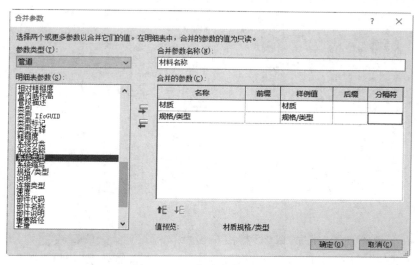

图 14-46　"合并参数"对话框

<管道明细表>

A	B	C	D	E	F	G
系统分类	直径	长度	材料名称	规格/类型	底部高程	合计
湿式消防系统	150.0 mm	2848	钢塑复合CECS 125	CECS 125	-583	1
湿式消防系统	150.0 mm	156	钢塑复合CECS 125	CECS 125	-583	1
湿式消防系统	150.0 mm	410	钢塑复合CECS 125	CECS 125	3718	1
湿式消防系统	150.0 mm	2448	钢塑复合CECS 125	CECS 125	1200	1
湿式消防系统	150.0 mm	54356	钢塑复合CECS 125	CECS 125	3718	1
湿式消防系统	150.0 mm	15236	钢塑复合CECS 125	CECS 125	3718	1
湿式消防系统	150.0 mm	3941	钢塑复合CECS 125	CECS 125	3718	1
湿式消防系统	150.0 mm	3962	钢塑复合CECS 125	CECS 125	-305	1
湿式消防系统	150.0 mm	4008	钢塑复合CECS 125	CECS 125	-583	1
湿式消防系统	150.0 mm	388	钢塑复合CECS 125	CECS 125	-583	1
湿式消防系统	150.0 mm	327	钢塑复合CECS 125	CECS 125	3718	1
湿式消防系统	150.0 mm	2448	钢塑复合CECS 125	CECS 125	1200	1
湿式消防系统	150.0 mm	1384	钢塑复合CECS 125	CECS 125	3718	1
湿式消防系统	150.0 mm	53450	钢塑复合CECS 125	CECS 125	3718	1
湿式消防系统	150.0 mm	15307	钢塑复合CECS 125	CECS 125	3718	1
湿式消防系统	150.0 mm	3962	钢塑复合CECS 125	CECS 125	-305	1
湿式消防系统	150.0 mm	2217	钢塑复合CECS 125	CECS 125	3718	1
湿式消防系统	100.0 mm	164	钢塑复合CECS 125	CECS 125	3743	1
湿式消防系统	80.0 mm	10	钢塑复合CECS 125	CECS 125	3756	1
湿式消防系统	32.0 mm	4682	钢塑复合CECS 125	CECS 125	3779	1
湿式消防系统	25.0 mm	2153	钢塑复合CECS 125	CECS 125	3783	1
湿式消防系统	150.0 mm	15843	钢塑复合CECS 125	CECS 125	3718	1
湿式消防系统	100.0 mm	795	钢塑复合CECS 125	CECS 125	3743	1
湿式消防系统	80.0 mm	714	钢塑复合CECS 125	CECS 125	3756	1
湿式消防系统	65.0 mm	324	钢塑复合CECS 125	CECS 125	3762	1
湿式消防系统	32.0 mm	2376	钢塑复合CECS 125	CECS 125	3779	1
湿式消防系统	150.0 mm	126	钢塑复合CECS 125	CECS 125	3718	1
湿式消防系统	150.0 mm	377	钢塑复合CECS 125	CECS 125	3718	1
湿式消防系统	150.0 mm	369	钢塑复合CECS 125	CECS 125	3718	1
湿式消防系统	150.0 mm	3566	钢塑复合CECS 125	CECS 125	3718	1
湿式消防系统	150.0 mm	2169	钢塑复合CECS 125	CECS 125	3718	1

图 14-47　合并参数

（7）选取"规格/类型"列，单击"修改明细表/数量"选项卡"列"面板中的"删除"按钮 ▥，将选中的列删除，结果如图 14-48 所示。

<管道明细表>

A	B	C	D	E	F
系统分类	直径	长度	材料名称	底部高程	合计
湿式消防系统	150.0 mm	2848	钢塑复合CECS 125	-583	1
湿式消防系统	150.0 mm	156	钢塑复合CECS 125	-583	1
湿式消防系统	150.0 mm	410	钢塑复合CECS 125	3718	1
湿式消防系统	150.0 mm	2448	钢塑复合CECS 125	1200	1
湿式消防系统	150.0 mm	54356	钢塑复合CECS 125	3718	1
湿式消防系统	150.0 mm	15236	钢塑复合CECS 125	3718	1
湿式消防系统	150.0 mm	3941	钢塑复合CECS 125	3718	1
湿式消防系统	150.0 mm	3962	钢塑复合CECS 125	-305	1
湿式消防系统	150.0 mm	4008	钢塑复合CECS 125	-583	1
湿式消防系统	150.0 mm	388	钢塑复合CECS 125	-583	1
湿式消防系统	150.0 mm	327	钢塑复合CECS 125	3718	1
湿式消防系统	150.0 mm	2448	钢塑复合CECS 125	1200	1
湿式消防系统	150.0 mm	1384	钢塑复合CECS 125	3718	1
湿式消防系统	150.0 mm	53450	钢塑复合CECS 125	3718	1
湿式消防系统	150.0 mm	15307	钢塑复合CECS 125	3718	1
湿式消防系统	150.0 mm	3962	钢塑复合CECS 125	-305	1
湿式消防系统	150.0 mm	2217	钢塑复合CECS 125	3718	1
湿式消防系统	100.0 mm	164	钢塑复合CECS 125	3743	1
湿式消防系统	80.0 mm	10	钢塑复合CECS 125	3756	1
湿式消防系统	32.0 mm	4682	钢塑复合CECS 125	3779	1
湿式消防系统	25.0 mm	2153	钢塑复合CECS 125	3783	1
湿式消防系统	150.0 mm	15843	钢塑复合CECS 125	3718	1
湿式消防系统	100.0 mm	795	钢塑复合CECS 125	3743	1

图 14-48　删除列

（8）在属性管理器"排序/成组"栏中单击"编辑"按钮 **编辑...** ，打开"明细表属性"对话框的"排序/成组"选项卡，设置排序方式为"底部高程"，排序方式为"升序"，取消选中"逐项列举每个实例"复选框，如图 14-49 所示。单击"确定"按钮，更改明细表排序如图 14-50 所示。

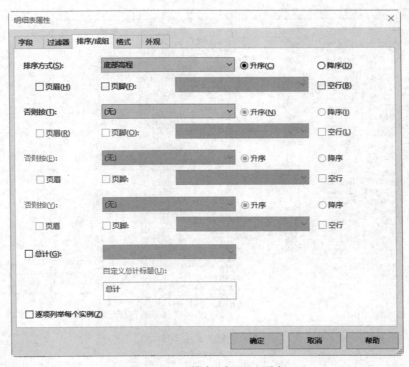

图 14-49　"排序/成组"选项卡

	A	B	C	D	E	F
	系统分类	直径	长度	材料名称	底部高程	合计
	湿式消防系统	150.0 mm		钢塑复合CECS 125	-583	4
	湿式消防系统	150.0 mm	1013	钢塑复合CECS 125	-348	2
	湿式消防系统	150.0 mm	3962	钢塑复合CECS 125	-305	2
	湿式消防系统			钢塑复合CECS 125	0	2
	其他消防系统	150.0 mm		钢塑复合CECS 125	118	12
	其他消防系统	150.0 mm	3196	钢塑复合CECS 125	352	2
	其他消防系统	100.0 mm	742	钢塑复合CECS 125	543	1
	其他消防系统	65.0 mm		钢塑复合CECS 125	562	19
	其他消防系统	65.0 mm		钢塑复合CECS 125	664	8
	其他消防系统	100.0 mm	2715	钢塑复合CECS 125	702	1
	湿式消防系统	150.0 mm	185	钢塑复合CECS 125	735	2
	其他消防系统	100.0 mm		钢塑复合CECS 125	766	5
	湿式消防系统	20.0 mm		钢塑复合CECS 125	1010	5
	湿式消防系统	20.0 mm	693	钢塑复合CECS 125	1042	2
	湿式消防系统	150.0 mm	2448	钢塑复合CECS 125	1200	2
	湿式消防系统	25.0 mm	1975	钢塑复合CECS 125	1800	1
	湿式消防系统	20.0 mm		钢塑复合CECS 125	3500	5
	湿式消防系统	25.0 mm		钢塑复合CECS 125	3551	178
	其他消防系统	150.0 mm		钢塑复合CECS 125	3618	13
	其他消防系统	100.0 mm		钢塑复合CECS 125	3643	3
	湿式消防系统	150.0 mm		钢塑复合CECS 125	3718	52
	湿式消防系统	100.0 mm		钢塑复合CECS 125	3743	26
	湿式消防系统	80.0 mm		钢塑复合CECS 125	3756	14
	湿式消防系统	65.0 mm		钢塑复合CECS 125	3762	8
	湿式消防系统	32.0 mm		钢塑复合CECS 125	3779	3
	湿式消防系统	25.0 mm		钢塑复合CECS 125	3783	187
	湿式消防系统	150.0 mm	205	钢塑复合CECS 125	3943	2
	湿式消防系统	150.0 mm	196	钢塑复合CECS 125	3952	2
	湿式消防系统	150.0 mm		钢塑复合CECS 125	4218	2

\<管道明细表\>

图 14-50 更改明细表排序

（9）在"属性"选项板的"格式"栏中单击"编辑"按钮 编辑... ，打开"明细表属性"对话框的"格式"选项卡，在"字段"列表框中选择"合计"，将标题修改为"数量"，设置对齐为"中心线"，如图 14-51 所示。采用相同的方法，将其他字段的对齐方式都设置为中心线。单击"确定"按钮，所有字段全部居中显示，如图 14-52 所示。

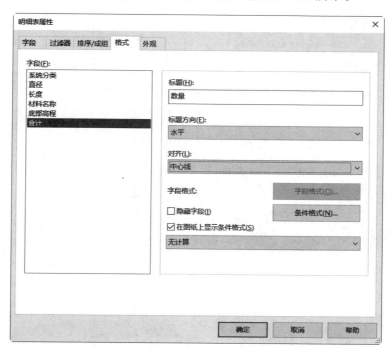

图 14-51 "格式"选项卡

<管道明细表>

A	B	C	D	E	F
系统分类	直径	长度	材料名称	底部高程	数量
湿式消防系统	150.0 mm		钢塑复合CECS 125	-583	4
湿式消防系统	150.0 mm	1013	钢塑复合CECS 125	-348	2
湿式消防系统	150.0 mm	3962	钢塑复合CECS 125	-305	2
湿式消防系统			钢塑复合CECS 125	0	2
其他消防系统	150.0 mm		钢塑复合CECS 125	118	12
其他消防系统	150.0 mm	3196	钢塑复合CECS 125	352	2
其他消防系统	100.0 mm	742	钢塑复合CECS 125	543	1
其他消防系统	65.0 mm		钢塑复合CECS 125	562	19
其他消防系统	65.0 mm		钢塑复合CECS 125	664	8
其他消防系统	100.0 mm	2715	钢塑复合CECS 125	702	1
湿式消防系统	150.0 mm	185	钢塑复合CECS 125	735	2
其他消防系统	100.0 mm		钢塑复合CECS 125	766	5
湿式消防系统	20.0 mm		钢塑复合CECS 125	1010	5
湿式消防系统	20.0 mm	693	钢塑复合CECS 125	1042	2
湿式消防系统	150.0 mm	2448	钢塑复合CECS 125	1200	2
湿式消防系统	25.0 mm	1975	钢塑复合CECS 125	1800	1
湿式消防系统	20.0 mm		钢塑复合CECS 125	3500	5
湿式消防系统	25.0 mm		钢塑复合CECS 125	3551	178
其他消防系统	150.0 mm		钢塑复合CECS 125	3618	13
其他消防系统	100.0 mm		钢塑复合CECS 125	3643	3
湿式消防系统	150.0 mm		钢塑复合CECS 125	3718	52
湿式消防系统	100.0 mm		钢塑复合CECS 125	3743	26
湿式消防系统	80.0 mm		钢塑复合CECS 125	3756	14
湿式消防系统	65.0 mm		钢塑复合CECS 125	3762	8
湿式消防系统	32.0 mm		钢塑复合CECS 125	3779	3
湿式消防系统	25.0 mm		钢塑复合CECS 125	3783	187
湿式消防系统	150.0 mm	205	钢塑复合CECS 125	3943	2
湿式消防系统	150.0 mm	196	钢塑复合CECS 125	3952	2
湿式消防系统	150.0 mm		钢塑复合CECS 125	4218	2

图 14-52　居中显示

（10）在"属性"选项板的"过滤器"栏中单击"编辑"按钮 ▭ 编辑... ▭ ，打开"明细表属性"对话框的"过滤器"选项卡，设置"过滤条件"为系统分类、等于、湿式消防系统，"与"为直径、小于或等于、100mm，如图 14-53 所示。单击"确定"按钮，过滤后的明细表如图 14-54 所示。

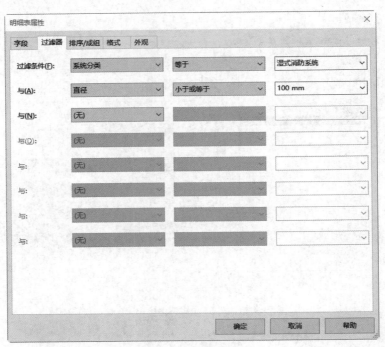

图 14-53　"过滤器"选项卡

\<管道明细表\>					
A	B	C	D	E	F
系统分类	直径	长度	材料名称	底部高程	数量
湿式消防系统	75.0 mm	964	钢塑复合CECS 125	0	1
湿式消防系统	20.0 mm		钢塑复合CECS 125	1010	5
湿式消防系统	20.0 mm	693	钢塑复合CECS 125	1042	2
湿式消防系统	25.0 mm	1975	钢塑复合CECS 125	1800	1
湿式消防系统	20.0 mm		钢塑复合CECS 125	3500	5
湿式消防系统	25.0 mm		钢塑复合CECS 125	3551	178
湿式消防系统	100.0 mm		钢塑复合CECS 125	3743	26
湿式消防系统	80.0 mm		钢塑复合CECS 125	3756	14
湿式消防系统	65.0 mm		钢塑复合CECS 125	3762	8
湿式消防系统	32.0 mm		钢塑复合CECS 125	3779	3
湿式消防系统	25.0 mm		钢塑复合CECS 125	3783	187

图 14-54　过滤后的明细表

（11）单击"文件"下拉菜单中的"导出"→"报告"→"明细表"命令，打开"导出明细表"对话框，指定保存位置并输入文件名，如图 14-55 所示。单击"保存"按钮，打开如图 14-56 所示的"导出明细表"对话框，采用默认设置，单击"确定"按钮，导出明细表。

图 14-55　"导出明细表"对话框（一）

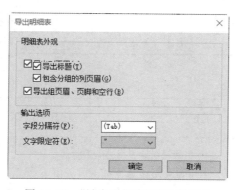

图 14-56　"导出明细表"对话框（二）

（12）单击"文件"下拉菜单中的"另存为"→"项目"命令，打开"另存为"对话框，指定保存位置并输入文件名，单击"保存"按钮。

快捷命令

A

快捷键	命　　令	路　　径
AR	阵列	修改→修改
AA	调整分析模型	分析→分析模型工具；上下文选项卡→分析模型
AP	添加到组	上下文选项卡→编辑组
AD	附着详图组	上下文选项卡→编辑组
AT	风管末端	系统→HVAC
AL	对齐	修改→修改

B

快捷键	命　　令	路　　径
BM	结构框架：梁	结构→结构
BR	结构框架：支撑	结构→结构
BS	结构梁系统；自动创建梁系统	结构→结构；上下文选项卡→梁系统

C

快捷键	命　　令	路　　径
CO/CC	复制	修改→修改
CG	取消	上下文选项卡→编辑组
CS	创建类似	修改→创建
CP	连接端切割：应用连接端切割	修改→几何图形
CL	柱；结构柱	建筑→构建；结构→结构
CV	转换为软风管	系统→HVAC
CT	电缆桥架	系统→电气
CN	线管	系统→电气
Ctrl＋Q	关闭文字编辑器	上下文选项卡→编辑文字；文字编辑器

D

快捷键	命令	路径
DI	尺寸标注	注释→尺寸标注；修改→测量；创建→尺寸标注；上下文选项卡→尺寸标注
DL	详图线	注释→详图
DR	门	建筑→构建
DT	风管	系统→HVAC
DF	风管管件	系统→HVAC
DA	风管附件	系统→HVAC
DC	检查风管系统	分析→检查系统
DE	删除	修改→修改

E

快捷键	命令	路径
EC	检查线路	分析→检查系统
EE	电气设备	系统→电气
EX	排除构件	关联菜单
EW	弧形导线	系统→电气
EW	编辑尺寸界线	上下文选项卡→尺寸界线
EL	高程点	注释→尺寸标注；修改→测量；上下文选项卡→尺寸标注
EG	编辑组	上下文选项卡→成组
EH	在视图中隐藏：隐藏图元	修改→视图
EU	取消隐藏图元	上下文选项卡→显示隐藏的图元
EOD	替换视图中的图形：按图元替换	修改→视图
EOG	图形由视图中的图元替换：切换假面	
EOH	图形由视图中的图元替换：切换半色调	

F

快捷键	命令	路径
FG	完成	上下文选项卡→编辑组
FR	查找/替换	注释→文字；创建→文字；上下文选项卡→文字
FT	结构基础：墙	结构→基础
FD	软风管	系统→HVAC
FP	软管	系统→卫浴和管道
F7	拼写检查	注释→文字；创建→文字；上下文选项卡→文字
F8/Shift＋w	动态视图	
F5	刷新	
F9	系统浏览器	视图→窗口

G

快捷键	命　　令	路　　径
GP	创建组	创建→模型；注释→详图；修改→创建；创建→详图；建筑→模型；结构→模型
GR	轴网	建筑→基准；结构→基准

H

快捷键	命　　令	路　　径
HH	隐藏图元	视图控制栏
HI	隔离图元	视图控制栏
HC	隐藏类别	视图控制栏
HR	重设临时隐藏/隔离	视图控制栏
HL	隐藏线	视图控制栏

I

快捷键	命　　令	路　　径
IC	隔离类别	视图控制栏

L

快捷键	命　　令	路　　径
LD	荷载	分析→分析模型
LO	热负荷和冷负荷	分析→报告和明细表
LG	链接	上下文选项卡→成组
LL	标高	创建→基准；建筑→基准；结构→基准
LI	模型线；边界线；线形钢筋	创建→模型；创建→详图；创建→绘制；修改→绘制；上下文选项卡→绘制
LF	照明设备	系统→电气
LW	线处理	修改→视图

M

快捷键	命　　令	路　　径
MD	修改	创建→选择；插入→选择；注释→选择；视图→选择；管理→选择
MV	移动	修改→修改
MM	镜像	修改→修改
MP	移动到项目	关联菜单
ME	机械　设备	系统→机械
MS	MEP 设置：机械设置	管理→设置
MA	匹配类型属性	修改→剪贴板

N

快捷键	命　　令	路　　径
NF	线管配件	系统→电气

O

快捷键	命　　令	路　　径
OF	偏移	修改→修改

P

快捷键	命　　令	路　　径
PP/Ctrl＋1/VP	属性	创建→属性；修改→属性；上下文选项卡→属性
PI	管道	系统→卫浴和管道
PF	管件	系统→卫浴和管道
PA	管路附件	系统→卫浴和管道
PX	卫浴装置	系统→卫浴和管道
PT	填色	修改→几何图形
PN	锁定	修改→修改
PC	捕捉到点云	捕捉
PS	配电盘　明细表	分析→报告和明细表
PC	检查管道　系统	分析→检查系统

R

快捷键	命　　令	路　　径
RM	房间	建筑→房间和面积
RT	房间标记；标记房间	建筑→房间和面积；注释→标记
RY	光线追踪	视图控制栏
RR	渲染	视图→演示视图；视图控制栏
RD	在云中渲染	视图→演示视图；视图控制栏
RG	渲染库	视图→演示视图；视图控制栏
R3	定义新的旋转中心	关联菜单
RA	重设分析模型	分析→分析模型工具
RO	旋转	修改→修改
RE	缩放	修改→修改
RB	恢复已排除构件	关联菜单
RA	恢复所有已排除成员	上下文选项卡→成组；关联菜单
RG	从组中删除	上下文选项卡→编辑组
RC	连接端切割；删除连接端切割	修改→几何图形
RH	切换显示隐藏　图元模式	上下文选项卡→显示隐藏的图元；视图控制栏
RC	重复上一个命令	关联菜单

S

快捷键	命　令	路　径
SA	选择全部实例：在整个项目中	关联菜单
SB	楼板；楼板：结构	建筑→构建；结构→结构
SK	喷头	系统→卫浴和管道
SF	拆分面	修改→几何图形
SL	拆分图元	修改→修改
SU	其他设置：日光设置	管理→设置
SI	交点	捕捉
SE	端点	捕捉
SM	中点	捕捉
SC	中心	捕捉
SN	最近点	捕捉
SP	垂足	捕捉
ST	切点	捕捉
SW	工作平面网格	捕捉
SQ	象限点	捕捉
SX	点	捕捉
SR	捕捉远距离对象	捕捉
SO	关闭捕捉	捕捉
SS	关闭替换	捕捉
SD	带边缘着色	视图控制栏

T

快捷键	命　令	路　径
TL	细线	视图→图形；快速访问工具栏
TX	文字标注	注释→文字；创建→文字
TF	电缆桥架　配件	系统→电气
TR	修剪/延伸	修改→修改
TG	按类别标记	注释→标记；快速访问工具栏

U

快捷键	命　令	路　径
UG	解组	上下文选项卡→成组
UP	解锁	修改→修改
UN	项目单位	管理→设置

Note

V

快捷键	命　　令	路　　径
VV/VG	可见性/图形	视图→图形
VR	视图　范围	上下文选项卡→区域；"属性"选项板
VH	在视图中隐藏类别	修改→视图
VU	取消隐藏　类别	上下文选项卡→显示隐藏的图元
VOT	图形由视图中的类别替换；切换透明度	
VOH	图形由视图中的类别替换；切换半色调	
VOG	图形由视图中的图元替换；切换假面	

W

快捷键	命　　令	路　　径
WF	线框	视图控制栏
WA	墙	建筑→构建；结构→结构
WN	窗	建筑→构建
WC	层叠窗口	视图→窗口
WT	平铺窗口	视图→窗口

Z

快捷键	命　　令	路　　径
ZZ/ZR	区域放大	导航栏
ZX/ZF/ZE	缩放匹配	导航栏
ZC/ZP	上一次平移/缩放	导航栏
ZV/ZO	缩小至原来的1/2	导航栏
ZA	缩放全部以匹配	导航栏
ZS	缩放图纸大小	导航栏

数字

快捷键	命　　令	路　　径
32	二维模式	导航栏
3F	飞行模式	导航栏
3W	漫游模式	导航栏
3O	对象模式	导航栏

附录 B

Revit中的常见问题

1. 软件安装中的常见问题。

(1) 系统的选择：软件安装不成功的原因及解决方法如下。

Win7 系统：①软件版本不符合，Win7 系统下要安装 Revit 必须是 Win7 sp1 系统，未升级为 sp1 的普通 Win7 不能安装 Revit 软件；②Win7 32 位系统下，只能安装 Revit 2014 以前的版本，2015 版、2016 版、2017 版不能安装。

Win8 系统：如果安装不成功，需要选取安装文件中的 Setup. exe 文件后右击，在打开的快捷菜单中选择"属性"选项，打开"Setup. exe 属性"对话框，选中"以兼容模式运行这个程序"复选框，选择运行程序为 Win7。

(2) 安装路径的设置：安装路径不能太长，且安装路径不允许有中文。

(3) 族库和样板的安装及设置：如果安装完成后没有成功安装族库和样板，那就需要用户自行下载然后放置到相应的位置，并进行设置。

2. Revit 视图中默认的背景颜色为白色，能否修改？

答：能。单击"文件"→"选项"命令，打开"选项"对话框，在"图形"选项卡的"颜色"选项组中单击背景色块，打开"颜色"对话框，选择需要的背景颜色即可。

3. 文件损坏出错，如何去修复？

答：在"打开"对话框中选中"核查"选项。若数据仍存在问题，可以使用项目的备份文件，如"×××项目.0001. rvt"。

4. 如何控制在插入建筑柱时不与墙自动合并？

答：定义建筑柱族时，单击"属性"选项板中的"类别和参数"按钮，打开对话框，不选中"将几何图形自动连接到墙"复选框。

5. 如何合并拆分后的图元？

答：选择拆分后的任意一部分图元，单击其操作夹点，使其分离，然后再拖动到原来的位置松手，被拆分的图元就又重新合并。

6. 如何创建曲面墙体？

答：通过体量工具创建符合要求的体量表面，再将体量表面以生成墙的方式创建异形墙体。

7. 门窗放置后看不到开启扇怎么办？

答：出现这种情况的原因是视图范围没有剖切到门窗。例如，门的高度是2100，但剖切面偏移量是2200，这样就剖切不到门，所以显示不出来。只需要在"视图范围"对话框中将剖切面偏移量更改为门高度范围内即可。

8. 门窗把手不显示是什么原因？

答：门窗把手必须在三维视图或立面视图中的精细模式下才会显示出来，粗略和中等模式不显示门把手，平面视图在任何情况下都不显示门把手。

9. 如何改变门或窗等基于主体的图元位置？

答：选取需要改变的图元，然后单击"修改|××"选项卡中的"拾取新主体"按钮。

10. 若不小心将面板上的"属性"选项板或者项目浏览器关闭，怎么处理？

答：单击"视图"选项卡"窗口"面板中的"用户界面"按钮，在打开的如图 B-1 所示的下拉菜单中选中"属性"或"项目浏览器"即可。

11. 如何查看建筑模型内部的某一部分？

答：在"属性"选项板中选中"剖面框"复选框，调整剖面框的大小来查看建筑模型内部。

12. 渲染场景时，为什么生成的图像或材质呈黑色？

答：（1）验证光源没有被任何几何模型挡住并且没有位于天花板平面之上。

（2）在"可见性图形替代"对话框中点击"照明设备"，选中"光源"复选框。

图 B-1　用户界面下拉菜单

（3）尝试添加另一个光源，最好是"照明设备"和"落地灯-火炬状.rfa"。

（4）之后再渲染场景查看光线是否相同。

13. 如何实现多人多专业协同工作？

答：多人多专业协同工作，涉及专业间协作管理的问题，仅仅借 Revit 自身的功能操作无法完成高效的协作管理，在开始协同前，必须为协同做好准备工作。准备工作的内容：确定协同工作方式、确定项目定位信息、确定项目协调机制等。确定协同工作方式：是链接还是工作集的方式。采用工作集方式应注意：明确构件的命名规则、文件保存的命名规则等。

14. Revit 中链接 CAD 和导入 CAD 有何区别？

答：链接 CAD 有点类似于 Office 软件里的超链接功能，就是链接的 CAD，一定要有 CAD 原文件，也就是复制的时候，CAD 原文件也要一起附带过去，不然的话，Revit 中的文件就会丢失。通俗点说就是，链接 CAD 相当于借用 CAD 文件，如果在外部将 CAD 移动位置或者删除，Revit 中的 CAD 也会随之消失。

导入 CAD 相当于直接把 CAD 文件变为 Revit 本身的文件，而不是借用，不管外部的 CAD 如何变化都不会对 Revit 中的 CAD 产生影响，因为它已经成为 Revit 项目的一部分，跟外部 CAD 文件不存在联系。

15．CAD 在视图中找不到怎么办？

答：在使用 Revit 过程中，常遇到导入的 CAD 图纸在视图中找不到的问题，此时可以双击鼠标中键迅速进入视图中心，找到图纸再进行解锁、移动的操作。

16．画的柱在视图中不显示怎么办？

答：在进行柱的创建时默认放置方式为深度，表示柱是由放置高度平面向下布置，在建筑样板创建的项目当中默认的视图范围只能看到当前平面向上的图元，也就导致所创建的柱显示不出来。所以一般在创建柱的时候将放置方式由深度改为高度。

17．梁绘制完成后，提示图元不可见是什么原因？

答：梁默认顶部标高为当前视图的零，而当前视图默认的视图范围为零之上，所以看不到梁，只需将视图范围后两个参数设置为负数即可。

18．更改梁标高的两种方式。

答：一是修改"属性"选项板中的 Z 轴偏移值，二是修改起点标高偏移和终点标高偏移。绘制斜梁使用第二种方式。

19．如何选中楼板？

答：方法一：将光标放在楼板边界处，使用 Tab 键切换，当楼板高亮显示的时候单击即可选中楼板。

方法二：使用"按面选择图元"功能，单击楼板范围内任意一点即可选中楼板。

20．如何移动楼板表面填充图案的分格线？

答：首先在进行表面填充图案时，将"填充样式"对话框中的填充图案类型设置为"模型"；其次，如果直接在线上单击，选中的是楼板，所以先将光标放在线上，按 Tab 键进行切换，当线高亮显示时单击选中线段进行移动。

21．创建的标高没有对应的视图怎么办？

答：通过复制创建的标高不会在楼层平面自动生成楼层平面视图，需要通过"视图"选项卡"创建"面板"平面视图"下拉列表框中的"楼层平面"选项新建楼层平面视图。

22．创建的图元在楼层平面不可见怎么办？

答：导致创建的图元在视图中不显示的原因有很多，第一，检查创建的图元是否在当前视图范围内；第二，检查视图控制栏中的显示隐藏图元选项，检查该图元是否能够显示；第三，检查属性框内"图形"选项中的规程是否为"协调"；第四，检查属性框内"范围"选项中的"截剪视图"复选框是否选中；第五，通过快捷键 VV 进入"可见性/图形替换"对话框检查该图元是否未选中"可见性"复选框。

23．标高偏移与 Z 轴偏移有何区别？

答：在创建结构梁过程中，可以通过起点、终点的标高偏移和 Z 轴偏移两个参数来调整梁的高度，在结构梁并未旋转的情况下，这两种偏移的结果是相同的。但如果梁需要旋转一个角度，两种方式创建的梁就会产生差别。

因为标高的偏移无论是否有角度，都会将构件垂直升高或降低。而结构梁的 Z 轴偏移在设定的角度后，将会沿着旋转后的 Z 轴方向进行偏移。

24. 在 Revit 中怎样隐藏导入 CAD 图纸的指定图层？

答：导入 CAD 图纸以后，为了让图纸显示得更加简单明了，可以隐藏图纸中指定的一些图层。单击"视图"选项卡"图形"面板中的"可见性/图形"按钮 ，打开"可见性/图形替换"对话框，在"导入的类别"选项卡中单击导入的 CAD 图纸，在"图纸"节点下取消选中相应图层复选框，即可隐藏对应的图层。

25. Revit 中测量点、项目基点、图形原点三者的区别是什么？

答：测量点：项目在世界坐标系中实际测量定位的参考坐标原点，需要和总平面图配合，从总平面图中获取坐标值。

项目基点：项目在用户坐标系中测量定位的相对参考坐标原点，需要根据项目特点确定此点的合理位置（项目的位置会随着基点的位置变换而变化的，也可以关闭其关联状态，一般以左下角两根轴网的交点为项目基点的位置，所以链接的时候一定是原点到原点的链接）。

图形原点：默认情况下，在第一次新建项目文件时，测量点和项目基点位于同一个位置点，此点即为图形原点。此点无明显显示标记。

注意：当项目基点、测量点和图形原点不在同一个位置的时候，我们用高程点坐标可以测出三个不同的值。

26. Revit 轴网 3D 和 2D 有何区别？

答：如果轴网都是 3D 的信息，那么标高 1、标高 2 都会跟着一起移动。

如果轴网是 2D 的信息，那么在标高 1 移动，只在标高 1 移动，而标高 2 平面的轴网没有移动。

27. 怎样避免双击误操作？

答：在使用 Revit 建模的过程中，常会由于双击模型中构件进入到族编辑视图中。有时不需要进行族的编辑工作，为了避免由于双击导致的不确定性后果，可以单击"选项"对话框"用户界面"选项卡中双击选项的"自定义"按钮，打开"自定义双击设置"对话框，将族的双击操作设置为不进行任何操作。

28. 视图总是灰显下一层的解决方法。

答：将"属性"选项板中的"范围：底部标高"设置为"无"，如图 B-2 所示，就不会看到下层楼层的图元了。

29. 巧用 Shift 键和 Ctrl 键。

答：在 Revit 中，常把 Shift 键和 Ctrl 键当作功能键来使用，下面介绍如何巧用 Shift 键和 Ctrl 键。

（1）在使用复制或移动命令的时候，可以通过按住 Shift 键，选中或取消选中选项栏中的"约束"复选框，达到 CAD 中正交的效果（仅能在水平或者垂直方向被复制或移动）。

（2）若图元为倾斜状态，使用复制或移动命令的时候，按住 Shift 键，图元也可以沿着垂直方向进行移动或复制。

（3）在使用偏移、镜像、旋转命令的时候，Revit 默认

图 B-2 "属性"选项板

将复制选中了，按住 Ctrl 键就能选中或取消选中选项栏中的"复制"复选框。

（4）使用 Ctrl 键可以进行快速复制（先选中所要复制的图元，再按住 Ctrl 键，之后单击并拖动所选中的图元，即可完成复制）。

（5）在使用复制或移动命令的时候，可以通过按住 Ctrl 键，在复制和移动命令之间切换。

（6）使用 Ctrl＋Tab 键可以在打开的视图之间切换。

30. 门窗插入的技巧。

答：（1）在平面中插入门窗时，输入快捷键 SM，门窗会自动定义在墙体的中心位置。

（2）按空格键可以快速调整门开启的方向。

（3）在三维视图中调整门窗的位置时需要注意，选择门窗后使用移动命令调整时只能在同一平面上进行修改，重新定义主体后可以使门窗移动到其他的墙面上。

31. 在幕墙中添加门窗的方法。

答：方法一：在项目中插入一个窗嵌板族，然后通过 Tab 键切换选择幕墙中要替换的嵌板，替换为门窗嵌板即可。

方法二：把幕墙中的一块玻璃替换成墙，然后就可在墙的位置插入普通的门窗。

32. 如何在斜墙中放置垂直窗？

答：对创建基于屋顶的公制常规模型的窗进行放置，在给定的屋顶中通过洞口和拉伸工具新建需要的窗。载入到项目中放置就可以在斜墙中放置窗。

33. 墙体添加面层后在平面图中不显示的处理方法。

答：（1）视图控制栏中的详细程度必须是"中等"或"精细"模式，"粗略"模式不显示面层。

（2）要显示面层必须是视图范围剖切到此墙才可见，也就是说如果视图的剖切线高于墙顶标高，那么看到的墙是它的表面，而不是截面，表面是看不到面层的，所以墙的最高点要在视图范围之外，保证视图范围中看到的是墙的截面。

（3）墙的标高设置尽量用"标高到标高"，通过顶部偏移来调整高度。

34. 如何让墙不自动连接？

答：选取墙体，在两端控制点上右击，在弹出的快捷菜单中选择"不允许连接"选项。

35. 导入 CAD 图纸后，在视图中不可见的原因。

答：（1）CAD 导入的时候，没有选择"全部可见"。如果某些图形在 CAD 图纸中本就不可见，导入的时候又没有选择"全部"，那么导入到 Revit 中就还是不可见的。

（2）CAD 中不可见的部分是用天正软件画的，这种原因比较常见，可以将图纸用天正软件打开并另存为 t3 格式然后再导入到 Revit 中即可。

（3）看不见的部分是外部参照，没有绑定，这种情况只需要将外部参照绑定即可。

36. 绘制图元后，出现图元不可见对话框，如何设置？

答：（1）查找视图范围，看此图元是否在视图范围之内。

（2）在"可见性/图形"对话框中查看此图元类别是否选中，看是否有过滤器。

（3）使用视图控制栏中的"显示隐藏图元"命令，看图元是否能显示。

（4）在"属性"选项板中查看规程是否为"协调"。

（5）在"属性"选项板中查看是否选中"裁剪视图"复选框。

37．导入的CAD选择不了怎么办？

答：因为导入的时候定位选择的是"原点到原点"，这种方式导入的CAD图纸是被锁定的，如果Revit默认的是不能选择锁定图元，就会导致不能选择此CAD图纸。针对此种情况，将选择锁定图元功能打开，然后将图纸解锁即可。

38．梁连接不上怎么办？

答：首先用修剪/延伸为角工具尝试将两个梁进行连接，如果梁没有按照理想的方式连接，再用梁连接工具，单击梁的连接处的小箭头，就可以将梁连接在一起。

二维码索引

0-1　源文件 …………………………………………………………… II

4-1　实例——创建照明开关标记 ……………………………… 110
4-2　实例——创建应急疏散指示灯注释 ……………………… 112
4-3　实例——创建 A3 图纸 …………………………………… 116
4-4　实例——排水沟 …………………………………………… 123
4-5　实例——绘制散热器主体 ………………………………… 130
4-6　实例——绘制散热器百叶 ………………………………… 135
4-7　实例——对散热器添加连接件 …………………………… 139
4-8　综合实例——自动喷水灭火系统稳压罐 ………………… 147

6-1　创建标高 …………………………………………………… 201
6-2　创建轴网 …………………………………………………… 203
6-3　创建柱 ……………………………………………………… 205
6-4　创建墙 ……………………………………………………… 209
6-5　布置门和窗 ………………………………………………… 216

7-1　创建卫生系统 ……………………………………………… 250
7-2　创建家用冷水系统 ………………………………………… 253
7-3　创建家用热水系统 ………………………………………… 255
7-4　将构件连接到管道系统 …………………………………… 257
7-5　为添加的构件创建管道 …………………………………… 258

8-1　链接模型 …………………………………………………… 262
8-2　管道属性配置 ……………………………………………… 264
8-3　导入 CAD 图纸 …………………………………………… 267
8-4　布置管道 …………………………………………………… 270
8-5　布置设备及附件 …………………………………………… 275
8-6　导入 CAD 图纸 …………………………………………… 283
8-7　布置管道 …………………………………………………… 285
8-8　布置设备及附件 …………………………………………… 287

9-1　创建系统类型 ……………………………………………… 322
9-2　创建送风系统 ……………………………………………… 322

9-3　生成布局设置 ……………………………………………………………… 325

9-4　将构件连接到风管系统 …………………………………………………… 328

10-1　导入 CAD 图纸 …………………………………………………………… 332

10-2　风管属性配置 ……………………………………………………………… 333

10-3　创建送风系统 ……………………………………………………………… 338

10-4　创建空调系统 ……………………………………………………………… 347

10-5　创建排风系统 ……………………………………………………………… 355

10-6　创建防排烟系统 …………………………………………………………… 357

11-1　布置电气构件 ……………………………………………………………… 372

11-2　创建电力和照明线路 ……………………………………………………… 392

11-3　调整导线回路 ……………………………………………………………… 394

11-4　创建开关系统 ……………………………………………………………… 396

12-1　绘图前准备 ………………………………………………………………… 398

12-2　布置照明设备 ……………………………………………………………… 399

12-3　布置电气设备 ……………………………………………………………… 404

12-4　布置线路 …………………………………………………………………… 407

12-5　绘图前准备 ………………………………………………………………… 411

12-6　布置照明设备 ……………………………………………………………… 412

12-7　绘制线路 …………………………………………………………………… 415

13-1　实例——对通风空调系统进行检查 ……………………………………… 432

14-1　实例——创建消防水系统管道明细表 …………………………………… 454